SSL 与 TLS 理论及实践(第二版)
SSL and TLS Theory and Practice(Second Edition)

[瑞士] Rolf Oppliger（诺尔夫·欧普林格） 著

赵越 郭绮 译

国防工业出版社

·北京·

内 容 简 介

本书的中心概念是内省和意识,包括如何看待意识,以及人类在进行经验反思时的意识。本书的基本观点是:基于内省和情感的人工智能可更好地产生类人智能。为了发现情感、内省和人工智能之间的联系,本书从哲学入手,重点考察了人工智能算法和代码如何捕捉人类的思维过程和情感,探讨了高层次的人性与人工智能的结合,最终回归技术领域的新算法。作者从哲学、历史和技术三者融合的视角,对人工智能的未来提出了问题,并给出了可能的答案,展现了极高的学术造诣和技术水平,为未来人工智能创造出更具人类思维与情感特性的类人智能提供了人文与技术的双重参考。

本书特色鲜明,是迄今为止第一部将人文与技术深度结合,并得出技术性应用算法的专著,对于未来人工智能的类人性技术开发,尤其是军事智能领域更具人类复杂思维结构技术的开发具有较强的参考价值。本书适合人工智能相关领域和对该领域感兴趣的读者阅读,也适合高校计算机专业的教师和学生参考。

图书在版编目(CIP)数据

SSL与TLS理论及实践:第二版/(瑞士)诺尔夫·欧普林格(Rolf Oppliger)著;赵越,郭绮译.—北京:国防工业出版社,2023.3

书名原文:SSL and Tls: Theory and Practice (Second Edition)

ISBN 978-7-118-12855-0

Ⅰ.①S… Ⅱ.①诺… ②赵… ③郭… Ⅲ.①计算机网络—安全技术 Ⅳ.①TP393.08

中国国家版本馆CIP数据核字(2023)第037155号

※

国防工业出版社出版发行

(北京市海淀区紫竹院南路23号 邮政编码100048)
北京虎彩文化传播有限公司印制
新华书店经售

*

开本 710×1000 1/16 印张 13½ 字数 232千字
2023年3月第1版第1次印刷 印数 1—1500册 定价 178.00元

(本书如有印装错误,我社负责调换)

国防书店:(010)88540777 书店传真:(010)88540776
发行业务:(010)88540717 发行传真:(010)88540762

译者序

随着互联网的快速发展，人们的生活、生产以及商业交易越来越依赖于网络，网络上传输的数据也越来越多，很多涉及个人隐私和商业机密的数据必须采取安全机制进行保护，防止数据被窃听或篡改，避免其被不法分子利用。安全套接层（Secure Sockets Layer, SSL）、传输层安全（Transport Layer Security, TLS）和数据包传输层安全（Datagram Transport Layer Security, DTLS）是互联网最典型的安全协议，可以在不安全的网络上建立安全通信连接。

SSL/TLS协议各版本一经推出就受到了业界的关注，广泛地应用于网络浏览、文件传输、网上交易等各个方面，已经成为事实上的工业标准。美国对网络安全传输协议的研究起步较早，而且密码学、公钥基础设施（Public Key Infrastructure, PKI）等相关技术的研究也比较成熟，一直推动着SSL/TLS等网络安全传输协议的制定并推出了实际产品，如微软（Microsoft）、苹果（Apple）等大型公司的浏览器、应用软件都增加了对SSL/TLS协议的支持。目前，我国网络安全传输协议的理论研究和学科发展亟待加强，尤其是在网络通信中安全传输协议的安全性分析和实践应用方面仍有较大的拓展空间。总体来看，针对全球网络通信发展所面临的各类安全威胁，我国网络安全传输协议的研究亟待在基本理论、关键技术和应用创新等方面不断积累并实现突破。因此，对SSL/TLS协议的设计原理与工作机制进行归纳，对BEAST（针对SSL/TLS浏览器漏洞）、CRIME（压缩比信息泄露一点通）、BREACH（超文本自适应压缩浏览器勘测与渗透攻击）、Lucky13（幸运13攻击）等主要威胁进行分析，给出SSL/TLS网络配置与部署、性能优化的实际建议是十分必要的。另外，只有了解国外网络安全前沿技术，才能有效指导我国网络安全技术体系和产业体系的建设发展。为了掌握这些知识，我们需要借鉴国外的设计理念，推动我国网络安全实践趋向科学与和谐。

目前，国内外介绍SSL/TLS技术原理与实现机制，注重理论和实践结合的专著少之又少，无法满足SSL/TLS研究人员以及网络空间安全专业学生的使用需求。《SSL与TLS的理论与实践（第二版）》的出版弥补了这一遗憾。该书系统地介绍了SSL、TLS和DTLS协议的基础理论和工程化实践经验，深入地论述了涉及的密码基础知识以及在互联网应用过程中遇到的实际问题，包括协议结构、工作原理、安全性分析及其面临的攻击，公钥证书管理及其常见问题与易犯错误等内容。本书以大量的现实应用问题作为牵引，特别是对SSL、TLS和DTLS在真实网络环境下的实际配置与部署进行了深入的分析与探讨，并以应用范例的方式介绍了网络协议的安全性分析与测试方法,使大家不仅能够快速了解国外科研团队的先进的技术理念,深化机理分析,还能够正确评估网络安全传输协议的发展趋势。

本书从理论、技术和应用等不同角度切入,为学术界与产业界的研究者提供了SSL、TLS和DTLS协议最具创新性、最有意义的研究成果。这些宝贵的研究成果将会促进我国网络安全协议技术体制与标准规范的完善,推动国家信息化基础设施、互联网应用安全产品的成熟与应用,解决应对网络威胁和适应新技术发展所面临的急迫问题。相信中译本的出版会有助于提升我国网络安全协议领域的研究与设计水准,成为国内科研人员、工程技术人员研究网络安全协议的经典读物。

本书作者 Rolf Oppliger 是瑞士苏黎世大学教授,分别在1991年和1993年获得了瑞士伯尔尼大学计算机科学硕士和博士学位,研究方向是信息安全,重点研究网络安全协议,撰写了《当代密码学》(*Contemporary Cryptography*)《万维网安全技术》(*Security Technologies for the World Wide Web*)等十余部专著,担任瑞士联邦信息技术研究所高级研究员、ArtechHouse 出版社信息安全与隐私系列丛书的编审,是美国计算机协会(Association for Computing Machinery, ACM)高级会员、电气和电子工程师协会(Institute of Electrical and Electronics Engineers, IEEE)计算机学会、国际密码研究协会会员,曾担任国际信息处理联合会第十一技术委员会(IFIP TC 11)网络安全工作组副主席。

本书的翻译得到了国家自然科学基金项目(项目编号:U20B2049)、装备预先研究项目(项目编号:3110105-03)和装备预研基金项目(项目编号:614210303010517)的资助,以及保密通信国家级重点实验室祝世雄研究员、田波研究员的悉心指导和殷切关怀,国防工业出版社的编辑们也对本书的翻译非常重视,对书稿进行了仔细审校并提供了宝贵的修改建议。没有他们的辛勤付出,本书的中文译本是无法顺利完成的,在此表示衷心的感谢。

在翻译的过程中,译者常常为本书作者严谨的治学态度及本书博大精深的内容赞叹不已。本书综合了诸多信息安全和通信保密的最新研究成果,在翻译过程中虽然力求准确地反映原著内容,但由于译者水平有限,翻译中如有错漏之处,恳请读者批评指正。

赵越、郭绮

2022年3月于成都新少城

前　言

如今，处处都能看到电子交易、电子商务、电子政务这样的词汇。当人们使用这些词汇时，通常会提到必须采用某种方法满足相关过程中严格的安全要求。如果人们还想表现出自己是这方面的"技术控"，就还会用到 SSL 或 TLS 这类缩写词。SSL 是安全套接层的缩写，TLS 则是传输层安全的缩写，似乎应用程序用了 SSL 或 TLS 就能自然而然地变得安全，就能神奇地解决所有安全问题。但显然不是这么回事，SSL/TLS 在安全领域里的作用在很大程度上被夸大了。

当然，在保障网络应用程序及其相关领域的安全时，SSL/TLS 仍然是最重要且运用最广泛的技术。不仅对基于万维网和超文本传输协议的应用程序来说是这样，对于其他许多互联网应用，如电子邮件、即时消息、文件传输、终端接入、网上银行、网上转账、电子投票和在线游戏来说，SSL/TLS 技术也愈发重要。许多应用程序及其相应的应用协议都建立在 SSL 和 TLS 协议之上，以便为用户提供一些基本的安全服务。

由于 SSL/TLS 技术应用广泛，因此，应该让网络应用程序的设计和开发人员熟知各种版本 SSL/TLS 协议共同遵守的基本原则和原理。虽然使用安全软件库或调用相应函数的做法相当普遍，但无法设计开发出安全的应用程序。这样得到的应用程序，不论其是否采用 SSL/TLS 技术，都是不安全的。在这种情况下，安全应用程序设计和开发中最重要的是安全编程技术和安全软件开发技术。此外，只有在全面充分地了解一项安全技术之后才能对其进行正确的运用，并准确地辅之以其他的安全技术。这条经验法则同样适用于 SSL/TLS，必须首先清楚 SSL/TLS 协议能做什么和不能做什么，才能确定正确的运用方式；否则很可能会造成错误与疏漏，导致严重的损失。SSL/TLS 协议不是万能的，只有当底层基础设施部分是安全的，SSL/TLS 协议才能确保应用程序的安全。假如基础设施本身就是脆弱且易受攻击的，那么 SSL/TLS 协议就不一定能甚至不可能确保应用程序的安全。

十多年前我曾经编写过有关 SSL/TLS 的教案，当时发现仅有的几本参考书籍要么浮于技术表面，要么与时代脱节。特别是参考文献[1]和[2]的出版时间都是 2000 年，距离当时都近十年了。因此，我那时决定根据我的教案笔记编写一本新书，不仅讲解 SSL/TLS 协议的基本原理，还要尝试阐述其背后的设计理念。由此，本书的第一版于 2009 年出版。此后，SSL/TLS 技术获得了巨大成功，并有了许多新的发展，因此，我更新了第一版中的相应内容，形成了本次出版的第二版。这一更新速度超出了我的预期，这大概是研究快速发展的热点领域时所要付出的代价：书变得更容易过时。这一版根据近期的密码分析研究结果增加了一些内容,其中有的在本书第一版出版时就已为人所知了,但由于当时没有证据表明这些潜在的理论漏洞能用于实际攻击,因此没有对其进行充分的研究。但现在这一情况已经发生了根本性的变化,对这些理论漏洞的攻击,如 BEAST(针对 SSL/TLS 浏览器漏洞)、CRIME(压缩比信息泄露一点通)、TIME(时间信息泄漏一点通攻击)、BREACH(超文本自适应压缩浏览器勘测与渗透攻击)、POODLE(在降级的旧加密上填充 Oracle)、FREAK(分解 RSA 出口级密钥攻击)、Logjam(堵塞攻击)、Lucky13(幸运 13 攻击)等已经登上了新闻头条,让应用程序开发者和用户们为之胆寒。正如这句老话,"攻击只会越来越强,绝不会越来越弱",有理由相信未来还将发生许多受人瞩目的攻击事件[①],形势仍然危险而可怕。

最近,一本有关 SSL/TLS 的新书[3]也讲到了 SSL/TLS 的基本原理以及上述攻击。不过,与本书不同的是,该书的主要内容都是一些与安全没有直接关联的补充性的主题,包括 SSL/TLS 的实现、部署、性能优化以及配置等问题,有的内容还直接涉及具体的产品。这本《SSL 与 TLS 的理论与实践(第二版)》没有将精力耗费在讨论实现问题或特定实现的配置细节上,而是讨论了文献[3]等参考书籍中忽略的更具实践重要性的主题,包括 TLS 扩展、TLS 版本 1.3、数据包传输层安全(DTLS)等。本书还讨论了密码分析攻击,以及防御和降低该类攻击风险的技术。

除了对 SSL/TLS 协议做基本介绍和讨论外,本书的另一个重要目的是提供足够的背景信息,以便更好地理解、讨论并且以前瞻的眼光看待最新的密码分析攻击和攻击工具。由于这些攻击并非简单直接,因此实现这个目标绝非易事,需要大量的密码学背景知识,这也是我修改本书大纲的原因之一。想要认真研究 SSL/TLS 安全性的读者应该首先掌握一定的密码学知识,这方面有许多参考书籍,包括文献[4]。而本书假设读者已经具备了一些密码学的基础知识,因此,在第二版中省去了密码学基础知识的内容。

除了上述修改,本书尽量保留了第一版的大纲结构,因此同样适用于想深入了解并恰当应用 SSL/TLS 协议的读者——无论他们关注的是理论还是实践。之前已提到,本书并不关注于实现问题及其具体细节,因此未做深入探讨。SSL/TLS 协议有很多免费和付费的实现,并且频繁修改和更新,因此本书没有必要讨论这些实现。最常见的开源实现有 OpenSSL[②]、GnuTLS[③]、Bouncy Castle[④] 和 MatrixSSL[⑤],但除此之外还有很多。只要具有符合《GNU 通用公共许可证(GPL)》规范的许可证,

---

① 关于这些攻击的例子,可访问 https://vivaldi.net/en-US/blogs/entry/the-poodle-has-friends,参阅博文"卷毛狗和朋友们"。

② http://www.openssl.org.

③ http://www.gnutls.org.

④ http://www.bouncycastle.org.

⑤ http://www.matrixssl.org.

就可以使用GnuTLS等实现。而有些实现则需要不同于GPL的特殊许可证才能使用,如OpenSSL许可证。因为本书的受众是技术人员而非律师,所以并未深入探讨软件许可证方面的各类问题,而是更强调一些开源实现在安全性方面的不良记录(如页末注1中提到的"心脏出血"漏洞),并且提及了一些从OpenSSL分支出来的开源实现,例如OpenBSD[①]的LibreSSL、Google的BoringSSL[②]、亚马逊[③]的s2n[④]等。一些开源的SSL/TLS实现可以对实现结果进行形式化验证,例如miTLS[⑤]。此外,还有一些双重许可的SSL/TLS,既可以开源,也可以在商业许可下使用,例如mbed TLS[⑥](以前称为PolarSSL[⑦])、wolfSSL[⑧](以前称为CyaSSL)和Cryptlib[⑨]。此外,所有主要的软件制造商都有自己的SSL/TLS实现和协议库,并将其应用到各类产品中,例如微软的安全信道(SChannel)、苹果的安全传输(SecureTransport)、Oracle的Java安全套接字扩展(JSSE)和Mozilla[⑩]的网络安全服务库(NSS)等。由于这些著名的软件制造商的影响力,这些实现的使用非常广泛,在日常生活中经常会用到。如果想真正地使用SSL/TLS协议(例如用来保护某个电子应用程序),那么必须深入理解这个应用程序或者其开发环境的文档和技术规范。本书不能替代这些文档,而只能提供辅助理解这些文档的基础知识,因此读者仍然需要查阅这些文档。在研究OpenSSL的安全性时,读者可以使用文献[5]或者文献[3]的第11章作为参考资料。但是要记住,这是由于出现了"心脏出血"漏洞,因此业界对OpenSSL的安全问题进行过深入的讨论。而在研究其他的库或开发环境时,就需要阅读相应的原始文档资料了。

除了假设读者具备一定的密码学知识以外,本书还假设读者对TCP/IP协议及其工作原理也有基本的了解。这一假设是合理的,读者在开始学习SSL/TLS协议之前都应该先理解TCP/IP网络,因为从SSL/TLS入手可能事倍功半。TCP/IP网络方面的参考书籍有许多,这里特别推荐理查德·史蒂文斯和道格拉斯·科默的经典著作[6,7],当然此外还有很多类似或补充性的参考文献。

要正确理解SSL/TLS协议的现状,就应该熟悉互联网的标准化过程。相关内容在TCP/IP网络书籍中一般都会涉及。从互联网工程任务组(IETF)[⑪]主页可以获

---

① http://www.libressl.org.

② https://boringssl.googlesource.com/boringssl.

③ https://github.com/awslabs/s2n.

④ 缩写S2N代表"信噪比",指网站合法访问者生成的信号可以通过强密码隐藏在噪声中。

⑤ http://www.mitls.org.

⑥ https://tls.mbed.org.

⑦ https://polarssl.org.

⑧ http://yassl.com.

⑨ http://www.cryptlib.com.

⑩ 请注意,NSS也可作为一种特殊的Mozilla公共许可证(MPL)的开放源代码。

⑪ https://www.ietf.org/about/standards-process.html.

得RFC 2026[8]，其中也介绍了互联网标准化过程，并且会进行更新。对于RFC文档描述的每一项协议，本书都会指出该协议是已经成为互联网标准，或是处于实验阶段，还是仅用于提供相关信息，这种区分对于实践来说非常重要。

在讨论SSL/TLS协议的实际应用时，可以利用Wireshark①等网络协议分析器使过程更为直观。Wireshark是一款免费的开源软件工具，能够完全满足SSL/TLS方面的使用需求，能够分析基于SSL/TLS协议的数据交换过程。本书没有以截图的方式来展示这一过程，因为Wireshark这类工具的图形用户界面(GUI)是高度非线性的，仅仅通过截图很难理解工具的分析过程。本书采用文字方式描述Wireshark的分析结果，这种方式虽然在视觉上不是那么一目了然，但总的来说更准确，也因而更加实用。

本书共分为7个章节，组织结构如下：

第1章是概述，为全书主题奠定基础，同时提供了正确理解SSL/TLS协议所必需的基础知识和基本原则。

第2章是SSL协议，对SSL协议进行介绍、评述和分析。

第3章是TLS协议，对TLS协议进行介绍、评述和分析。与第2章不同的是，此章没有从基础知识入手，而是着重分析SSL和各版本TLS协议之间的主要区别。

第4章是DTLS协议，详细介绍了DTLS协议，该协议可以看成用户数据报协议(UDP)版本的TLS。与第3章类似，此章重点关注DTLS协议与各版本SSL/TLS协议间的区别。

第5章是防火墙穿越，主要讨论SSL/TLS协议安全穿越防火墙的实现过程中的重要问题。

第6章是公钥证书和互联网公钥基础设施(PKI)，以互联网PKI为例详细阐述SSL/TLS协议的公钥证书管理。这个话题的涵盖面很广，专门写一本书对其介绍也不为过。SSL/TLS(和DTLS)协议的安全性取决于其使用的公钥证书，而且与之有很深的联系，因此，必须较深入地介绍SSL/TLS协议的公钥证书管理，以便理解隐藏在问题表象背后的原因。

第7章是结束语，对全书进行了总结。

此外，本书附录A整理了已注册的TLS密码套件，附录B简要介绍了填充oracle攻击，附录C为缩略语。此外，本书还附上了我的个人简介。

本书多处提到通用漏洞披露(CVE)，这是指一种广泛认同的对漏洞或者系统弱点所给出的一种通用编序方式，可以帮助用户在独立的漏洞工具、存储库和服务之间共享数据。可参见https://cve.mitre.org，获取一个广泛使用的代表性CVE存储库的相关信息。

之所以在开篇引用阿尔伯特·爱因斯坦的名言，是因为我认为理论上的正确并

---

① http://www.wireshark.org.

不代表在实践中适用,这有时是非常重要的,本书更清楚地阐释了这一观点。之前的第一版侧重于SSL/TLS协议的理论安全性,而这一版则以上文提到的许多攻击方式和攻击工具为例,更深入地探讨了实际中需要考虑的安全因素。也许从理论上讲,这些安全因素很容易实现,但在实践中却可能因为其实现不及时或不到位而成为大问题,而让攻击方有机可乘。

技术书籍的最终目标是节省读者的时间,希望《SSL与TLS的理论与实践(第二版)》一书能够满足读者的需求。此外,我想借此机会邀请读者告诉我您的意见和想法。如果您认为书中有需要更正及补充的地方,或哪里没有表达清楚,都请告诉我。我感谢并真诚欢迎任何意见或建议,以便在后期版本中做出修订,使本书成为可用于教辅的参考书。联系我的最佳方式是发送邮件到rolf.oppliger@esecurity.ch。您也可以访问本书的主页http://books.esecurity.ch/ssltls2e.html,我会定期在该网页上发布勘误表、添加信息和补充材料。期待您的来函。

参 考 文 献

[1] Rescorla, E., *SSL and TLS: Designing and Building Secure Systems.* Addison-Wesley, Reading, MA, 2000.

[2] Thomas, S.A., *SSL and TLS Essentials: Securing the Web.* John Wiley & Sons, New York, NY, 2000.

[3] Risti'c, I., *Bulletproof SSL and TLS: Understanding and Deploying SSL/TLS and PKI to Secure Servers and Web Applications,* Feisty Duck Limited, London, UK, 2014.

[4] Oppliger, R., *Contemporary Cryptography,* 2nd edition. Artech House Publishers, Norwood, MA, 2011.

[5] Viega, J., M. Messier, and P. Chandra, *Network Security with OpenSSL.* O'Reilly, Sebastopol, CA, 2002.

[6] Fall, K.R., and W.R. Stevens, *TCP/IP Illustrated, Volume 1: The Protocols,* 2nd edition. Addison-Wesley Professional, New York, NY, 2011.

[7] Comer, D. E., *Internetworking with TCP/IP Volume 1: Principles, Protocols,* and Architecture, 6th edition. Addison-Wesley, New York, NY, 2013.

[8] Bradner, S., "The Internet Standards Process—Revision 3," Request for Comments 2026 (BCP 9), October 1996.

目 录

第1章 概 述 ... 1
1.1 信息和网络安全 ... 1
1.1.1 安全服务 ... 2
1.1.2 安全机制 ... 5
1.2 传输层安全 ... 8
1.3 小结 ... 12
参考文献 ... 13

第2章 SSL协议 ... 15
2.1 简介 ... 15
2.2 SSL子协议 ... 22
2.2.1 SSL记录协议 ... 22
2.2.2 SSL握手协议 ... 33
2.2.3 SSL改变密码标准协议 ... 51
2.2.4 SSL警告协议 ... 51
2.2.5 SSL应用数据协议 ... 53
2.3 协议执行示例 ... 54
2.4 安全分析与攻击 ... 57
2.5 小结 ... 63
参考文献 ... 64

第3章 TLS协议 ... 66
3.1 简介 ... 66
3.1.1 TLS PRF ... 68
3.1.2 密钥材料的生成 ... 70
3.2 TLS 1.0 ... 72
3.2.1 密码套件 ... 72
3.2.2 证书管理 ... 75
3.2.3 警告消息 ... 76
3.2.4 其他区别 ... 77
3.3 TLS 1.1 ... 78
3.3.1 密码细节差异 ... 79
3.3.2 密码套件 ... 82

            3.3.3 证书管理 ·············· 84
            3.3.4 警告信息 ·············· 85
            3.3.5 其他区别 ·············· 85
     3.4 TLS 1.2 ·············· 85
            3.4.1 TLS协议扩展 ·············· 86
            3.4.2 密码套件 ·············· 99
            3.4.3 证书管理 ·············· 102
            3.4.4 警告消息 ·············· 102
            3.4.5 其他区别 ·············· 103
     3.5 TLS 1.3 ·············· 103
            3.5.1 密码套件 ·············· 105
            3.5.2 证书管理 ·············· 106
            3.5.3 警告消息 ·············· 106
            3.5.4 其他区别 ·············· 106
     3.6 HTTP严格传输安全（HSTS） ·············· 107
     3.7 协议执行示例 ·············· 109
     3.8 安全分析与攻击 ·············· 112
            3.8.1 重协商攻击 ·············· 112
            3.8.2 与压缩相关的攻击 ·············· 117
            3.8.3 近期的填充提示攻击 ·············· 120
            3.8.4 密钥交换降级攻击 ·············· 124
            3.8.5 FREAK攻击 ·············· 124
            3.8.6 Logjam攻击 ·············· 125
     3.9 小结 ·············· 125
     参考文献 ·············· 126

第4章 DTLS协议 ·············· 131
     4.1 简介 ·············· 131
     4.2 基本属性和区别特征 ·············· 133
            4.2.1 记录协议 ·············· 134
            4.2.2 握手协议 ·············· 135
     4.3 安全性分析 ·············· 138
     4.4 小结 ·············· 139
     参考文献 ·············· 139

第5章 防火墙穿越 ·············· 141
     5.1 概述 ·············· 141

5.2 SSL/TLS隧穿 ……………………………………………………… 143
5.3 SSL/TLS代理 ……………………………………………………… 145
5.4 小结 ………………………………………………………………… 147
参考文献 ………………………………………………………………… 147

第6章 公钥证书和互联网PKI ……………………………………… 149
6.1 引言 ………………………………………………………………… 149
6.2 X.509证书 ………………………………………………………… 152
   6.2.1 证书格式 …………………………………………………… 153
   6.2.2 分层信任模型 ……………………………………………… 154
6.3 服务器证书 ………………………………………………………… 157
6.4 客户端证书 ………………………………………………………… 160
6.5 问题及陷阱 ………………………………………………………… 160
6.6 新方法 ……………………………………………………………… 163
6.7 小结 ………………………………………………………………… 168
参考文献 ………………………………………………………………… 169

第7章 结束语 …………………………………………………………… 171
参考文献 ………………………………………………………………… 172
附录A 注册的TLS密码套件 ………………………………………… 174
附录B 填充提示攻击 ………………………………………………… 183
附录C 缩略语 ………………………………………………………… 195

第1章 概 述

本章为本书的主题奠定基础。第1.1节简要介绍了信息和网络安全;第1.2节则更为深入,探讨了传输层安全和SSL/TLS协议的发展;第1.3节给出了一些总结性的评述。

1.1 信息和网络安全

根据RFC 4949[1]中的互联网安全术语表,信息安全("INFOSEC")是指"在信息系统中,包括在计算机系统(计算机安全)和通信系统(通信安全)中实施和保证安全服务的措施"。其中,计算机安全(COMPUSEC)是指由计算机系统提供的安全服务(例如,访问控制服务),而通信安全(COMSEC)是指由交换数据的通信系统提供的安全服务(例如,数据保密、认证和完整性服务)。毋庸置疑,在实际环境中,必须结合COMPUSEC和COMSEC才能提供合理水平的信息安全。举一个例子,假如数据只在传输时受到加密保护,则该数据在存储或处理时就可能会在收发的任意一方遭受攻击。因此,作为本书核心内容的计算机安全必须始终有通信安全的保障,否则所有安全措施都可以轻易地绕开,起不了什么作用。而且随着中间件和面向服务架构(service-oriented architectures, SOA)方面的发展,COMPUSEC和COMSEC之间界线变得不再那么明显,因此对两者进行区分也不再像过去那样有用。

INFOSEC(以及COMPUSEC和COMSEC)不仅是技术问题,而是包含了所有旨在实现和确保信息系统安全服务的技术和非技术措施。许多情况下,组织、人员或法律措施甚至比单纯的技术措施更为有效。因此尽管本书只涉及技术方面的内容,但读者需要牢记:任何技术措施如果得不到足够的非技术措施的补充,至少从长远来看极有可能会失败。

本书将"网络安全"一词用作通信安全的同义词,内容上涉及用于实现和确保数据传输安全服务的措施。在讨论安全服务时,有必要在一个标准的框架下介绍该服务及其提供机制。安全体系架构(ISO/IEC7498-2)就是这样的一个标准。该标准是由国际标准化组织(ISO)下设的第一联合技术委员会(JTC1)以及国际电工委员会(IEC)于1989年制定的,是在开放式系统互联(OSI)基本参考模型基础上进行的扩充[2]。对此无须深入探讨,仅需要知道OSI模型一共有7层,而更为人熟知的TCP/IP模型则只有4层,图1.1给出了OSI和TCP/IP模型的层次。最重要的是,

OSI模型的物理层和数据链路层合并到了TCP/IP模型的网络接入层,OSI模型的会话层、表示层和应用层则合并到了TCP/IP模型的应用层。

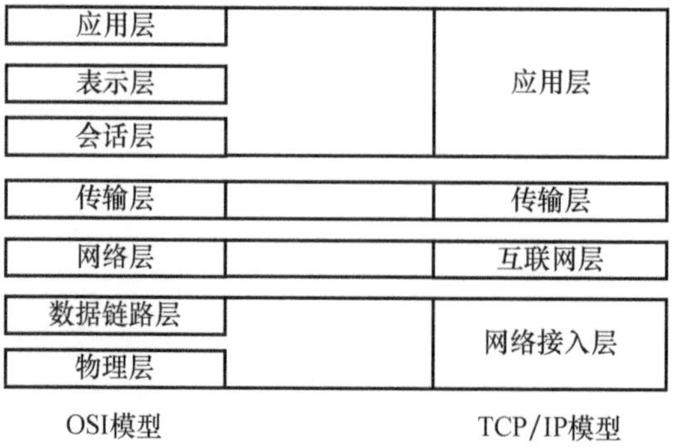

图1.1　OSI和TCP/IP模型的层次

ISO/IEC 7498-2的名称看起来是个安全体系架构,但实际上是一个术语框架,而不是一个真正的体系架构(参见文献[3]中对真正的安全体系架构的讨论)。但不管怎样,本书还是使用"OSI安全体系架构"来指代ISO/IEC7498-2。1991年,国际电信联盟电信标准化部门(ITU-T),在X.800建议[4]中采用了OSI安全体系架构。同样在20世纪90年代初,互联网研究工作组(IRTF[①])的隐私和安全研究小组(PSRG)在一个互联网草案中公开的通信互联网安全架构中初步采用了OSI安全体系架构[②]。事实上,ISO/IEC7498-2、ITU-TX.800以及上述互联网安全架构草案描述的都是相同的安全标准,本书使用OSI安全体系架构一词对其进行统一指代。与OSI基本参考模型相比,OSI安全体系架构在过去数十年中得到了广泛应用,至少是常用来作为参考。OSI安全体系架构对各类安全服务和相关安全机制进行了一般性描述,并讨论了其相互关系。下面将简要介绍OSI安全体系架构中描述的安全服务和机制。但OSI安全体系架构无意做到面面俱到,因此其涉及的服务和机制并不全面。例如,其中根本没有讨论匿名服务和假名服务的内容,但是这些服务在电子支付、电子投票系统等实际应用程序中是非常重要的。

1.1.1　安全服务

如表1.1所示,OSI安全体系架构区分了5类安全服务(即认证服务、访问控制服务、数据机密性服务、数据完整性服务和不可否认性服务[③])。与OSI参考模型中

---

① IRTF是IETF的姐妹组织,其既定任务是"通过建立专注的、长期的和小型的研究小组,研究与互联网协议、应用、架构和技术有关的主题,促进对未来互联网发展的重要研究。"IRTF的官方网站是https://irtf.org。
② 这项工作已经废弃了。
③ 业界在"不可否认性"一词的拼写方式上存在一些争议。事实上,OSI安全体系架构使用了non-repudiation,而没有使用更为常见的nonrepudiation。本书使用了现在更常用的拼写方式是nonrepudiation。

对层的定义类似,在 OSI 安全体系架构中一项安全服务提供一个特定的安全功能。

表 1.1　OSI 安全服务类别

1	对等实体认证服务
	数据源认证服务
2	访问控制服务
3	连接机密性服务
	无连接机密性服务
	选择字段机密性服务
	传输流机密性服务
4	有恢复功能的连接完整性服务
	无恢复功能的连接完整性服务
	选择字段连接完整性服务
	无连接完整性服务
	选择字段无连接完整性服务
5	数据发送不可否认性服务
	数据接收不可否认性服务

1. 认证服务

认证服务是指对实体、数据源等事物进行认证。对于不同事物的认证服务略有不同,具体描述如下:

(1) 对等实体认证服务对对等实体(如用户、客户端或服务器)进行认证,即允许相关实体验证其对等实体提供的身份信息是否真实,确保其对等实体不会试图伪装身份或执行未经授权的重放。对等实体认证服务通常在连接建立阶段使用,在数据传输阶段偶尔也会用到。

(2) 数据源认证服务是对数据来源进行认证,即允许相关实体验证其所接收数据的来源信息是否真实,通常在数据传输阶段使用。但数据源认证服务只能确保数据的来源,攻击方仍然可以复制和修改数据。要防止此类攻击,还需要配合使用数据完整性服务(参见第 4 节)。

认证服务在实际应用中非常重要,通常是提供授权、访问控制和问责服务的先决条件。授权服务是指授予权限的过程,包括基于访问权限确定是否允许访问;访问控制服务是指强制执行访问权限的过程;问责服务则是指可由实体的行为唯一地追溯到该实体。这些服务对于系统的整体安全来说都非常重要。

2. 访问控制服务

访问控制服务的作用是强制执行访问权限,即避免系统资源在未经授权情况下被使用。如果试图使用系统资源的实体没有相应的权限或许可,则该实体对系统资源的使用行为是未经授权的。计算机和网络安全中通常都会设置访问控制服务。如前文所述,访问控制服务与认证服务密切相关:在进行访问控制以及建立访问控制服务之前,必须要对用户或以用户名义执行的程序进行认证。因此,认证服务和访问控制服务通常是同时进行的,这就是为什么有时会使用认证和授权基础设施(AAI)、身份管理(IM)、身份与访问管理(IAM)等术语来指代为访问控制提供认证和授权支持的基础设施。这类基础设施在实践中越来越重要。

3. 数据机密性服务

数据机密性是指未经授权的实体不能获取数据或获知数据内容,因此,数据机密性服务的作用是确保不出现未经授权的数据泄露。数据机密性服务主要包括以下几种类型:

(1) 连接机密性服务,确保在特定连接上传输的所有数据的机密性。

(2) 无连接机密性服务,确保特定数据单元中数据的机密性(即使数据单元没有在连接上传输,其数据的机密性也受到保护)。

(3) 选择字段机密性服务,确保数据单元中或通过连接传输的数据中的特定字段的机密性。

(4) 传输流机密性服务,确保特定传输流的机密性,即保护特定传输流的相关数据不受到流量分析。

利用标准加密技术和机制可以提供上面的前3种机密性服务,但实现传输流机密性服务则还需要一些补充安全机制。

4. 数据完整性服务

数据完整性是指数据没有受到任何未经授权的篡改(甚至破坏),因此,数据完整性服务的作用是确保数据不会受到未经授权的篡改。数据完整性服务包括以下几种类型:

(1) 有恢复功能的连接完整性服务,确保在特定连接上传输的所有数据的完整性,当数据的完整性受损时可对其进行恢复。

(2) 无恢复功能的连接完整性服务,与有恢复功能的连接完整性服务类似,但只能检测数据是否完整,不能进行数据恢复。

(3) 选择字段连接完整性服务,确保在连接上传输的特定字段的完整性。

(4) 无连接完整性服务,确保未在连接上传输的特定数据单元的完整性。

(5) 选择字段无连接完整性服务,确保未在连接上传输的数据单元中特定字段的完整性。

为了确保连接的安全,通常会在建立连接时提供对等实体认证服务,并且在保持连接期间提供连接完整性服务。这样可以确保接收方收到的数据来源真实,且在传输过程中没有被篡改。为了简化这一过程,通常会选用无恢复功能的连接完整性服务。

5. 不可否认性服务

不可否认性服务的作用是确保对等实体不能否认其曾经参与过全部或部分通信。一般来说,实际应用中有以下两种不可否认性服务:

(1) 数据发送不可否认性服务,是指向数据接收方提供数据来源证明,即防止发送方否认其发送过该数据。

(2) 数据接收不可否认性服务,是指向数据发送方提供数据送达证明,即防止接收方否认其收到了该数据①。

不可否认性服务是实现互联网电子商务的关键(参见文献[5])。以投资者通过互联网与股票经纪人沟通为例,投资者决定出售大量股票时,可能会向股票经纪人发出要求出售股票的消息。消息发出后,如果股价只是小幅变动,可能不会出现问题;一旦股价大幅上涨,投资者可能会否认之前曾发送过消息。不光是投资者,一些情况下,股票经纪人也可能否认收到了出售股票的消息。因此在上述场景中,能否提供不可否认性服务将成为交易过程能否成功的关键。

对于SSL/TLS协议来说,并非所有的安全服务都同等重要,第2.1节将分别讨论对于SSL协议和TLS协议来说重要的安全服务,本章则旨在使读者熟悉并初步理解相关术语。

1.1.2 安全机制

除了上面提到的安全服务之外,OSI安全体系架构还详细列出了可用于实现这些服务的安全机制,并将其分为特定安全机制和普遍安全机制。特定安全机制用于实现一种特定的服务,普遍安全机制则通常不局限于某个特定的服务,可以用于实现多个安全服务,或同时作为多个安全服务的补充。

1. 特定安全机制

如表1.2所示,OSI安全体系架构中列举了以下8种特定安全机制:

表1.2 特定安全机制

1	加密机制
2	数字签名机制
3	访问控制机制
4	数据完整性机制
5	认证交换机制
6	业务流填充机制
7	路由控制机制
8	公证机制

---

① 请注意,数据送达证明只能证明该数据成功送达,但这并不代表接收方读取过该数据。

（1）加密机制可用于保护数据的机密性，也可用于支持其他安全机制。

（2）数字签名机制可用于提供数字签名，以及提供数据收发双方的不可否认服务。数字签名的作用与手写签名类似，主要区别在于数字签名是以电子方式实现的，因而适用于电子文件。与手写签名一样，数字签名必须具有不可伪造性，接收方必须能对其进行核实，并且签名者也不能否认其签名；但与手写签名不同的是，数字签名包含了被签名数据或其哈希值，因此同一个签名者对不同数据的签名是不同的。

（3）访问控制机制可用于控制对系统资源的访问。传统做法中会区分自主访问控制（DAC）和强制访问控制（MAC），但这两种访问控制机制的描述方式是一致的，其元素包括：

① 主体，即试图进行对象访问的实体，主体可以是主机、用户或应用程序。

② 对象，即需要受到访问控制的资源，对象可以是从文件中某个数据字段到大型程序的各种资源。

③ 访问权限，即某个主体访问某个对象时需要具备的权限级别，因此访问权限是针对每一组主体和对象定义的。以 UNIX 为例，其访问权限包括读、写和执行。

随着角色概念的引入，又出现了基于角色的访问控制（RBAC）机制，使得对主体的访问权限分配变得更为简单、直接和灵活（参见文献[6,7]）。正处于研究中的基于属性的访问控制（ABAC）①则尝试利用属性来简化访问权限的分配过程。

（4）数据完整性机制可用于保护数据的完整性，其保护对象可以是数据单元或其中的字段，也可以是数据单元序列或相应的字段序列。请注意，数据完整性机制通常无法阻止通过记录和重放之前发送的数据单元而实施的重放攻击。此外，在保护数据单元序列及数据单元中各字段的完整性时，通常需要某种明确的排序信息，如序列编号、时间戳、密码链等。

（5）认证交换机制可用于验证实体身份的真实性。弱认证交换机制容易遭受被动窃听和重放攻击，而强认证交换机制由于采用了复杂的加密技术，有时甚至依赖于专用硬件（如智能卡），因此能够抵御这些攻击。在某些特殊环境中，还可以使用生物识别技术向人类用户提供强认证交换机制。

（6）业务流填充机制可防止流量分析，其工作原理是由数据发送方在真实数据传输过程中夹杂随机生成的混淆数据。只有数据发送方和预期接收方知道数据的具体传输方式，未经授权的主体或程序则无法区分真实数据和混淆数据，因此也无法重放其截获到的数据。

（7）路由控制机制可以动态地或根据预先安排选择数据传输的具体路径。当通信系统检测到持续的被动或主动攻击时，可能希望网络服务提供商选择其他（未

---

① http://csrc.nist.gov/projects/abac.

遭受攻击的)路径建立连接。类似地,系统的策略可能不允许带有某些安全标签的数据通过特定的网络或链接。虽然并非在所有的场景中都提供了路由控制机制,但使用路由控制机制时往往会取得很好的效果。

(8)公证机制可用于确保两个或多个实体之间通信的数据的某些属性,例如其完整性、来源、时间或目的地。公正机制是由可信方(有时也称为可信第三方(TTP))以可证明的方式提供的。

下文将讲述,SSL/TLS协议采用了除访问控制、业务流填充和路由控制之外的所有特定安全机制。访问控制机制的调用需要在传输层以上(通常在应用层),而流量填充和路由控制机制则最好放在传输层以下。

2. 普遍安全机制

与第1.1.2节中列出的特定安全机制相反,普遍安全机制通常不针对特定的安全服务,其中一些机制甚至可以看作是安全管理的一部分。如表1.3所示,OSI安全体系架构列举了5种普遍安全机制。

表1.3 普遍安全机制

1	可信功能
2	安全标签
3	事件检测
4	安全审计追踪
5	安全恢复

(1)可信功能,是指可以相信功能会按照预期得到实施。从安全的角度来看,任何(通过服务提供并由机制实现的)功能都应该是可信的,因此可信功能是一种普遍安全机制。

(2)安全标签,是指系统资源可能会附带的、用于指示敏感度级别等信息的安全标签。可根据安全标签选择对资源的处置方式,例如让数据经过透明加密(即未经用户调用)后传输。一般来说,安全标签可以附加到数据中,也可以隐含在报文里(例如,使用对应于安全标签的特定密钥加密数据,或者将安全标签对应于数据的源地址、路由等上下文数据)。

(3)预防性安全机制已经越来越离不开检测性安全机制乃至纠正性安全机制的补充,这一做法的基本思想是确保至少有一种方式能检测到与安全相关的事件。事件检测就是其中用到的一种普遍安全机制,其实现在主要依赖于启发法(依据掌握的知识找到问题解决方案的一种技术)。

(4)安全审计,是指对系统记录和活动进行独立的审查和检查,以测试系统控制的适当性,确保系统遵从相应的政策和操作程序,检测系统安全漏洞,并提出控制、政策和程序方面的更改建议。相应地,安全审计追踪是指收集到的、可能有助于安全审计的数据,是一项非常基础和重要的普遍安全机制。

(5)正如前文所述,纠正性安全机制变得越来越重要。安全恢复是指在适当的地方实施纠正性安全机制。与事件检测类似,安全恢复的实现在很大程度上也依赖于启发法。

SSL/TLS协议没有对普遍安全机制进行规定,而是在具体的协议实现中决定需要支持哪些普遍安全机制。很明显,SSL/TLS协议中的告警消息至少可以作为事件检测、安全审计追踪和安全恢复的基础。

还需要指出的是,提出OSI安全体系架构的目的不是为了解决某个特定的网络安全问题,而是为了给网络安全界提供一套术语,以便采用统一的方式描述和讨论安全问题及其解决方案。本书使用OSI安全体系架构也是出于这一目的。

1.2 传输层安全

20世纪90年代上半叶互联网开始腾飞,许多人开始通过网络购买商品。和今天一样,当时主要的电子支付系统也是信用卡,以及各家银行信用卡的支付和交易业务。由于网络交易需要提供信用卡信息,人们对使用信用卡进行电子支付持谨慎态度。这使得许多公司和研究人员开始研究如何确保大众网络交易业务安全,以及如何提供相应的服务。这些研究的最大共同点是都使用了密码技术来提供基本的安全服务,但其使用的技术和实现方式几乎没有任何相同之处。

一般来说,在TCP/IP模型的不同层和协议栈调用加密技术的方式有很多种。实际上,在文献[8]或文献[9]的第5章中提到的所有互联网安全协议都可以用来确保网络交易安全。然而在实践中,通常采用的方式是在互联网层上使用IP安全(IPsec)和互联网密钥交换(IKE)协议[10]①,在传输层上使用SSL/TLS协议,在应用层上使用安全消息传递方案[11]。在系统设计领域存在着一种端到端设计思想,强调在更高层上提供安全服务[12]。这一设计思想的要点包括:

(1)任何重要的通信系统都会涉及中介体,如网络设备、中继站、计算机系统、软件模块等,从理论上讲,这些中介体并不知道其参与的通信的前因后果。

(2)这些中介体不知道其收到的数据是否正确。

因此,通信协议应当尽可能在通信系统的终端节点上运行,或者尽可能靠近被控制的资源。端到端设计思想的适用范围非常大(基本上适用于任何类型的功能),但正如文献[13]中指出的,特别适合用于提供网络安全服务。

遵循端到端设计思想和原则,国际互联网工程任务组(IETF)在20世纪90年代初成立了网络交易业务安全(WTS)工作组②,其任务是制定网络交易业务(即使

---

① 严格地说,SSL/TLS协议在传输层和应用层之间的中间层运行。但是,为了简单并与TCP/IP模型保持一致,本书将SSL/TLS称为传输层的一部分。虽然这不是完全准确的描述,但更便于理解,也是合理的。

② http://www.ietf.org/html.charters/OLD/wts-charter.html。

用HTTP进行的交易业务)的要求规范及相应的安全服务规范。文献[14-16]记录了工作组的成果。最重要的是,安全超文本传输协议(S-HTTP或SHTTP)是对HTTP的安全提升,可用于对文档或其中某部分进行加密和/或数字签名[16]。因此,S-HTTP在概念上类似于现在万维网联盟(W3C)关于可扩展标记语言(XML)加密和XML签名的规范。S-HTTP自1994年在网络交易大讨论中提出后就得到了软件业界的大力支持,其成为关键因素似乎也只是时间问题。

然而出乎意料的是,网景通信公司(NetscapeCommunications)[①]的软件开发人员继续坚持一种不同于端到端理论和S-HTTP方案的观点,即传输层安全可以作为低层安全和高层安全之间有益的折中方案。事实上,这些软件开发人员已从应用程序开发的角度出发,用尽可能简单的方式使应用程序能够建立安全连接(而不是"普通"连接)。为此,他们在传输层和应用层之间插入一个中间层,这个中间层称为安全套接层(SSL),其作用就是处理安全性,即建立安全连接并通过安全连接传输数据。由于安全套接层的功能与传输层密切相关,因此从技术上可以将其归到传输层,即可以将SSL/TLS协议归为传输层安全协议。更具体地说,SSL协议位于面向连接的可靠传输层协议(如TCP)之上。用户数据报协议(user datagram protocol, UDP)是传输层上的一种无连接的数据报协议,可提供"尽力而为"的数据报传输服务[②]。直到最近TLS协议才用于UDP之上,这属于DTLS协议的内容,将在第4章详细介绍。

1993年美国国家超级计算应用中心(NCSA)发布第一款广泛使用的浏览器Mosaic1.0后不久,网景通信公司就着手开发SSL协议。到1994年年中,网景通信公司仅用8个月就完成了第1版SSL(SSL1.0)的设计工作。由于存在一些缺点和不足,因此SSL1.0只在网景通信公司内部试用。例如,SSL1.0不能保护数据完整性,因此当使用流密码RC4进行数据加密时,攻击方就能对明文数据进行可预测的修改。另外,SSL1.0没有使用序列号,因此容易受到各类重放攻击。随后,SSL1.0增加了序列号和校验和,但采用的是过于简单的循环冗余校验(CRC),而没有使用基于强哈希函数的加密来保护数据的完整性。

为了在正式应用中解决上述问题,网景通信公司于1994年底推出了第2版SSL(SSL2.0),其修改内容包括将CRC替换为MD5,目前MD5仍然被认为是安全

---

① Netscape Communications(前称Netscape Communications Corporation,俗称Netscape)是一家以网络浏览器Netscape Navigator而闻名的美国软件公司。该公司于1999年被美国在线(AOL Inc.)收购。

② 有人认为TCP是面向连接且可靠的,而UDP是无连接且不可靠的。这一描述是不准确的,主要是因为"不可靠"一词让人误以为UDP会故意丢失数据包,而事实显然不是这样的。相反,"尽力而为"的传递协议没有内置检测或纠正数据包丢失的功能,而是依赖底层协议来提供这一服务。以现代局域网为例,其传输损耗几乎为零,因此"尽力而为"的传输协议就能够满足许多应用的要求。不提供损失检测的主要好处是能够提高处理效率,并且不会引入传输延迟。因此将UDP称为"尽力而为"的数据报传输协议更为恰当,而不是将其称为"不可靠"的协议。

的。随后，网景通信公司发布了支持SSL2.0的网景导航者（NetscapeNavigator）浏览器以及一些同样支持SSL2.0的产品。SSL2.0协议规范是由网景通信公司的Kipp E. B. Hickman编写的，并于1995年4月通过名为"SSL协议"的互联网草案提交给IETF①。4个月之后，网景通信公司又提交了一份名为"安全套接层应用程序设备和方法"的专利申请，其内容基本上就是SSL协议（因此该专利也被称为SSL专利）②。网景通信公司于1997年8月获得了SSL专利授权。因为网景通信公司申请该专利的唯一目的只是不想让其他公司涉足该领域，所以公众可以免费使用SSL专利。

随着网景导航者浏览器的发布，互联网和万维网真正实现了腾飞，这让其他公司因为无法参与这个充满机遇的新兴领域而倍感不安。微软对此采取了积极的态度，于1995年下半年推出了IE浏览器，又于同年10月发布了概念和技术与SSL2.0协议非常相似而且密切相关③的专用通信技术协议（PCT）。特别是，这两个协议使用了兼容的记录格式，这使服务器能较容易地同时支持两种协议：PCT协议版本号最重要的位设置为1，而SSL协议的该位设置为0，因此服务器可以很容易地进行协议选择。现在看来，专用通信技术协议已成为历史，并且已被逐渐淡忘，仅有某些微软产品仍在支持这一协议。读者只需要了解PCT这一缩写及其含义，即一个微软版本的SSL协议。

PCT发布后不久，第3版SSL（SSL3.0）也于1995年正式发布。在独立顾问Paul C. Kocher（后来创立Cryptography Research④）的支持下，网景通信公司的Alan O. Freier和PhilipKarlton重新设计了SSL3.0协议，其中包括了PCT中提出的一些改进。也是在这段时间，网景通信公司聘请了一批安全专家，包括ElGamal公钥密码系统[17]的发明者TaherElgama，这使SSL3.0更为强大和安全。最终，SSL3.0协议规范于1996年11月通过名为"SSL协议3.0版"的互联网草案发布。最近，一份历史性RFC文档[18]发布了SSL3.0协议规范以供参考使用。

SSL 3.0修正了SSL2.0中存在的一些缺点和安全问题：

（1）SSL2.0允许客户端和服务器仅向对方发送一个公钥证书，基本上意味着这个证书必须由受信任的根认证机构直接签名，而SSL3.0允许客户端和服务器使用任意长度的证书链。

（2）SSL2.0用于消息认证和加密的密钥相同，这会使某些密码出现问题。另外，如果在出口模式下使用SSL2.0和RC4，那么消息认证和加密密钥都基于40位的机密数据完成。但事实上，出口限制仅应用于加密密钥，消息认证密钥则可以很长。SSL3.0使用不同的密钥进行消息认证和加密，即使加密使用弱密码，由于默认

---

① http://tools.ietf.org/html/draft-hickman-netscape-ssl-00.

② 美国专利号为5,657,390。

③ http://graphcomp.com/info/specs/ms/pct.htm.

④ http://www.cryptography.com.

的消息认证密码很长,因此,攻击方也不能破坏消息的真实性和完整性。

(3) SSL2.0只使用MD5进行消息身份认证,而SSL3.0使用SHA-1作为MD5的补充,其消息认证码(Message authentication code, MAC)结构也更加复杂。第2章的2.2.1节将讨论SSL3.0的MAC结构。

由于SSL2.0的上述缺点和安全问题,2011年IETF建议将其完全替换为SSL3.0[19]。不过请注意,由于后来又出现了一些新的情况,尤其是POODLE攻击的出现,2015年IETF开始反对使用SSL3.0及整个SSL协议[19]。

SSL 3.0和PCT发布后,安全界一片混乱。一方面,网景通信公司以及互联网和网络安全领域的主要势力都在力推SSL3.0;另一方面,微软凭借其庞大的安装基数试图推广PCT,同时还支持SSL以提供互操作性。微软甚至还提出了另一个名为安全传输层协议(STLP)的协议提案,基本就是在SSL3.0的基础上增加了一些微软认为很重要的附加功能,比如支持UDP、基于共享机密数据的客户端身份认证,以及一些性能优化(STLP中许多特性现在包含在TLS协议中)。为了改变这种混乱的情况,1996年IETF成立了传输层安全(TLS)工作组①,旨在制定统一的标准化TLS协议。这项任务在技术上很简单,因为标准化TLS协议的建立基础SSL3.0和PCT/STLP在技术上非常相似。但由于以下三方面的原因,传输层安全工作组完成这项任务还是花费了很长时间。

第一,根据互联网标准程序的规定[21],使用专利时必须获得专利权人的声明,表明可在合理的条款和条件下提供专利使用许可。SSL专利也须遵循这一规定,而原始的SSL3.0规范中没有包括上述声明内容。

第二,1995年4月,在马萨诸塞州丹佛市举行的IETF会议上,互联网工程指导小组(IESG)采纳了丹佛原则[22],主要是说IETF应该抛开能否出口的问题,从优化工程原理出发进行协议设计。对于制定中的TLS协议来说,遵循丹佛原则意味着协议至少应当支持数据加密标准(DES),更优选的是支持三重数据加密(3DES),而彼时DES技术和3DES技术的出口受到严格管制。

第三,IETF一直偏向于使用无障碍的算法。1998年,Merkle-Hellman专利(包含了许多公钥密码系统)已经到期,而RSA仍受专利保护。因此IESG开始向各工作组施压,要求其使用没有专利保护的公钥密码系统。

1997年底,IETF TLS工作组完成了TLS协议的标准化工作,并向IESG递交了第1版TLS协议规范。IESG随后将其退回工作组,要求增加一些密码系统,包括用于认证的数字签名算法(DSA)、用于密钥交换的Diffie-Hellman算法(其专利即将到期)和用于加密的3DES。IESG提出上述要求的目的是解决前面提到的SSL2.0存在的最后两个问题,其中前一个问题可以通过在TLS协议规范中添加相应的语句来解决。在随后的协议修改过程中,就邮件发送清单进行了很多讨论,因为网景

---

① http://www.ietf.org/html.charters/tls-charter.html.

通信公司尤其抵制强制加密系统，特别是3DES。IESG和IETFTLS工作组通过激烈讨论勉强达成了共识，适当修改并重新提交了TLS协议规范。

此时又出现了另一个问题：IETF基于X.509的公钥基础设施(PKIX)工作组刚开始进行互联网中X.509证书配置文件的标准化工作。TLS协议规范从一开始就依赖于X.509证书，因此也必然依赖于IETFPKIX工作组的这一标准化工作结果。根据IETF的规定，一项协议不能先于其依赖的协议发布，而PKIX工作组完成其工作的时间比预期的要长，因此IETFTLS工作组用了近三年时间才正式发布其制定的安全协议①。事实上，在1999年1月发布的RFC 2246[23]中才对第1版TLS协议(TLS1.0)进行了详细说明，文档的附录G列出了相关的专利声明。尽管名称不同，TLS1.0实际上只是对SSL3.0的版本更新。事实上，TLS1.0和SSL3.0间的差异比SSL3.0和SSL2.0间的差异还要小，因此TLS1.0有时也称为SSL3.1。除了TLS1.0规范之外，IETFTLS工作组还完成了TLS协议的一系列扩展，这些扩展记录在其他文档中。

在1999年发布TLS1.0之后，IETFTLS工作组内部继续进行TLS协议的相关工作。2006年4月，标准跟踪RFC 4346[24]详细说明了第1.1版TLS协议(TLS1.1)，RFC 2246[23]至此废止。正如第2章和第3章中提到的，TLS1.1中存在一些亟待解决的密码问题。除了TLS1.1之外，IETFTLS工作组还发布了第1版DTLS协议，用于保护标准跟踪RFC4347描述的基于UDP的应用程序(DTLS1.0)[25]。经过一个两年修订期后，2008年发布的标准跟踪RFC5246详细说明了第1.2版TLS协议(TLS1.2)[26]。该文档废止了RFC4346，以及其他一些RFC文档，这些文档大多数都涉及TLS扩展。2012年1月，标准跟踪RFC6347正式发布了第1.2版DTLS协议[27]。目前，IETFTLS工作组正在积极研究第1.3版TLS协议(TLS1.3)[28]②，这只是SSL/TLS协议的最新进展情况，而不是最终结果，SSL/TLS协议还将继续演进。

1.3 小　　结

第1章为本书内容奠定了基础，后面将开始深入研究SSL/TLS协议。SSL/TLS协议在当今互联网上无处不在，其成功的原因主要有以下两点：

一方面，SSL/TLS协议可用于保护堆叠在其上的任何应用层协议，即任何基于TCP的应用程序都可以使用SSL/TLS协议提供安全保护。后面还将讨论到，通过使用DTLS协议，甚至可以为基于UDP的应用程序提供安全保护。

另一方面，SSL/TLS协议对于用户来说几乎是透明的，即用户没有必要意识到

---

① 协议的名称不得不从SSL更改为TLS，以避免协议名称可能存在公司偏向的问题。

② 尽管通常应当避免引用互联网草案的内容，但对TLS 1.3而言是一个例外，因为其协议规范相当稳定，而且与本书主题高度契合。

SSL/TLS协议的存在①，这大大简化了协议部署过程。

　　SSL/TLS协议是加密安全协议，即旨在利用加密手段提供安全服务。在讨论安全问题时，必须确定威胁模型并了解攻击方的信息。密码学领域的相关文献中最常用的威胁模型是Dolev-Yao攻击者模型[29]。在该模型中，攻击方能够控制用于传输所有信息的通信网络，但不能破坏终端系统；也就是说攻击方可以对网络发起各种被动和主动攻击。粗略来讲，被动攻击是指"试图从系统中获知或利用信息，但不影响系统资源"，主动攻击则是指"试图改变系统资源或影响其运行"[1]。显然，为了更有效地入侵计算或网络环境，攻击方可以也必然会结合被动攻击和主动攻击。例如，可以使用被动窃听攻击截获传输中的认证信息（包括用户名、密码等），然后利用该信息伪装用户对系统进行主动攻击。

　　在Dolev-Yao攻击者模型下，SSL/TLS协议是安全可靠的，但该模型有其局限性和缺点。例如，许多攻击以恶意软件为基础，或采用了复杂的技术来欺骗客户端系统的用户界面，而Dolev-Yao攻击者模型没有涵盖这类攻击，因此，SSL/TLS协议不一定能针对这类攻击提供相应的防护。未来，有可能也有必要调整和扩展威胁模型，这也是当前网络安全领域的一个研究课题，其研究成果必将对未来的TLS协议设计产生深远的影响。总而言之，要谨慎对待对协议安全性的论断，需要弄清这一论断所根据的威胁模型。这一点是很重要的，对于SSL/TLS协议来说尤为重要。

参 考 文 献

[1] Shirey, R., "Internet Security Glossary, Version 2," Informational RFC 4949 (FYI 36), August 2007.

[2] ISO/IEC 7498-2, Information Processing Systems—Open Systems Interconnection Reference Model—Part 2: Security Architecture, 1989.

[3] Oppliger, R., "IT Security: In Search of the Holy Grail," *Communications of the ACM,* Vol. 50, No. 2, February 2007, pp. 96–98.

[4] ITU X.800, Security Architecture for Open Systems Interconnection for CCITT Applica- tions, 1991 (CCITT is the acronym of "Comité Consultatif International Téléphonique et Télégraphique," which is the former name of the ITU).

[5] Zhou, J., *Non-Repudiation in Electronic Commerce.* Artech House Publishers, Norwood, MA, 2001.

[6] Ferraiolo, D.F., D.R. Kuhn, and R. Chandramouli, *Role-Based Access Controls,* 2nd edition. Artech House Publishers, Norwood, MA, 2007.

[7] Coyne, E.J., and J.M. Davis, *Role Engineering for Enterprise Security Management.* Artech House Publishers, Norwood, MA, 2008.

[8] Oppliger, R., *Internet and Intranet Security,* 2nd edition. Artech House Publishers, Norwood, MA, 2002.

[9] Oppliger, R., *Security Technologies for the World Wide Web,* 2nd edition. Artech House Publishers, Norwood, MA, 2003.

---

　　① 唯一需要用户参与的环节是服务器证书验证，而这一环节实际上也是SSL/TLS的致命弱点所在。

[10] Frankel, S., *Demystifying the IPsec Puzzle*, Artech House Publishers, Norwood, MA, 2001.

[11] Oppliger, R., *Secure Messaging on the Internet*, Artech House Publishers, Norwood, MA, 2014.

[12] Saltzer, J.H., D.P. Reed, and D.D. Clark, "End-to-End Arguments in System Design," *ACM Transactions on Computer Systems*, Vol. 2, No. 4, November 1984, pp. 277–288.

[13] Voydock, V., and S.T. Kent, "Security Mechanisms in High-Level Network Protocols," *ACM Computing Surveys*, Vol. 15, 1983, pp. 135–171.

[14] Bossert, G., S. Cooper, and W. Drummond, "Considerations for Web Transaction Security," Informational RFC 2084, January 1997.

[15] Rescorla, E., and A. Schiffman, "Security Extensions for HTML," Experimental RFC 2659, August 1999.

[16] Rescorla, E., and A. Schiffman, "The Secure HyperText Transfer Protocol," Experimental RFC 2660, August 1999.

[17] Elgamal, T., "A Public Key Cryptosystem and a Signature Scheme Based on Discrete Logarithm," IEEE Transactions on Information Theory, IT-31(4), 1985, pp. 469–472.

[18] Freier, A., P. Karlton, and P. Kocher, "The Secure Sockets Layer (SSL) Protocol Version 3.0," Historic RFC 6101, August 2011.

[19] Turner, S., and T. Polk, "Prohibiting Secure Sockets Layer (SSL) Version 2.0," Standards Track RFC 6176, March 2011.

[20] Barnes, R., et al., "Deprecating Secure Sockets Layer Version 3.0," Standards Track RFC 7568, June 2015.

[21] Bradner, S., "The Internet Standards Process-Revision 3," RFC 2026 (BCP 9), October 1996.

[22] Schiller, J., "Strong Security Requirements for Internet Engineering Task Force Standard Protocols," RFC 3365 (BCP 61), August 2002.

[23] Dierks, T., and C. Allen, "The TLS Protocol Version 1.0," Standards Track RFC 2246, January 1999.

[24] Dierks, T., and E. Rescorla, "The Transport Layer Security (TLS) Protocol Version 1.1," Standards Track RFC 4346, April 2006.

[25] Rescorla, E., and N. Modadugu, "Datagram Transport Layer Security," Standards Track RFC 4347, April 2006.

[26] Dierks, T., and E. Rescorla, "The Transport Layer Security (TLS) Protocol Version 1.2," Standards Track RFC 5246, August 2008.

[27] Rescorla, E., and N. Modadugu, "Datagram Transport Layer Security Version 1.2," Standards Track RFC 6347, January 2012.

[28] Rescorla, E., "The Transport Layer Security (TLS) Protocol Version 1.3," Internet-Draft, October 2015.

[29] Dolev, D., and A.C. Yao, "On the Security of Public Key Protocols," Proceedings of the IEEE 22nd Annual Symposium on Foundations of Computer Science, 1981, pp. 350–357.

第2章 SSL 协议

本章将介绍、探讨并剖析本书中提到的第一个传输层安全协议①,即 RFC 6101[1]定义的 SSL 协议(该定义具有追溯效力)②。具体而言,第2.1节为本章简介,第2.2节概述了 SSL 协议及其子协议,第2.3节举例说明了 SSL 协议的执行方式,第2.4节对 SLL 协议进行了详细的安全分析并列举了对其的攻击方式,第2.5节为本章小结。事实上,由于最近出现的 POODLE 攻击,SSL 协议已经不适于继续使用了。因此读者会好奇,为什么本书使用大量篇幅详细介绍这个被弃用的协议呢?这是因为 TLS 和 DTLS 协议在许多方面都和 SSL 协议极为相似,甚至完全相同。因此,本章许多关于 SSL 协议的内容同样适用于 TLS 和 DTLS 协议。以本章内容为基础,一方面能大幅缩减后面 TLS 和 DTLS 协议章节的篇幅,另一方面能够帮助正确理解这些协议间的关联。可以说,SSL 协议对于深入理解 TLS 和 DTLS 协议具有至关重要的意义。

2.1 简　　介

第1章回顾了20世纪90年代网景通信公司提出 SSL 协议的背景,以及 SSL 协议经过三次版本演进(即 SSL1.0、SSL2.0和 SSL3.0)成为目前为人所知的 TLS 协议的过程。

参考第1.1节中介绍的术语,SSL 协议是一种客户端/服务器协议,为通信参与方提供以下基本的安全服务:

(1) 认证服务,包括对等实体和数据源认证;

(2) 连接机密性服务;

(3) 连接完整性服务(无恢复功能)。

SSL 协议虽然使用公钥加密,但不提供数据发送和数据接收的不可否认性服务。这与 S-HTTP 和 XML 签名形成了鲜明对比,后者通过专门设计以提供不可否认性服务。

SSL 协议是面向套接字的协议,这意味着通过网络连接(通常称为套接字)发

---

① 如第1.2节所述,严格来说,SSL 协议不是运行在传输层上,而是运行在介于传输层和应用层之间的中间层上。

② RFC 6101发布于2011年8月,现已过期。该文档发布前仅有一个规范草案可供参考。

送或接收的所有数据都必须采用完全相同的加密保护方式。这就意味着,如果需要以不同的方式处理数据,或需要提供不可否认性服务,则必须通过应用层协议来实现(对于网站业务流来说,对应的应用层协议是HTTP协议)。因此,除了SSL/TLS协议以外,还需要其他安全协议,主要是补充性安全协议。

最好将SSL视为传输层和应用层之间的中间层,其功能包括:在通信参与方之间建立一个安全的连接,这里的安全是指真实且具备机密性;使用建立的连接安全地将高层协议数据从发送方传输到接收方。为此,需要将数据拆解成可管理的片段(称为分片),并对每个分片进行单独处理。具体来讲,首先对每个分片进行压缩(可选)、认证和加密[①],然后在其前面加上一个头部,最后传输给接收方。每个数据分片都通过不同的SSL记录发送[②]。对于接收方,对收到的SSL记录依次进行解密[③]、认证和解压,将得到的数据分片拼接后传递给高层协议(通常是应用层协议)。

为实现上述功能,SSL由两个子层和几个子协议组成,如图2.1所示,下面的子层位于面向连接的可靠传输层协议之上,如TCP/IP协议族中的TCP[④]。该层主要包括SSL记录协议,用于配合SSL应用数据协议进行高层协议数据封装(即上述的第二个功能)。上面的子层位于SSL记录协议之上,包括4个子协议:

(1) SSL握手协议,这是SSL的核心子协议,用于建立安全的连接(即上述的第一个功能)。更具体地说,SSL握手协议允许通信参与方相互认证,并协商密码套件和压缩方法。密码套件利用加密方法保护数据的真实性、完整性和机密性;压缩方法用于(在选择进行压缩时)压缩数据[⑤]。

(2) SSL改变密码标准协议,允许通信参与方发出更改密码标准的通知,即改变加密策略和数据的加密保护方式。SSL握手协议用于协商安全连接的参数,SSL改变密码标准协议则用于将设置并应用这些参数。

(3) SSL警告协议,允许通信参与方就潜在的问题发出通知,提供相应的警告信息。

(4) SSL应用数据协议,与SSL记录协议配合实现应用数据的安全传输(即上述的第二个功能),因此是SSL的重要组成。SSL应用数据协议获取高层数据(通常是应用层),将其传递给SSL记录协议进行加密和(可选的)压缩。

---

① 根据加密模式的不同,加密过程可能包括填充。

② 准确地说,SSL记录由四个字段组成:类型字段、版本字段、长度字段和分片字段,分片字段中包括高层协议数据。SSL记录的详细格式将在下文具体介绍。

③ 解密可能包括填充验证。

④ 这与DTLS协议相反,DTLS协议位于UDP之上。第4章将介绍DTLS协议。

⑤ 需要注意的是,近期的攻击表明:SSL/TLS协议中进行的数据压缩是危险的,应当避免这种操作。第3.8.2节将对此做进一步的阐述。

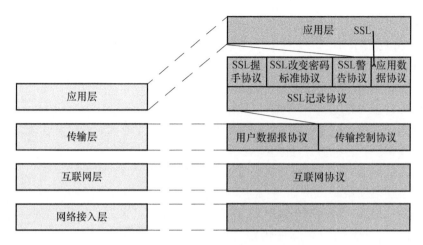

图 2.1 SSL 及其(子)层和(子)协议

本书中 SSL 协议一词整体指代 SSL 的所有子协议。在特指某个子协议时将使用完整的子协议名称,有时也会省略"子",将其称为某协议。

与大多数基于 TCP 的协议一样,SSL 协议也是自定界的,即能够无需 TCP 协议辅助,自主地确定 TCP 分段中 SSL 记录的起止位置,以及 SSL 记录中每个 SSL 消息的起止位置。为此,SSL 协议定义了多个长度字段。更具体地说,每个 SSL 记录中都包括一个用于标识记录总长度的(记录)长度字段,而 SSL 记录中的每个 SSL 消息又包括了一个用于标识该消息长度的(消息)长度字段,需要注意的是,一个 SSL 记录中可能包含多个 SSL 消息。

SSL 协议的一个主要优点是独立于应用层协议,这意味着所有基于 TCP 的应用协议都可以使用 SSL 协议提供的基本安全服务。为了实现与不支持 SSL 的客户端之间的连接,服务器端应当支持各种应用层协议的安全和非安全版本。为此,通常会采用以下两种策略:

(1) 独立端口策略,即为安全版本和非安全版本的应用层协议分配两个不同的端口号。在这一策略下,服务器端必须同时监听原端口和新(安全)端口,发现指向安全端口的连接后自动、透明地调用 SSL。

(2) 协商升级策略,与独立端口策略相反,协商升级策略为应用层协议的安全版本和非安全版本分配同一个端口号。相应地,必须协议进行扩展,以支持发送升级消息,该消息表示参与通信的一方想要升级到 SSL,如果该消息的接收方同意升级,则可以调用 SSL 为应用层协议建立一个安全信道。

这两种策略各有利弊,因此从原则上来说可以选用任意一种。例如,对于 HTTP 协议,RFC2817[2]① 中使用的是协商升级策略,而应用范围更广的 RFC2818[3] 中使用的是独立端口策略。这两个 RFC 文档的特点如下:

---

① 需要注意的是,这一 RFC 文档是为 TLS 协议编写的,但是同样的机制也适用于 SSL 协议。

(1) RFC2817介绍了用于在已有的TCP连接上启动SSL/TLS的HTTP/1.1的升级机制。这一升级机制可由客户端或服务器端调用,进行升级可以是可选的或强制性的。无论哪种情况,都需要使用HTTP/1.1升级消息头。由于这是一个逐跳的消息头,因此,在升级时必须包括连接中所有代理服务器。最重要的是,HTTP/1.1的升级机制实现了不安全和安全的HTTP业务流使用同一个端口(通常是端口80)。

(2) RFC2818为受SSL/TLS保护的HTTP业务流分配不同的服务器端端口(通常是端口443)。这种方式相对简单,因此其应用更为广泛。

一般由应用层协议的设计者在上述两种策略中做出选择,目前来看,大多数都选择了独立端口策略。例如,在1996年SSL3.0协议规范正式发布之前,互联网号码分配局(IANA)将端口号443用于基于SSL的HTTP(即https),并计划将端口号465用于基于SSL的简单邮件传输协议(SMTP)(ssmtp),将端口号563用于基于SSL的网络新闻传输协议(NNTP)(snntp)。

后来,IANA决定统一采用将字母"s"放在协议名称后的命名方式,即将snntp改为nntps。现在,IANA为SSL/TLS上的应用协议预留了多个端口号①,见表2.1,其中轻型目录访问协议(ldap)、ftps(以及ftps-data)、互联网消息访问协议(imap)和邮局协议第3版(pop3)尤其重要并且应用广泛。另外,只有少数应用层协议使用协商升级策略,如前面提到的HTTP/1.1升级机制。最为典型的例子是SMTP,RFC2487[4]描述了其STARTTLS特性,通过调用SSL/TLS来保护SMTP服务器间的消息传输。为了描述的完整性,这里需要指出STARTTLS特性是基于RFC1869[5]的SMTP扩展机制实现的,STARTTLS特性在最初的实现中都存在一个缺陷(CVE-2011-0411),可利用这一缺陷进行STARTTLS命令注入攻击。STARTTLS特性和STARTTLS命令注入攻击不属于本书的讨论范围,这里不做进一步论述。

表2.1 为SSL/TLS上的应用协议预留的端口号

协议名称	描述	端口号
nsiiops	基于SSL/TLS的ⅡOP Name Service	261
https	基于SSL/TLS的HTTP	443
nntps	基于SSL/TLS的NNTP	563
ldaps	基于SSL/TLS的LDAP	636
ftps-data	基于SSL/TLS的FTP Data	989
ftps	基于SSL/TLS的FTP Control	990
telnets	基于SSL/TLS的Telnet	992
imaps	基于SSL/TLS的IMAP4	993

---

① 参见http://www.iana.org/assignments/port-numbers。

续表

协议名称	描述	端口号
ircs	基于SSL/TLS的IRC	994
pop3s	基于SSL/TLS的POP3	995
tftps	基于SSL/TLS的TFTP	3713
sip-tls	基于SSL/TLS的SIP	5061
...	...	...

独立端口策略有一个缺点,因为需要为每个应用层协议预留两个端口,所以服务器端的可用端口数量将缩减一半。因此在1997年举行的IETF会议上,应用领域的领导者和IESG指出应当采用协商升级策略,而弃用独立端口策略。这也是RFC2818属于信息类文档的原因,因为其"仅供参考"。但实际情况,至少在HTTP领域,却表现出与此相反的发展趋势。尽管RFC2817已经发布了近十年,并且已经提交到IETF标准跟踪,但是基本没有考虑过对其定义的HTTP/1.1升级机制进行更改。其他的(特别是未来的)应用层协议可能会进行策略调整。然而HTTP依然将在未来较长一段时间里继续广泛地采用独立端口策略及使用443端口。

SSL协议在设计阶段考虑了互操作性,即尽可能提供两个独立的SSL实现之间的互操作。为此,SSL协议在设计上比IPsec/IKE、TLS(参见第3章)等许多安全协议更加简单易懂,但由于SSL3.0规范和定义各版本TLS协议的RFC文档使用了特定的表述语言,没有直接表现出SSL协议的这一特点。本书没有介绍这种语言,也不使用这种语言描述协议。为了提供比RFC文档更高的可读性,本书使用浅显易懂的英语来描述协议,仅在必要时给出数据位层级的细节。

SSL协议(及其后续的TLS和DTLS协议)是面向块的,块的大小为1个字节(即8位)。这意味着可以把多个字节值视为一个字节串联,其连接顺序是从左到右、从上到下的。但请记住,字节串联对应的也只是在通信线路上传输的字节串。多个字节值的排序也称为字节顺序,采用网络字节序(network byte order)或大字节序(big endian)格式,即第一位是高位字节。例如,十六进制的字节串联0x01、0x02、0x03、0x04对应的十进制值为

$$1 \cdot 16^6 + 2 \cdot 16^4 + 3 \cdot 16^2 + 4 \cdot 16^0 = 16,777,216 + 131,072 + 768 + 4$$
$$= 16,909,060$$

SSL协议的目的是在通信参与方之间安全地传输应用层数据,因此,会建立并使用SSL连接和SSL会话。这两个术语对于准确理解SSL协议的工作原理来说非常重要。但相关文献中的用词并不一致。

(1) SSL连接,用于通信参与方(通常是客户端和服务器端)之间,采用某种加密方式,可以选择是否进行数据压缩。因此,对于通过SSL连接传输的数据,必须

设置和应用一些加密(及其他)参数。SSL会话可以对应于一个或多个SSL连接。

(2) SSL会话,是指由SSL握手协议建立的通信参与方之间的关联①,这与IPsec/IKE安全关联类似。SSL会话给出了一组加密与会话相关联的SSL连接通常使用的参数,并以加密的方式保护和选择性压缩数据。对每个连接单独协商加密参数会占用很多计算资源,而多个SSL连接共享一个SSL会话可以避免这一情况。

两个实体之间可能同时有多个SSL连接;理论上也可能同时存在多个SSL会话,但这在现实情况中很少出现。

SSL会话和连接是有状态的,这意味着客户端和服务器端必须具有某些状态信息。SSL握手协议的作用是建立并协调(可能包括同步)客户端和服务器端的状态,以使二者的SSL状态机运行一致。逻辑上讲,有两种状态,即读状态和写状态;每种状态有两个状态信息,一个是现态(currentstate),一个是次态(pendingstate)。因此,通信参与双方都需要管理4个状态信息。图2.2所示为SSL状态机,表示SSL握手过程中发送或接收ChangeCipherSpec(改变密码标准)消息时的状态迁移,其具体规则如下:

(1) 如果实体(即客户端或服务器端)发送一个ChangeCipherSpec消息,则该实体将其写状态的次态复制并转为现态,而读状态不变。

(2) 如果实体接收ChangeCipherSpec消息,则该实体将其读状态的次态转为现态,而写状态不变。

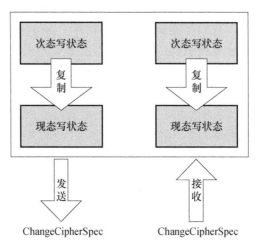

图 2.2　SSL 状态机

---

① IPsec/IKE 安全关联和 SSL 会话之间仍然存在一些概念上的细微差别:(1)IPsec/IKE 安全关联是单向的,而 SSL 会话是双向的。(2)IPsec/IKE 安全关联标识符,也称安全参数索引(SPI),长度被限制为32位(因为其会在每个 IP 数据包中传输),而 SSL 会话标识符的长度影响不大,不需要对其进行限制。(3)IPsec/IKE 不是真正的客户端/服务器端协议,这主要因为互联网层中没有客户端和服务器端,而是发起方和响应方。而SSL协议,尤其是SSL握手协议是真正的客户端/服务器端协议。

当SSL握手协商完成时,客户端和服务器端会相互发送ChangeCipherSpec消息①,使双方的次态转换为现态。这样双方就可以使用新确定的加密参数(及其他参数)。此后将使用新确定的参数发送SSL握手消息,其中第一个是FINISHED消息。

对于每个会话和连接,SSL状态机都需要包括对应的状态元素,表2.2和表2.3分别列出了SSL会话状态元素和连接状态元素。后面详细介绍SSL协议时将再次涉及其中一些状态元素,这里仅介绍其名称。

表2.2 SSL会话状态元素

会话标识符(session identifier)	由服务器端选择的任意字节序列,用于标识活动或可恢复会话状态,最大长度为32个字节
对等方证书(peercertificate)	对等方的X.509v3证书(如果有)
压缩方法(compressionmethod)	(在加密之前)使用的数据压缩算法
密码标准(cipherspec)	使用的数据加密和MAC算法(包括加密参数,如哈希值长度等)
主密钥(master secret)	客户端和服务器端之间共用的机密数据,长度为48个字节
可恢复(isresumable)	标识,指示SSL会话是否可恢复,即是否可用于发起新的连接

20世纪90年代,开发人员设计SSL协议时试图遵循当时的标准,如采用公钥密码标准(PKCS)#1中的1类模块②实现RSA签名,而采用PKCS#1的2类模块实现RSA加密。制定SSL协议时使用的是PKCS#11.5[6]③。如第2.4节所述(附录B.1中有更详细的阐述),PKCS #1 1.5容易受到由DanielBleichenbacher发现的自适应选择密文攻击(CCA2),因此1998年协议更新到PKCS #1 2.0。此后由于更加细小的漏洞,PKCS#1的版本升级到当前的PKCS#12.1。本书将在第2.4节具体阐述对这些漏洞和相应攻击的处理方式,下面则将继续对SSL协议及其子协议进行更详细的概述和解释。

表2.3 SSL连接状态元素

服务器端和客户端随机值	由服务器端和客户端为每个连接选择的字节序列
服务器端写MAC密钥	对服务器端写入的数据进行MAC运算时使用的机密数据

---

① 如前文所述,ChangeCipherSpec消息不是SSL握手协议的一部分,而是属于SSL更改密码规范协议。后面还将详细阐述这一点。

② PKCS#1还指定了0类模块,但SSL协议规范中并没有使用。

③ 需注意的是,在1998年的信息类RFC文件给出PKCS#1规范之前,已经在美国RSA实验室的一系列文件中发表过。

续表

客户端写MAC密钥	对客户端写入的数据进行MAC运算时使用的机密数据
服务器端写密钥	服务器端加密数据以及客户端解密数据使用的密钥
客户端写密钥	客户端加密数据以及服务器端解密数据使用的密钥
初始向量	如果使用密码块链接(CBC)模式的块密码进行数据加密,则每个密钥必须对应于一个初始向量(initialization vector, IV)。IV由SSL握手协议进行初始化,之后将每个SSL记录的最后一个密文块作为下一个记录的IV
序列号	SSL消息认证需要使用序列号,这是指客户端和服务器端必须为在特定连接上发送或接收的消息制定序列号。每个序列号的长度为64位,其值的范围从0到$2^{64}-1$。每当发送或接收ChangeCipherSpec消息时,序列号都会被重置为零。在同一个连接上消息序列号不能重复使用,因此当序列号的取值达到$2^{64}-1$时,就必须创建一个新的连接

2.2 SSL子协议

如前文所述,SSL协议包括SSL记录协议、SSL握手协议、SSL改变密码标准协议、SSL警告协议和SSL应用程序数据协议。本书将在第2.2.1~2.2.5节中详细介绍这些协议。

2.2.1 SSL记录协议

如前文所述,SSL记录协议用于封装更高层的协议数据,将数据分割成可管理的片段(称为分片),对这些分片进行单独处理。更具体地说,根据SSL会话状态的压缩方法和密码标准(参见表2.2)和SSL连接状态的加密参数和元素(参见表2.3),对每个分片进行压缩(可选)和加密保护,之后发送到对应的SSL记录中的分片字段给出的接收方。

如图2.3所示,SSL记录处理包括5个步骤,前4步为分片、压缩、消息认证和加密,第5步是在加密后的数据前添加SSL记录头。根据SSL协议规范,分片后产生的数据结构称为SSL明文(SSLPlaintext);压缩后的数据结构称为SSL压缩数据(SSLCompressed);经过加密保护(即消息认证和加密)的数据结构称为SSL密文(SSLCiphertext)。

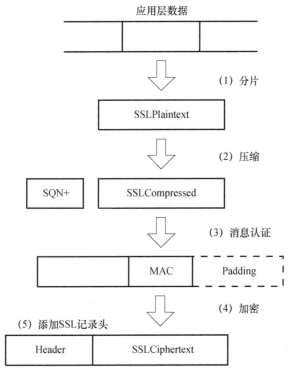

图 2.3 SSL 记录处理过程(概述)

SSL 记录的分片字段中包含的是 SSL 密文。除分片字段外,每个数据结构还包括一个 8 位的类型字段、一个 16 位的版本字段和一个 16 位的长度字段。下面将简要概述这些字段的内容。

1)类型字段是指更高层的 SSL 协议。有 4 个预设值:

(1) 20(0x14)表示 SSL 改变密码标准协议;

(2) 21(0x15)表示 SSL 警告协议;

(3) 22(0x16)表示 SSL 握手协议;

(4) 23(0x17)表示 SSL 应用程序数据协议。

2)版本字段是指当前使用的 SSL 协议版本,字段的长度为 2 个字节,由主版本号和次版本号组成①。因此,SSL3.0 的值是 0x0300,其中 0x03 表示主版本号,0x00 表示次版本号。该值也可以采用十进制表示方式,用逗号分隔主版本号和次版本号,所以 0x0300 对应的十进制表示方式为 3,0。稍后将看到,TLS1.0 表示为 0x0301 (3,1),TLS1.1 表示为 0x0302(3,2),TLS1.2 表示为 0x0303(3,3),TLS1.3 表示为 0x0304(3,4)。

---

① 在 1.2 节中曾介绍了,PCT 协议的记录格式与 SSL 协议的记录格式兼容,在 PCT 协议的协议版本字段中最重要的位的值被设为 1。

3) 长度字段是指SSL记录的分片字段中传输的更高层协议消息的字节长度（请记住，属于同一类型的多个高层协议消息可以串联到单个SSL记录中）。长度字段为2个字节，因此，理论上SSL记录最长可达$2^{16}-1=65,535$个字节。然而根据SSL协议规范，记录长度不应超过$2^{14}-1=16,384$字节，但在具体实现中一直存在不遵循这一协议规范的推荐数值而使用更长记录的情况。

在所有SSL记录处理步骤中，各个字段的内容将依次复制到下一个数据结构中（但不是直接复制）。这意味着图2.3中所示的数据结构包括所有字段，即类型、版本、长度和分片字段。下面将简单地介绍所有这5个SSL记录处理步骤。

1. 分片

在第1个步骤中，SSL记录协议将高层协议数据（通常是应用层数据）分成长度不大于214字节的块，每个块对应放到一个SSL明文结构中。更具体地说，将得到的块写入SSL明文结构的分片字段中，并指定对应的类型、版本和长度字段的值。

2. 压缩

在第2个步骤中，SSL记录协议可以选择压缩SSL明文结构的分片字段，然后将其写入SSL压缩结构的分片字段中。是否进行压缩取决于SSL会话所指定的压缩方法。对于SSL3.0，压缩方法默认设置为null，即默认不压缩。

在更深入研究使用压缩这一问题之前，首先指出：如果需要对数据既进行压缩又进行加密，那么二者的顺序就很重要。事实上，合理的顺序是先压缩后加密；如果先加密，则之后的压缩是没有意义的，因为加密后的数据看起来像是随机数据，无法再进行压缩。因此，任何需要压缩和加密的数据协议都必须确保首先进行的是压缩。这就是为什么要在SSL协议中讨论压缩的问题。一旦数据被加密，就不能再对其进行压缩了（即使在协议栈的较低层也不行）。最终，SSL协议的设计者做出了合理而明智的决定，即规定SSL记录协议先对数据进行压缩、再对数据进行加密。

现在的情况稍微复杂一些，SSL记录协议支持压缩的特性成为了一把双刃剑：一方面，如前文所述，支持压缩有其存在意义，但另一方面，同时进行压缩和加密会造成风险，引入了一些可能被特定攻击利用的新漏洞（参见第3.8.2节）。因此，SSL/TLS多次修改了使用压缩技术的规定。例如SSL3.0从理论上来说可以规定压缩技术，但实际上却没有；其对压缩技术唯一要求是无损，且造成的分片字段长度增加不超过1024个字节①，而SSL3.0中定义的压缩方法只有null。后来进行了一些修改，至少在TLS1.2中规定了一些压缩方法（参见第3.4.5节）。由于出现了上述与压缩相关的攻击，协议又改为不支持压缩技术。如今，大多数安全技术领域从业人员都建议在实现SSL（或TLS）时，从一开始就不要使用压缩技术。而TLS1.3彻

---

① 当然，压缩的预期目标是缩短而不是增大分片。但是对于非常短的分片，由于格式习惯，其压缩结果的长度可能大于输入。

底取消了对压缩技术的支持。

无论哪种情况(即无论数据是否被压缩),压缩步骤的输出都是一个SSL压缩结构,包括对应的类型、版本、长度和分片字段。SSL协议中选用null压缩方式表示进行身份标识运算,因此,SSL明文结构和SSL压缩结构的分片字段,以及其类型、版本和长度字段都是相同的;如果使用了压缩技术,则SSL压缩结构的长度字段的值会变小。

3. 密码保护

在第3和第4个步骤中,SSL记录协议按照SSL会话状态的密码标准定义的方式保护SSL压缩结构。根据表2.2可知,密码标准是指用于加密保护数据的一对算法(即数据加密和MAC算法),但不包括密钥交换算法。密钥交换算法用于建立SSL会话和相应的主密钥(这是另一个SSL会话状态元素),不是属于密码标准的一部分。在指代密码标准和密钥交换算法时,采用的是"密码套件"一词。在分析SSL/TLS使用情况并提出建议时,通常针对的是密码套件。

SSL3.0协议规范中包括了31个预定义的密码套件,具体可参见文献[1]的附录C。为了信息完整性起见,表2.4列出了SSL密码套件。采用斜体书写的密码套件表示其当时可以从美国进口[①]。事实上,对于出口级密码套件,还要求其公钥长度不得超过512位,块密码的密钥长度不超过40位。表2.4的第一列为各密码套件的名称,其余三列分别为对应的密钥交换算法、密码算法(即对称加密系统)和加密哈希函数。密码套件的名称为SSL_DH_RSA_WITH_3DES_EDE_CBC_SHA,表示其组成包括经RSA认证的固定迪菲-赫尔曼秘钥交换算法,用于加密的CBC模式的三重数据加密算法(3DES)[②],以及用于消息认证的安全哈希算法(SHA-1)。每种密码套件对应于两个字节的编码:第一个字节是0x00,第二个字节是表示密码套件编号的十六进制值,如表2.4所列(从0x00开始)。这在一定程度上与TLS中的密码套件编码(参见附录A)一致,但仍然存在一些区别。例如,TLS不再支持FORTEZZA密钥交换算法(KEA),因此该密码套件仅出现在表2.4中,而不会出现在附录A中。对应的编码值在TLS中被使用Kerberos进行密钥交换的密码套件占用。

表2.4 SSL密码套件[1]

密码套件名称	密钥交换算法	加密算法	哈希函数
SSL_NULL_WITH_NULL_NULL	NULL	NULL	NULL
SSL_RSA_WITH_NULL_MD5	RSA	NULL	MD5

---

① 直到20世纪90年代末,这一标准都非常重要。

② 这里本书省略了缩略语EDE。EDE是指3DES密码的使用方式是按照加密、解密再加密的顺序进行的。EDE中的字母"E"和"D"分别指的是加密和解密。

续表

密码套件名称	密钥交换算法	加密算法	哈希函数
SSL_RSA_WITH_NULL_SHA	RSA	NULL	SHA
SSL_RSA_EXPORT_WITH_RC4_40_MD5	RSA_EXPORT	RC4_40	MD5
SSL_RSA_WITH_RC4_128_MD5	RSA	RC4_128	MD5
SSL_RSA_WITH_RC4_128_SHA	RSA	RC4_128	SHA
SSL_RSA_EXPORT_WITH_RC2_CBC_40_MD5	RSA_EXPORT	RC2_CBC_40	MD5
SSL_RSA_WITH_IDEA_CBC_SHA	RSA	IDEA_CBC	SHA
SSL_RSA_EXPORT_WITH_DES40_CBC_SHA	RSA_EXPORT	DES40_CBC	SHA
SSL_RSA_WITH_DES_CBC_SHA	RSA	DES_CBC	SHA
SSL_RSA_WITH_3DES_EDE_CBC_SHA	RSA	3DES_EDE_CBC	SHA
SSL_DH_DSS_EXPORT_WITH_DES40_CBC_SHA	DH_DSS_EXPORT	DES40_CBC	SHA
SSL_DH_DSS_WITH_DES_CBC_SHA	DH_DSS	DES_CBC	SHA
SSL_DH_DSS_WITH_3DES_EDE_CBC_SHA	DH_DSS	3DES_EDE_CBC	SHA
SSL_DH_RSA_EXPORT_WITH_DES40_CBC_SHA	DH_RSA_EXPORT	DES40_CBC	SHA
SSL_DH_RSA_WITH_DES_CBC_SHA	DH_RSA	DES_CBC	SHA
SSL_DH_RSA_WITH_3DES_EDE_CBC_SHA	DH_RSA	3DES_EDE_CBC	SHA
SSL_DHE_DSS_EXPORT_WITH_DES40_CBC_SHA	DHE_DSS_EXPORT	DES40_CBC	SHA
SSL_DHE_DSS_WITH_DES_CBC_SHA	DHE_DSS	DES_CBC	SHA
SSL_DHE_DSS_WITH_3DES_EDE_CBC_SHA	DHE_DSS	3DES_EDE_CBC	SHA
SSL_DHE_RSA_EXPORT_WITH_DES40_CBC_SHA	DHE_RSA_EXPORT	DES40_CBC	SHA
SSL_DHE_RSA_WITH_DES_CBC_SHA	DHE_RSA	DES_CBC	SHA
SSL_DHE_RSA_WITH_3DES_EDE_CBC_SHA	DHE_RSA	3DES_EDE_CBC	SHA
SSL_DH_anon_EXPORT_WITH_RC4_40_MD5	DH_anon_EXPORT	RC4_40	MD5
SSL_DH_anon_WITH_RC4_128_MD5	DH_anon	RC4_128	MD5
SSL_DH_anon_EXPORT_WITH_DES40_CBC_SHA	DH_anon	DES40_CBC	SHA
SSL_DH_anon_WITH_DES_CBC_SHA	DH_anon	DES_CBC	SHA
SSL_DH_anon_WITH_3DES_EDE_CBC_SHA	DH_anon	3DES_EDE_CBC	SHA
SSL_FORTEZZA_KEA_WITH_NULL_SHA	FORTEZZA_KEA	NULL	SHA
SSL_FORTEZZA_KEA_WITH_FORTEZZA_CBC_SHA	FORTEZZA_KEA	FORTEZZA_CBC	SHA
SSL_FORTEZZA_KEA_WITH_RC4_128_SHA	FORTEZZA_KEA	RC4_128	SHA

这里指出一个适用于整本书的术语使用问题:原始的SSL/TLS协议规范使用

DSS(代表"数字签名标准")指代数字签名算法(DSA)和对应的美国国家标准与技术研究院(NIST)标准;而最近的TLS协议规范对此进行了区分,使用DSA表示数字签名算法,使用DSS表示NIST FIPS PUB 186-4标准。但需要注意的是,目前DSS的范围变得更为广泛,包括了除DSA以外的其他算法(如RSA和ECDSA)。TLS1.3协议规范对DSA和DSS的区别更加明确。本书准备沿用这种区分方式,尽可能对二者进行适当的区分。

协议设置一个在用的密码套件,默认设置为SSL_NULL_WITH_NULL_NULL(如表2.4第一行所列),即不提供任何安全保障。事实上默认的密码套件是指无需进行密钥交换(开始时不需要进行密钥交换)、无需加密时的身份标识运算,也无需消息认证(即MAC大小为0)。在默认密码套件设置下,SSL压缩结构和SSL密文结构的分片字段是相同的。

如果加密保护既包括认证又包括加密,那么首先面临的问题就是应当先进行哪一项操作,理论上有3种解决方式:

(1) 先认证再加密的方式(AtE),首先对消息进行认证(通过附加MAC),然后对其进行加密。在这种情况下,加密的对象包括了用于认证的附加的MAC消息。

(2) 先加密再认证的方式(EtA),首先对消息进行加密,然后对其进行认证。在这种情况下,加密的对象不包括MAC。

(3) 同时进行加密和认证的方式(缩写为E&A),消息同时被加密和认证,同时向接收方发送由密文和MAC组成消息对。

不同的互联网安全协议采用的方式不同,例如IPsec采用EtA方式,SSH采用E&A方式,原始的SSL协议则采用了AtE方式。这些协议都是在20世纪90年代制定的,当时还不清楚哪种方式最为安全。直到2001年,HugoKrawczyk和RanCanetti才证明了EtA是通用、安全的消息认证和加密方式[9,10]。如果现在进行SSL协议设计,必然会采用EtA方式,而当时的情况并非如此。在协议设计完成后再更改消息认证和加密的顺序是非常困难的,因此,甚至直到TLS协议都不得不持续采用AtE方式。根据Krawczyk和Canetti的研究结果,这也不会造成问题,因为至少从理论上来说,如果实现方式恰当,使用CBC模式的块密码或流密码进行加密时AtE也是安全的。据此,人们认为即使采用AtE方式,密码套件采用CBC模式的分组密码或流密码都是同样安全的。但这只在理论上成立,在实际操作中可以通过多种方式攻击AtE实现,例如最近出现的针对SSL/TLS的各种填充提示攻击,本书中多次涉及这一话题。

下面将更详细地讲述SSL3.0中定义的密钥交换、认证和加密。

1) 密钥交换

SSL协议使用密钥加密技术进行消息认证和批量的数据加密。然而在使用加密技术之前,必须在客户端和服务器端之间建立一些双向的密钥材料。在SSL协议中,密钥材料是根据48字节的预主密钥生成的(在SSL协议规范中称为pre_master_secret)。通常有3种密钥交换算法可用于建立预主密钥:RSA算法、Diffie-Hellman算法和FORTEZZA算法①。其中一些算法将密钥交换与对等实体认证结合起来,因此实际上是经过认证的密钥交换。为了区分,将无对等实体认证的密钥交换称为"匿名的"。SSL协议可以通过以下方式建立预主密钥:

(1) 如果使用RSA进行密钥交换,那么客户端就会生成一个预主密钥,并用服务器端的公钥对其进行加密,然后将生成的密文发送到服务器端。反过来,服务器端的公钥可以是长期的、可从公钥证书中获得的,也可以是短期的、只用于单次密钥交换。如第2.2.2节所述,由于RSA密钥交换算法是出口级的(当其使用的密钥足够短时),相应情况稍微复杂一些。但是无论哪种情况,服务器端都必须使用私钥来解密预主密码。

(2) 如果使用Diffie-Hellman算法进行密钥交换,那么将进行Diffie-Hellman密钥交换,并将产生的Diffie-Hellman值(不带前导0字节)作为预主密码。同样,对于出口级Diffie-Hellman密钥交换算法还必须考虑到一些细节。除此之外,SSL协议支持3种版本的Diffie-Hellman密钥交换算法。

在固定迪菲-赫尔曼密钥交换(DH)中,DH密钥交换所需的参数是固定的,并且是对应的公钥证书的一部分。这一点既适用于服务器端,也可能同样适用于客户端。这意味着如果需要进行客户端认证,那么客户端的DH参数是固定的,并且是客户端证书的一部分。如果不需要进行客户端身份认证,将动态生成DH参数并通过适当的SSL握手消息(即ClientKeyExchange消息)发送。

在临时迪菲-赫尔曼密钥交换协议(DHE)中,DH密钥交换所需的参数不是固定的,因此不属于公钥证书中的部分,而是动态生成的,通过适当的SSL握手消息(即ServerKeyExchange消息和ClientKeyExchange消息)发送。对于是否应该使用标准组进行DH密钥交换还存在争议②。

一方面,研究表明如果使用任意组(而非标准组),可能会受到跨协议攻击[11]。另一方面,研究还表明,对于许多标准组,可以通过预计算简化离散对数计算,并以此为基础破坏DH密钥交换。

只有使用椭圆DH密钥交换算法才能同时解决上述两方面的问题。此时使用标准组显然是有利的,但人们仍然担心标准组可能存在后门。无论哪种情况,DHE中使用的参数都没有经过认证,因此,必须以某种方式进行认证以便提供经过认证的密钥交换。通常情况下,使用发送方的私有(RSA或DSS)签名密钥对参数进行数字签名,相应的公开验证密钥可以从公钥证书中获得。

匿名迪菲-赫尔曼密钥交换协议(DH_anon)与DHE类似,但是缺少将DH密钥

---

① FORTEZZA密钥交换算法(KEA)问世于20世纪90年代,当时美国政府试图部署一个使用Skipjack密码的密钥托管系统。FORTEZZA KEA是在1998年被解密的,而最初的SSL3.0协议规范发布于1996年,因此其中不包含FORTEZZA KEA的细节,而是将FORTEZZA KEA视为一个黑匣子。

② 标准组是指标准化机构给出的一系列类似文档,如IETF定义的RFC4419和RFC5114等。

交换转换为经过认证的密钥交换的认证步骤。这意味着DH_anon的参与方都不能确定其对等方的真实性。事实上，这使得任何人都可能欺骗合法的参与方。密钥交换本质上是匿名的，因此容易受到中间人(MITM)攻击。

DHE可以说是迪菲-赫尔曼密钥交换算法中最安全的版本，主要算法通过其他有效的方式对生成的临时密钥进行了认证。DH的问题是为两个参与实体生成的密钥总是相同的，而DH_anon的问题是极易受到中间人攻击(如前文所述)。而DHE的一个最重要的安全优势是能够提供前向保密，有时也称为完全前向保密(PFS)[①]。前向保密意味着即时长期密钥泄露，也不必然造成所有会话密钥的泄露。需要注意的是不能提供前向保密的RSA的情况：如果攻击方能够以某种方式获得服务器端的私有RSA密钥，就可以确保解密所有ClientKeyExchange消息并提取对应的预主密钥，进而能够解密所有加密保护的消息。对于DH情况也是如此：攻击方可以尝试破坏服务器端证书中包含的DH密钥，进而破坏DH密钥交换，使其不能再起到任何保护作用。在使用DHE的情况下，攻击方不能攻击长期密钥，而必须单独攻击每个会话密钥。不言而喻，从攻击方的角度来看，DHE的吸引力要小得多，可见前向保密(或完全前向保密)有明显的优势。当然，实现DHE需要损失一定的性能(因为必须为每个会话单独执行临时密钥交换)。但在前向保密愈发重要的今天，强烈建议使用DHE。

FORTEZZA KEA是SSL3.0特有的，TLS不再对其提供支持，相关内容主要是为了确保内容的完整性。FORTEZZA KEA通常在美国国家安全局(NSA)批准的Capstone安全微处理器(有时也称为MYK-80)中实现，该微处理器同时还实现了一种名为Skipjack的密码。FORTEZZA KEA实际上用于提供Skipjack所需的密钥材料，允许可信的第三方在需要和合法的情况下获取加密密钥。在20世纪90年代，将这种即时密钥恢复的特性称为密钥托管，但此后密钥托管及其相关技术渐渐地被遗忘了。

RSA过去一直是主要的SSL密钥交换算法，但是由于DHE提供了前向保密并且具有安全优势，这一情况将发生改变。因此，DHE中密码套件的发展可能成为未来的趋势，对于强制要求使用临时密钥交换的TLS1.3来说更是如此。

密钥交换的结果就是一个预主密钥。预主密钥一旦建立，就可以用来构造一个在SSL协议规范中称为master_secret的主密钥。根据表2.2，主密钥表示一个SSL会话状态元素，其构造方式为

master_secret =
    MD5(pre_master_secret+SHA('A' + pre_master_secret
        +ClientHello.random+ServerHello.random)) +

[①] 使用"前向保密"一词的主要原因是其与信息论安全无关，而信息论安全中通常使用的是"完全保密"一词。

MD5(pre_master_secret+SHA('BB' + pre_master_secret
　　+ClientHello.random+ServerHello.random)) +

MD5(pre_master_secret+SHA('CCC'+pre_master_secret
　　+ClientHello.random+ServerHello.random))

式中：SHA指的是SHA-1；'A'、'BB'和'CCC'是指相应的字节字符串0x41、0x4242和0x434343；ClientHello.random和ServerHello.random指由客户端和服务器端随机选择，并在SSL握手协议消息中交换的一对数值（如下所述）；+表示字符串连接运算符。上述构造方式中没有单独使用MD5或SHA-1，而是将这两个加密哈希函数组合使用（可能是为了弥补某些不足）。以这种方式组合使用MD5和SHA-1可以得到一个唯一的非标准伪随机函数（PRF）。正如第3章所讨论的，TLS协议使用另一种更标准化的PRF，以便从一个预主密钥中派生出主密钥。

　　MD5哈希值的长度为16字节，因此主密钥的总长度为3×16=48字节。RSA、DH和FORTEZZA密钥交换算法的主密钥接的结构是相同的（FORTEZZA的加密密钥是在Capstone芯片中生成的，因此不需要使用主密钥）。主密钥是会话状态的一部分，作为生成后续所有加密参数（如密钥和初始向量）的熵源。需要注意的是，一旦主密钥构造完成，就可以安全地从内存中删除预主密钥。这当然是个好办法，因为不存在的东西肯定不会受到攻击。

　　有了主密钥，还可以使用上述的PRF生成任意长度的密钥块，即key_block。主密钥在这个PRF构造中用作种子（而不是预主密钥），而客户端和服务器端的随机值仍然代表盐值，这使密码分析更加困难。密钥块的构造方式为

key_block=
MD5(master_secret + SHA('A' + master_secret +
　　ServerHello.random + ClientHello.random)) +

MD5(master_secret + SHA('BB' + master_secret +
　　ServerHello.random + ClientHello.random)) +

MD5(master_secret + SHA('CCC' + master_secret +
　　SERVERHELLO.random + ClientHello.random)) +

[...]

每次迭代都会增加16个字节（即MD5的输出长度），重复迭代直到密钥块的长度满足表2.3所列的加密SSL连接状态元素的要求。

client_write_MAC_secret
server_write_MAC_secret
client_write_key
server_write_key
client_write_IV
server_write_IV

前两个值是消息认证密钥,接着两个值是加密密钥,最后两个值是CBC模式中使用的初始向量值,因此最后两个值是可选的。密钥块中多余的部分都将被丢弃。这种构造方式同样适用于RSA和DH,以及FORTEZZA的MAC密钥,但不适用于FORTEZZA的加密密钥和初始向量。FORTEZZA的加密密钥和初始向量是在客户端的安全令牌内生成的,并通过对应的密钥交换消息安全地传输到服务器端。由于FORTEZZA密钥交换从未广泛使用,也不再作为备选方案,因此这里不再讨论。和FORTEZZA类似,对于出口级密码套件中的出口级加密算法,也需要额外生成加密密钥和初始向量。最近出现的两种攻击表明,出口级密码套件本质上是危险的,不应再继续使用。这两种攻击是2015年3月公布的素数攻击[12]①,以及2015年5月公布的"堵塞攻击"[13]②。

这两种攻击都属于中间人攻击,攻击方充当中间人试图将当前使用的密钥交换算法降级为出口级别以便进行破解,所以也可以用密钥交换降级攻击等类似方式来称呼这类攻击。FREAK攻击针对的是RSA密钥交换,利用了一个实现错误;而Logjam攻击针对的是DHE密钥交换,并且不依赖实现错误。由于这两种攻击都是最近才发现的,也可以用于攻击TLS,因此本书将在第3.8.4节再讨论其应对方式。

2) 消息认证

首先,SSL密码套件使用了一个加密哈希函数(而不是MAC算法),因此需要一些附加信息来实际计算和验证MAC。SSL使用的算法是RFC2104[14]中指定的哈希运算消息认证码(HMAC)构造的前身,这一算法现在仍广泛使用。事实上,SSLMAC算法的基础是原始互联网草案中规定的HMAC构造方式,该构造方式采用串联运算代替了异或(XOR)运算。因此,SSLMAC算法在概念上和安全性方面都与HMAC构造类似。HMAC的构造方式为

$$HMAC_k(m) = h(k \oplus opad \| h(k \oplus ipad \| m))$$

式中:h表示加密哈希函数(即MD5、SHA-1或任意SHA-2家族的算法);k表示密钥(用于消息认证);m表示待认证的消息;$ipad$表示"内部填充"字节,即0x36(00110110)重复64次;$opad$代表"外部填充"字节,即0x5C(01011100)重复64次;$\oplus$表示位模2加法;$\|$表示串联运算。

类似地,SSLMAC的构造方式为

$$SSLMAC_k(SSLCompressed) = \\ h(k\|opad\|h(k\|ipad\|\underbrace{seq\_number\|type\|length\|fragment}_{SSLCompressed^*}))$$

式中:$SSLCompressed$表示经过认证的SSL构造(包括类型、版本、长度和分片字段),$SSLCompressed^*$与$SSLCompressed$的结构相同,只是去掉了版本字段;h表示加密哈

---

① 缩写FREAK代表"对RSA出口级密钥的缺陷攻击"以及类似攻击。

② https://weakdh.org。

希函数；k表示服务器端/客户端MAC写密钥。ipad和opad的值与HMAC中的定义相同，重复次数为48次（MD5）或40次（SHA-1）。而在使用XOR运算的"普通"HMAC结构中，重复次数为64次。

SSL MAC构造中使用64位序列号seq_number而不是SSLCompressed结构的版本字段[①]来标识经过认证的消息。序列号属于SSL连接的状态元素。为了简单起见，图2.3中将序列号和输入到SSLMAC的所有其他数据都标示为SQN+。最后，生成的SSLMAC附加到SSLCompressed结构中，然后其传递给加密过程。

3) 加密

关于加密，必须区分使用的是流密码还是块密码。

如果使用流密码，则不需要填充和IV。根据表2.4，SSL3.0中唯一使用的流密码是40位或128位密钥的RC4。众所周知，40位密钥太短，无法确保足够的安全性。事实上这两种流密码只应用于出口级密码套件中；正如第2.4节所讨论的，现在SSL/TLS协议领域已经不再允许使用RC4。

如果使用块密码，那么情况就更复杂了，其主要原因有两个：

首先，需要通过填充使明文的长度为密码块大小的整数倍。例如，如果使用DES或3DES进行加密，则明文的长度必须是64位或8字节的倍数[②]。SSL协议采用的填充格式与TLS协议的略有不同，但两种协议的填充的最后一个字节都表示填充的长度。SSL协议的填充除最后一个字节的其他字节可以随机选择，而TLS协议的所有的填充字节都是相同的，即都是填充长度值。另一个不同之处在于，SSL协议规定填充应当尽可能短，TLS协议则没有。第2.4节将介绍的破坏力极大的POODLE攻击就是利用了SSL协议的填充方案过于简单的缺陷，并致使SSL协议逐渐被放弃。

其次，在某些加密模式下需要一个初始向量。例如，在CBC模式的情况下，SSL握手协议必须提供一个初始向量，该初始向量也表示SSL连接状态元素（如表2.3所列）。这个初始向量被用于加密第一个记录，然后将每个记录的最后一个密文块用作加密下一个记录的初始向量，这种结构被称为初始向量链。第3.3.1节将介绍的另一个极具毁灭性的BEAST攻击，就是利用了初始向量链攻击SSL3.0和TLS1.0。

根据表2.4可以看到，SSL3.0使用40位密钥的块密码RC2、40位或56位密钥的DES、3DES、128位密钥的国际数据加密算法（IDEA）和前面提到的Skipjack密码（名为FORTEZZA）。当然，原则上也可以使用任何其他块密码。

许多SSL实现出于简单和高效的考虑而选择使用流密码，并默认使用RC4。这一考虑是正确的，因为在CBC模式的块密码遭受过许多攻击。然而RC4密码分

---

① 序列号是迄今为止通信参与方交换的消息数的总数。当收到或发出ChangeCipherSpec消息时，序列号被重置为0；连接每出现一个SSL记录层消息，序列号的值递增一次。

② 对于AES来说，明文的长度必须是128位或16字节的倍数。但是请注意，制定SSL3.0协议规范时AES还没有标准化。这就是SSL3.0不包含使用AES的密码套件的原因。

析的最新结果使情况发生了变化,现在不再建议使用RC4(参见第2.4节)。

简单来讲,密码套件中的算法将SSLCompressed结构转换为SSLCiphertext结构。由于加密造成的分片长度增加不超过1024个字节,因此SSLCiphertext分片的总长度(即加密数据和MAC)不会超过214 + 2048个字节。最后一步是附加一个头部以构成一个完整的SSL记录。

4. SSL记录头

与所有SSL结构一样,SSL记录包括类型字段、版本字段、长度字段和分片字段,如图2.4所示。前3个字段是SSL记录头,前面已经进行过描述。SSL记录的分片字段包括1个SSLCiphertext结构(可以是经压缩的)和1个加密的MAC。需要注意的是,根据所使用密码套件的不同,SSLCiphertext结构可能还包括填充。整个SSL记录通过TCP段发送给接收方,如果需要将多个SSL记录发送给同一个接收方,则这些记录可以在一个TCP段中发送。

| 类型字段 | 版本字段 | 长度字段 | 分片字段 |

图2.4　SSL记录

2.2.2　SSL握手协议

SSL握手协议在SSL记录协议的上层,允许客户端和服务器端相互认证,并就密码套件、压缩方法等进行协商。SSL握手协议消息流如图2.5所示,方括号中的消息是可选择的或视情况而定的,即不一定需要发送该消息。需要注意的是,ChangeCipherSpec协议不是真正的SSL握手协议消息,而是属于SSL协议范畴中的内容类型,所以图2.5中用斜体表示ChangeCipherSpec消息。还需注意的是,每个SSL消息都是有一个用于表示类型的字节,下面的说明过程中将在括号里给出各消息类型对应的十六进制和十进制值。

SSL握手协议由在客户端和服务器端之间交换四组消息组成,有时称为消息流动(flight)。一次消息流动中的所有消息可以在一个TCP段内传输。SSL握手协议还可能有第五次消息流动,其中包括一个HelloRequest消息(类型值是0x00或0),该消息流动是由服务器端发送给客户端的,用于启动一次SSL握手。但这个消息在实践中很少使用,因此这里不再详述,图2.5中也未示出。下面将对握手过程中的消息按照其发送顺序逐一进行介绍,如果不遵循这一消息发送顺序,则将导致"致命"级别的错误[1]。

第一次消息流动包括一个客户端发送给服务器端的ClientHello消息(类型值0x01或1)。

---

[1] 在SSL/TLS协议中,必须终止出现致命错误的协议执行过程。

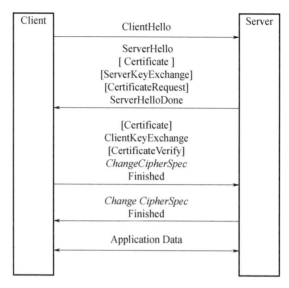

图 2.5　SSL 握手协议消息流

第二个消息流包括服务器端返回给客户端的 2~5 条消息：

ServerHello 消息(类型值 0x02 或 2)，用于响应 ClientHello 消息。

Certificate 消息(类型值 0x0B 或 11)，通常情况下服务器端都需要向客户端证明其身份，因此向客户端发送一条 Certificate 消息。

ServerKeyExchange 消息(类型值 0x0C 或 12)，某些情况下(下面会讨论)服务器端需要向客户端发送一条 ServerKeyExchange 消息。

CertificateRequest 消息(类型值 0x0D 或 13)，如果服务器端要求客户端使用公钥证进行认证，那么会向客户端发送一条 CertificateRequest 消息。

ServerHelloDone 消息(类型值 0x0E 或 14)，最后服务器端向客户端发送一条 ServerHelloDone 消息。

完成 ClientHello 消息和 ServerHello 消息的交换后，客户端和服务器端得到了协商一致的协议版本、会话标识符(ID)、密码套件和压缩方法；还生成了两个随机值以供随后使用(即 ClientHello.random 和 ServerHello.random)。

第三次消息流动包括 3~5 条客户端发送给服务器端的消息：

Certificate 消息(类型值 0x0B 或 11)，收到了服务器端发送的 CertificateRequest 请求消息，客户端会向服务器端发送一条 Certificate 消息。

ClientKeyExchange 消息(类型值 0x10 或 16)，属于协议的主要步骤，客户端向服务器端发送一条 ClientKeyExchange 消息，其内容取决于当前使用的密钥交换算法。

CertificateVerify 消息(类型值 0x0F 或 15)，如果客户端向服务器端发送过证书，则必须再向其发送一条 CertificateVerify 消息，该消息使用客户端证书的公钥对应的私钥签名。

ChangeCipherSpec消息[1]，客户端使用SSL改变密码标准协议向服务器端发送一个ChangeCipherSpec消息，并将客户端次态的写状态转换为现态的写状态。

Finished消息（类型值0x14或20），客户端向服务器端发送Finished消息。如前文所述，这是第一条使用新密码标准进行加密保护的消息。

最后，第四次消息流动包括2条由服务器端返回给客户端的消息：

ChangeCipherSpec消息，服务器端向客户端发送一条ChangeCipherSpec消息，并将服务器端次态的写状态转换为现态的写状态。

Finished消息（类型值0x14或20），最后服务器端向客户端发送Finished消息。同样，该消息使用新密码标准进行加密保护。

至此，SSL握手完成，客户端和服务器端可以开始交换应用层数据，通常使用SSL应用程序数据协议。

大多数SSL会话都是从握手开始，然后进行应用程序数据交换，最后在某个时间点终止。如果此后这对客户端和服务器端还需要继续交换数据，则可以采取两种方式：重新进行一次完整的握手过程建立一个新的会话，或者进行一次简化的握手来建立先前的会话。前面一种情况称为会话重协商，后面一种情况则称为会话恢复，需要明确区分这两种情况，因为对应于不同的协议执行过程。

SSL协议允许客户端在任何时间点请求进行会话重协商，只需向服务器端发送一个新的ClientHello消息，这称为客户端发起的重协商。也可以由服务器端向客户端发送一条HelloRequest消息（类型值0x00或0）发起重协商，称为服务器端发起的重协商，起作用是提示客户端启动新的握手过程。许多情况下都有必要由客户端或服务器端发起重协商。例如，网页服务器的文档树中大部分都可以通过匿名HTTP请求获取，但特定部分需要基于证书进行客户端认证，那么当且仅当客户端请求的文档中包括了该特定部分中的文档时，就可以通过重协商新建一个连接并要求客户端提供证书。类似地，改变密码强度时也可以进行再协商，如第2.4节中详述的使用国际加密升级或服务器网关加密（SGC）。此外，作为记录计数器、用于消息认证的序列号 *seq_number* 即将溢出时也可以使用再协商，但这种情况很少发生，因为序列号 *seq_number* 的长度是64位，溢出的可能性很小。这些情况下都可以通过重协商建立一个新的会话，但由于必须执行完整的握手过程，其效率不高。会话再协商还会引入一些新的漏洞，可被利用于发起再协商攻击。由于再协商攻击是在2009年针对TLS协议发布的，因此将在第3.8.1节中对其进行详细说明，并给出一些可能的防护方式，这里仅讨论与SSL相关的内容。会话恢复比会话重协商更为高效，如果近期进行过握手，就可以在一个往返时间（1-RTT）内恢复该

---

[1] 由于ChangeCipherSpec消息不是SSL握手协议消息，因此没有对应的类型值。ChangeCipherSpec消息是SSL改变密码标准协议消息，其对应的内容类型值为20。

握手建立的会话。因此,如果客户端机和服务器端愿意恢复之前建立的SSL会话,那么SSL握手协议就可以大大简化,简化后的SSL握手协议如图2.6所示。客户端发送一条ClientHello消息,其中包含想要恢复的会话ID。服务器端检查其会话缓存中是否有与该会话ID匹配的会话:如果有匹配项并且服务器端愿意在当前会话状态下重新建立连接,则使用该会话ID向客户端返回ServeHello消息,之后客户端和服务器端就可以直接发送ChangeCipherSpec消息和Finished消息。如果没有匹配项,服务器端就必须生成一个新的会话ID,客户端和服务器端必须进行完整的SSL握手过程,即必须进行会话重协商。因此可以将会话恢复视为高效版的会话重协商。

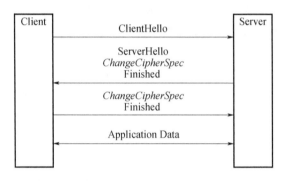

图2.6　简化的SSL握手协议(目的是恢复会话)

出于内容完整性的考虑,这里介绍TLS协议的另一种用于恢复会话的1-RTT机制。该机制不需要服务器侧提供会话状态,而是使用了名为会话记录单的TLS扩展,相关内容将在第3.4.1节中深入讨论。

SSL握手过程中每条消息的起始部分都包括:1个字节type字段,其值对应于SSL握手消息,3个字节的length字段,用于表示消息的字节数,需要注意的是在一个SSL记录中可能会发送多个SSL握手消息。图2.7给出了SSL握手消息的一般结构。边框加粗的部分是SSL握手消息,之前的5个字节是SSL。记录头包括1个字节的类型值22,代表SSL握手协议;2个字节的版本值3,0,代表SSL3.0;2个字节的长度值,表示SSL记录的其余部分的字节数,即实际的握手消息的长度。因此,记录头的长度字段指的是记录的总长度,每条消息的长度字段仅指该消息的长度。

下面将分别介绍各种SSL握手消息。为了简单起见,介绍过程中假设每条握手消息都是通过单独的记录发送的。但并非必须采用这种消息发送方式,根据不同实现要求一个记录中可能包括多个握手消息。在下面的介绍过程中,对于数值已知且固定的字段,则将对应给出字段名称和其十进制值。如图2.7所示,给出了SSL握手协议消息的消息类型字段的值22,以及版本字段的值3,0。还需要记住,只有当每条握手消息都通过单独的记录发送时,才能给出记录头中的长度字段值;而当一个记录中包括多个握手消息时,这一长度字段值将要大得多。

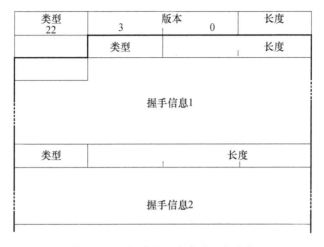

图 2.7　SSL 握手协议消息的一般结构

1. HelloRequest 消息

如前文所述，HelloRequest 消息允许服务器端请求客户端启动新的 SSL 握手。这一消息在实际操作中不经常使用，但能为服务器端提供了一些额外的灵活性。例如，当一个 SSL 连接的使用时间过长、其安全性可能得不到保证时，服务器端可以发送一个 HelloRequest 消息，迫使客户端重协商新的会话并建立新的密钥。

一个包括常规的 5 字节 SSL 记录头的 SSLHelloRequest 消息如图 2.8 所示，其中长度字段指构成 HelloRequest 消息的 4 个字节。HelloRequest 消息只包括 4 字节的消息头：第 1 个字节表示消息类型（值为 0x00 或 0），其余 3 个字节表示消息长度，由于消息体为空，因此消息长度值为 0。SSL 记录头中的长度字段值为 4 是因为该记录中只发送了一条 HelloRequest 消息。这种情况很可能出现，因为 HelloRequest 消息本身就构成了一次消息流动。但如果在同一条记录中发送多条消息，则记录头中的长度字段值将更大。

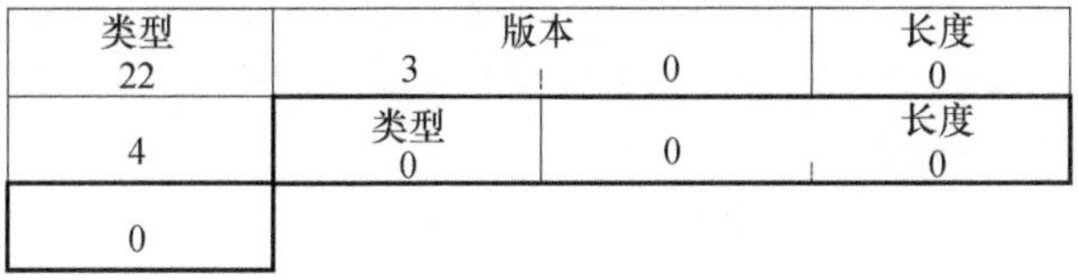

图 2.8　SSL HelloRequest 消息

2. ClientHello 消息

ClientHello 消息是 SSL 握手中由客户端发送到服务器端的第一条消息，实际上通常也是 SSL 握手中的第一条消息。如图 2.9 所示，SSLClientHello 消息的起始部分包括 5 个字节的 SSL 记录头、1 个字节的类型字段（值为 1，表示 ClientHello 消息）和 3 个字节的消息长度字段。

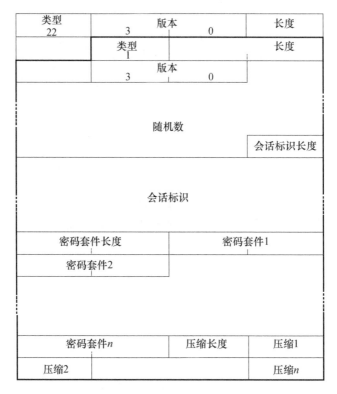

图 2.9　SSL ClientHello 消息

ClientHello 消息的消息体包括以下字段：

client_version 字段，位于消息长度字段之后，长度为 2 个字节，表示客户端支持的最高 SSL 版本（对于 SSL3.0，该字段值为 3,0）。

random 字段，位于 client_version 字段之后，长度为 32 个字节，包含一个客户端生成的随机值，该字段主要由两部分组成：

（1）一个长度为 4 个字节的标准 UNIX 格式日期和时间（精确到秒）字符串，表示协和标准时间（UTC[①]）1970 年 1 月 1 日零时起至今的秒数，根据发送方的内部时钟[②]来计算，不计算闰秒[③]；

（2）一个长度为 28 个字节的随机或伪随机生成的字符串。

由于客户端的 random 字段值以及服务器端创建的类似的值被作为多个加密计算的输入，因此，要求客户端 random 字段在某种程度上是不可预测的，为此加密强随机或伪随机比特生成器（PRBG）常用来生成 random 字段中第二部分的字

[①] 注意，由于历史原因，有时会使用格林威治标准时间（GMT），也就是 UTC 的前身。
[②] SSL 协议规范不要求内部时钟的精度，因为其使用日期和时间字符串的目的不在于提供准确的时间指示，而是为了使客户端使用的值不重复。
[③] 闰秒是一个长度为一秒的调整值，其作用是使日时间广播标准接近平太阳时。

符串。

session_ID字段，位于random字段之后。其中第1个字节表示会话ID长度，其余字节表示会话ID。会话ID长度为0表示没有可以恢复的SSL会话或者客户端希望生成新的安全参数。这时服务器端将选择一个适当的会话ID。会话ID长度不为0表示客户端想要恢复后面的会话ID对应的会话。由于会话ID的长度是可变的，因此必须由会话ID长度给出其长度值，即当会话ID长度的值大于0时，会话ID长度的值表示会话ID的长度。会话ID的长度不超过32个字节，但对其实际内容没有任何限制。需要注意的是，会话ID是在进行加密之前通过ClientHello消息传输的，因此，在具体实现当中不应在会话ID中包括任何可能在泄露后危害安全的信息。

客户端支持的密码套件数量，会话ID后的2个字节表示客户端支持的密码套件数量，这一数量等于随后的密码套件列表的长度。密码套件在列表中的排序由客户端的偏好确定（即客户端首选的密码套件排在列表中第一位）。

cipher_suites字段，包括客户端支持的密码套件列表，字段长度可变。在SSL协议中，每个密码套件由一个2字节的代码表示，代码的第一个字节为0，第二个字节的值对应于表2.4中列出的密码套件。例如，SSL_NULL_WITH_NULL_NULL的代码为0x0000，而SSL_RSA_WITH_3DES_DE_CBC_SHA的代码为0x0010。

在cipher_suites字段之后，采用类似的方式表示客户端支持的压缩方法。实际上，cipher_suites字段后面的2个字节表示客户端支持的压缩方法数量，该数量等于随后的压缩方法列表的长度。压缩方法列表根据客户端的偏好排序，列表中第一项是客户端首选的压缩方法。每个压缩对应于一个唯一的代码，根据客户端支持的压缩方法将对应的代码写入压缩方法列表。由于SSL3.0中只定义了空值压缩，因此在其实现中将压缩方法数量设置为1，并将压缩方法的值设置为零，即指没有压缩。

为了实现向前兼容，ClientHello消息可以在compression_methods字段后包含一些额外的数据。这些数据必须包含在握手过程的哈希值中，否则就会被忽略。这是唯一可以额外增加数据的握手消息，所有其他握手消息的数据量必须与消息描述精确匹配。TLS1.2中使用的扩展机制（参见第3.4.1节）就是利用了在ClientHello消息允许插入数据的特性。

3. ServerHello消息

服务器端会对接收到的ClientHello消息进行处理和验证，并在验证通过时向客户端返回一个ServerHello消息。如图2.10所示，ServerHello消息在结构上与ClientHello消息相似，其区别在于SSL握手消息的类型值不同（是0x02而不是0x01），以及服务器端会给出一个密码套件和一个压缩方法（而不是密码套件和压缩方法的列表）。请记住，由于服务器端必须从客户端提供的列表中选择密码套件和压缩方法，因此，ServerHello消息中给出的密码套件和压缩方法将用于会话的建立。

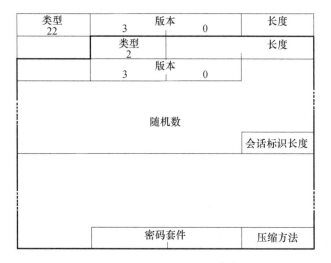

图 2.10　SSL ServerHello 消息

更具体地说，SSLServerHello 消息的起始部分包括 5 个字节的 SSL 记录头、1 个字节的类型字段（值为 0x02，表示 ServerHello 消息）和 3 个字节的消息长度字段。ServerHello 消息的消息体包括以下字段。

server_version 字段，位于消息长度字段之后，长度为 2 个字节，表示将要使用的 SSL 版本。该字段的值基本上取决于客户端在 ClientHello 消息中建议的较低版本，以及服务器端支持的最高版本。当采用 SSL3.0 时，该字段的值为 3,0。

random 字段，server_version 字段之后的 32 个字节，是由服务器端生成的随机值。该字段的结构与客户端的 Random 字段相同，但二者的值是相互独立且不相同的。

session_id 字段，Random 字段后面的 1 个字节用于指定会话 ID 的长度，如果会话 ID 长度不等于 0，则长度字段后面相应数量的字节为会话 ID。注意，服务器端可以决定是否在 ServerHello 消息中包含会话 ID。如果包含了会话 ID，则服务器端允许客户端之后尝试恢复该会话。如果服务器端不允许恢复会话，则应当将会话 ID 长度设置为 0。如果 ClientHello 消息的 session_id 字段不为空，则服务器端需要在其会话缓存中查找客户端 session_id 字段中的会话 ID。如果找到匹配项，并且服务器端愿意使用旧的会话状态来建立新的连接，则服务器端必须使用客户端提供的 session_id 值进行响应。这表示会话已恢复，并指示双方必须继续发送 ChangeCipherSpec 消息和 Finished 消息（见图 2.6）。否则，如果找不到匹配项，或者服务器端不愿意使用旧的会话状态建立新连接，则 ServerHello 的 session_id 字段必须包含一个新的值，使用这个值作为新的会话 ID。

cipher_suite 字段，session_id 字段后面的 2 个字节，表示服务器端选择的密码套件（只有一个）。对于恢复的会话，cipher_suite 字段的值必须与恢复的会话状态一致。

compression_method 字段，长度为 1 个字节，表示服务器端选择的压缩方法（只有一种)。同样地,对于恢复的会话,compression_method字段的值必须与被恢复的会话状态一致。

在服务器端发出SSLServerHello消息后,就认为客户端和服务器端就SSL版本和会话达成了共识,即双方都知道要恢复哪个会话,或是要使用哪些算法来建立新的会话。

4. Certificate消息

除了DH_anon方法,大多数密钥交换算法都是匿名的,就是说服务器端需要使用公钥证书向客户端认证自己的身份。为此,服务器端需要在ServerHello消息后立即(即在同一次消息流动中)向客户端发送Certificate消息。之后的SSL握手中还会用到Certificate消息,即当服务器端通过CertificateRequest消息要求客户端发送证书时,客户端会通过Certificate消息进行响应。上面这两种情况下的Certificate消息均用于传输公钥证书,或者更一般地来说,用于传输一组公钥证书,这组公钥证书构成了一个发送给对等方的证书链。在SSL协议规范中,组成证书链的字段称为certificate_list,包括了构成证书链的所有证书。证书链中排在第一位的是消息发送方的证书,后面是一串按顺序排列的CA证书,最后是根CA的证书。注意,SSL协议在3.0版本才引入了证书链,之前的版本都没有使用。无论如何,证书类型必须与使用的密钥交换算法相适应。常用的是X.509证书,FORTEZZA等密钥交换算法中还会使用修改的X.509证书。

如图2.11所示,SSL的Certificate消息起始部分包括5个字节的记录头,1个字节的类型字段(值为11,代表消息类型为SSLCertificate消息),以及3个字节的消息长度字段。正如前面提到的,其消息体包括一个3个字节的证书链长度字段(其值比消息长度字段的值小3)以及一个证书链。证书链中的每个证书,其开头都是一个3个字节证书长度字段。Certificate消息的长度取决于证书链的长度,因此Certificate消息的长度可能很长。

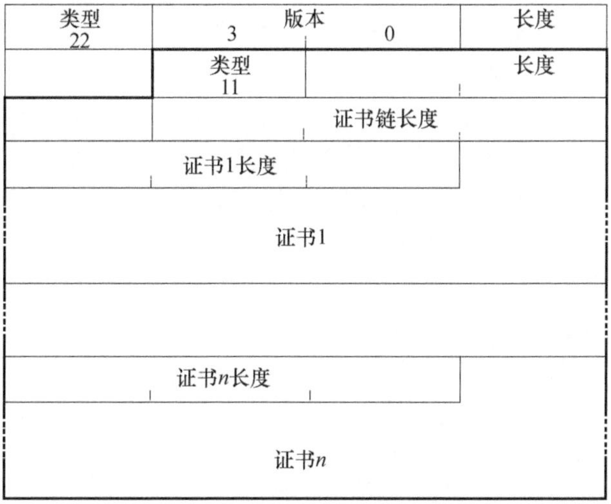

类型 22	版本		长度
	3	0	
	类型 11		长度
证书链长度			
证书1长度			
证书1			
证书n长度			
证书n			

图2.11 SSL Certificate 消息

由于美国在20世纪90年代之后才停止实行出口管制,网景通信公司和微软公司都在其浏览器中加入了需由特殊证书激活的增强加密特性,这一功能在未激活时对服务器是隐藏的。这种特性在网景浏览器中称为加密升级(Step-Up),在IE浏览器中称为服务器网关加密(SGC)。两种浏览器中的相应证书都是由威瑞信(VeriSign)等正式批准的CA签发的,证书在扩展密钥使用(extKeyUsage)字段中包含一个特殊属性。具体来说,国际加密升级证书中的特殊属性是OID2.16.840.1.113730.4.1,而SGC证书中的特殊属性是OID1.3.6.1.4.1.311.10.3.3。为了尽量简化证书的签发和使用过程,通常在发出的证书中同时包括这两个扩展密钥使用对象,以便同时支持国际加密升级和SGC。

需要通过一个常规的初始SSL握手来调用国际加密升级或SGC。客户端通过ClientHello消息声称只支持出口级强度的密码套件,因此,服务器端只能选择使用相应强度的密码套件。但是客户端在收到服务器端发出的Certificate消息后,就可以得知服务器端支持强加密。具体地,对于国际密码升级来说,客户端在完成当前的初始SSL握手后,再启动一次新的握手过程,以提供客户端支持的高强度密码套件;对于SGC来说,此时客户端立即中止当前的握手过程,并重新向服务器端发送一个ClientHello消息,以提供客户端支持的高强度密码套件,供服务器端从中进行选择。由于美国政府需要限制在境外使用高强度密码,而浏览器开发企业则想向客户提供最安全的产品,因此,使用国际加密升级和/或SGC是一个折中的选择,通过控制签发国际加密升级证书或SGC证书就来控制高强度密码的使用。为此美国政府规定,只允许有正当理由使用高强度密码的公司购买这些证书,这一规定主要适用于全球性的金融机构。

在国际加密升级和SGC推出后不久,一些SSL本地代理服务器推向市场。这些代理服务器能够将各类浏览器中的出口级加密转换为强加密。更有意思的是,一个名为Fortify[①]的工具开始在全球发布,这一工具用于网景浏览器,可不受服务器证书的限制实现强加密。Fortify工具使国际加密升级和SGC遭到弃用然后被悄然遗忘,并在20世纪末美国政府放开出口管制后被最终淘汰。因此,现在来看,国际加密升级和SGC已经不再重要了,但由于有时还会用到这些术语,还是有必要了解一下其含义。此外,由于最近出现的FREAK、Logjam等密钥交换降级攻击(参见第3.8.4节),出口级加密的概念又变得重要起来。事实上,现在强烈建议在默认设置中禁用所有出口级密码套件,这些密码套件的存在本身已经成为了一种危险。

5. ServerKeyExchange 消息

如果使用RSA密钥交换算法,客户端可以从服务器证书中获得公钥,并且使用这个公钥加密预主密钥。类似地,如果使用Diffie-Hellman密钥交换算法,客户端可以从服务器证书中获得Diffie-Hellman参数,使用这些参数进行Diffie-

---

① http://www.fortify.net.

Hellman密钥交换,将得到的结果作为预主密钥。这两种情况下,客户端仅根据服务器端发出的Certificate消息就可以完成密钥交换过程,并且安全地将预主密钥发送给服务器端,即涉及ServerKeyExchange消息。而在其他情况下,客户端需要额外的信息才能完成密钥交换,此时服务器端必须通过ServerKeyExchange消息向客户端提供这些信息。最重要的是,DHE密钥交换算法也需要使用ServerKeyExchange消息,而这一密钥交换算法在实践中非常重要。

还有一种特殊情况出现在使用RSA_EXPORT进行密钥交换时。由于之前的美国出口法律规定:美国出口软件不能直接使用长度大于512位的RSA密钥进行密钥交换,这类RSA密码只能作为签名密钥,以对用于密钥交换的临时短RSA密钥进行签名。因此美国出口软件中使用的是512位RSA密钥,这些512位的密钥由证书中的长RSA密钥签名;而如果软件本身使用的RSA密钥的长度不大于512位,出口时就不需要进行这一签名过程。即有以下两种情况:

(1) 如果使用RSA_EXPORT进行密钥交换,并且服务器证书中的公钥长度大于512位,就必须执行上述签名过程,并且通过ServerKeyExchange消息发送签名后的短RSA密钥。

(2) 如果使用RSA_EXPORT进行密钥交换,但服务器证书中的公钥长度不大于512位,就不需要执行上述签名过程,也不需要发送ServerKeyExchange消息。

上面两种情况下的出口强度RSA密钥都不超过512位,而这种长度的密钥不足以抵御近期的攻击。正如在FREAK攻击(参见第3.8.5节)中暴露出来的情况,具有分解512位RSA密钥能力的攻击方可以发起中间人攻击,并且有时能够突破SSL的屏障。应当记住,出口级密码套件已经成为历史,没有继续存在的理由和必要性。

如图2.12~图2.14所示,SSL的ServerKeyExchange消息的起始部分包括5个字节的SSL记录头,1字节的类型字段(值为12,代表消息类型为ServerKeyExchange),以及3个字节的消息长度字段。ServerKeyExchange消息的消息体由使用的密钥交换算法决定,如Diffie-Hellman、RSA、FORTEZZA等。

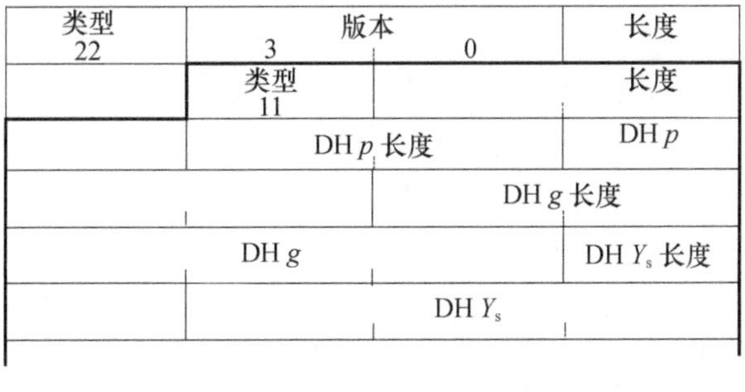

类型 22	版本 3		0	长度	
	类型 11			长度	
	DH p 长度				DH p
		DH g 长度			
	DH g			DH Y_s 长度	
		DH Y_s			

图2.12 使用Diffie-Hellman算法的SSLServerKeyExchange消息的起始部分

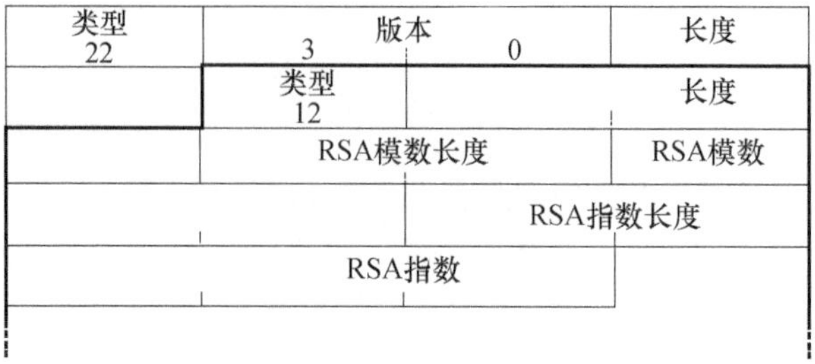

类型 22		3	版本 0		长度	
		类型 12			长度	
	RSA模数长度				RSA模数	
				RSA指数长度		
	RSA指数					

图2.13 使用RSA算法的SSLServerKeyExchange消息的起始部分

类型 22		3	版本 0		长度	
		类型 12		0	长度 0	
128						
		FORTEZZAr				

图2.14 使用FORTEZZA算法的SSLServerKeyExchange消息的起始部分

如果使用的是临时或匿名Diffie-Hellman密钥交换算法,则ServerKeyExchange消息的消息体包含了服务器端的Diffie-Hellman参数,如图2.12所示,具体包括素数模p,生成器g,公共指数Y_s,此外还包含这些参数使用的数字签名。注意,Diffie-Hellman参数字段的长度是可变的,图2.12中表示为3个字节。

如果使用的是RSA密钥交换算法,而服务器端有仅用于签名的RSA密钥,则客户端不能使用服务器端的公钥加密和发送预主密钥。这种情况下,服务器端必须生成一个临时RSA公钥对,使用ServerKeyExchange消息将公钥发送给客户端。ServerKeyExchange消息中包括两个定义临时RSA公钥的参数:模和指数。如前文所述,必须对这两个参数进行数字签名。这类ServerKeyExchange消息的起始部分如图2.13所示(不包括签名的部分)。同样,RSA参数字段的长度也是可变的,图2.13中表示为3个字节。

如果使用的是FORTEZZA密钥交换算法,ServerKeyExchange消息中只包括FORTEZZA KEA要求的服务器端的r_s值。由于r_s值始终为128字节,因此没有必要再增加一个长度参数。这种情况下也不需要使用数字签名。使用FORTEZZA密钥交换算法的ServerKeyExchange消息如图2.14所示。

在前两种情况中,ServerKeyExchange消息可能包括签名部分。如果服务器端认证不是SSL会话的一部分,则ServerKeyExchange消息不需要签名部分,而是以Diffie-Hellman或RSA参数结尾。如果服务器端不是匿名的并且发送了Certificate消息,则签名后参数的格式取决于服务器证书指定的签名算法(RSA或DSA)。

如果服务器证书指定使用RSA算法进行签名，则签名后的参数由一个MD5哈希值和一个SHA-1哈希值串联组成。注意，不是分别对这两个哈希值进行签名，而是针对串联后的哈希值生成并使用一个签名。

如果服务器证书指定使用DSA算法进行签名，则签名后的参数只包括一个SHA-1哈希值。

无论哪种情况，哈希函数的输入都是由ClientHello.random（即ClientHello消息中的random字段值）、ServerHello.random（即ServerHello消息中的random字段值）和上面提到的服务器端密钥参数串联组成的字符串。随机值的作用是使之前的签名和临时密钥无法被重放。服务器端密钥参数如图2.12所示的Diffie-Hellman参数或图2.13所示的RSA参数。如前文所述，使用FORTEZZA算法进行密钥交换时，参数不需要签名。

6. CertificateRequest消息

匿名的服务器端可以选择向客户端发送CertificateRequest消息，以对该客户端进行认证[1]。该消息不仅要求客户端返回证书，要求其稍后使用相应的私钥对数据进行签名，还告知客户端服务器端可接受的证书类型，如表2.5中所列。

表2.5　SSL证书类型

类型值	证书名称	描述
1	rsa_sign	RSA签名、RSA密钥交换
2	dss_sign	仅DSA签名
3	rsa_fixed_dh	RSA签名、固定DH密钥交换
4	dss_fixed_dh	DSA签名、固定DH密钥交换
5	rsa_ephemeral_dh	RSA签名、临时DH密钥交换
6	dss_ephemeral_dh	DSA签名、临时DH密钥交换
20	fortezza_kea	FORTEZZA签名、FORTEZZA密钥交换

如图2.15所示，SSL的CertificateRequest消息的起始部分包括5个字节的记录头，1个字节的类型字段（值为13，代表消息类型为CertificateRequest消息）以及3个字节的消息长度字段。CertificateRequest消息的消息体中，首先是一个服务器可接受的证书类型列表，这一列表在SSL协议规范中称为certificate_types字段，在图2.15缩写为CT。列表的开头是1个字节的长度字段，后面是一组用于表示表2.5中证书类型的非空单字节值。在可接受证书类型列表之后，CertificateRequest消息还包括一个服务器端可以接受的CA列表。这个列表在SSL协议规范中称为certificate_authorities字段。可接受CA列表的开头是2个字节的长度字段，随后是CA对

---

[1] 注意，匿名服务器不能要求客户端提供证书。

应的一个或多个唯一甄别名(DN)。在每个CA(或者说DN)的前面都有一个2字节的CA长度字段。图2.15中只表示出了第1个CA(即CA1),但CA列表可能很长,CertificateRequest消息的长度也会随之变得很长。

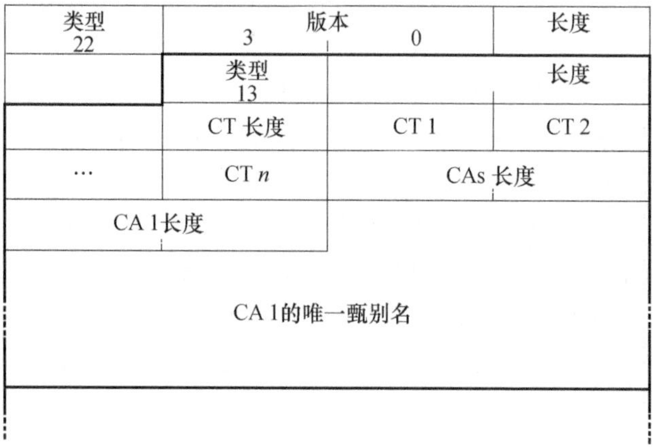

图2.15 SSL CertificateRequest 消息

7. ServerHelloDone 消息

ServerHelloDone 消息由服务器端发送,表明第二次消息流动结束。如图2.16所示,ServerHelloDone 消息的起始部分仍然是5字节的记录头,1字节的类型字段(值为14,表示该消息为ServerHelloDone消息),以及3个字节的消息长度字段。由于ServerHelloDone消息的消息体为空,消息长度字段的值为0。所以ServerHelloDone 消息的长度都是4个字节,其对应的SSL记录头的长度字段的后一个字节的值也可能为4(至少当ServerHelloDone消息是通过单独的SSL记录发送时是这样的)。

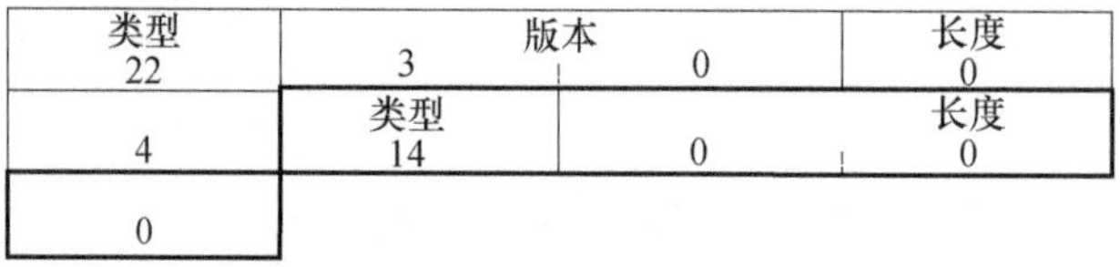

图2.16 SSL ServerHelloDone 消息

8. Certificate 消息

客户端在收到ServerHelloDone消息后,由客户端验证服务器证书(如果之前要求服务器提供证书),并判断ServerHello消息中提供的值是否是可以接受的。顺利完成上述过程后,客户端将在第三次消息流动中向服务器端发送一系列消息。如果服务器端要求客户端提供证书,则客户端将首先向服务器端发送一个Certificate消息。

客户端发给服务器端的Certificate消息和服务器端发送给客户端的Certificate

消息结构相同(参见第2.2节)。如果使用Diffie-Hellman密钥交换算法,则客户端侧的Diffie-Hellman参数必须与服务器端提供的一致,即客户端证书中包括的Diffie-Hellman组和生成器必须和服务器端的值匹配。需要注意的是,Certificate消息只是用于客户端认证的辅助消息。实际的认证过程如第2.2节所述,是通过客户端向服务器端CertificateVerify消息进行的。

9. ClientKeyExchange消息

由客户端发送给服务器端的ClientKeyExchange消息是SSL握手中最重要的消息之一。该消息向服务器端提供客户端侧的密钥材料,用于确保后续通信的安全。如图2.17~图2.19所示,ClientKeyExchange消息的格式取决于使用的密钥交换算法。无论使用哪种密钥交换算法,ClientKeyExchange消息的起始部分都是5字节的SSL记录头,1字节的类型字段(值为16,表示该消息为ClientKeyExchange消息),以及3字节的消息长度字段。而ClientKeyExchange消息的消息体则取决于使用的密钥交换算法。

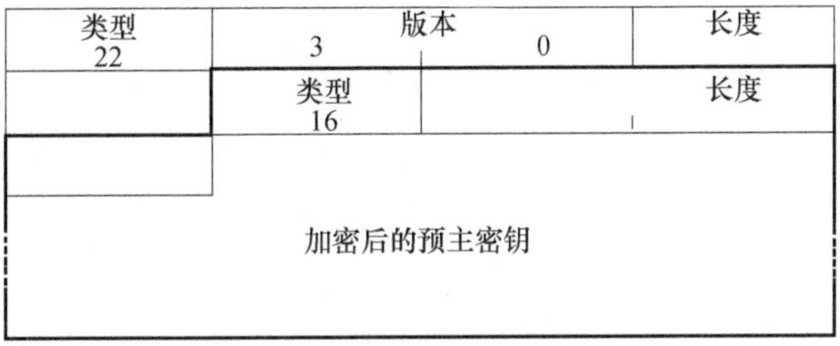

图2.17 使用RSA密钥交换算法的SSLClientKeyExchange消息

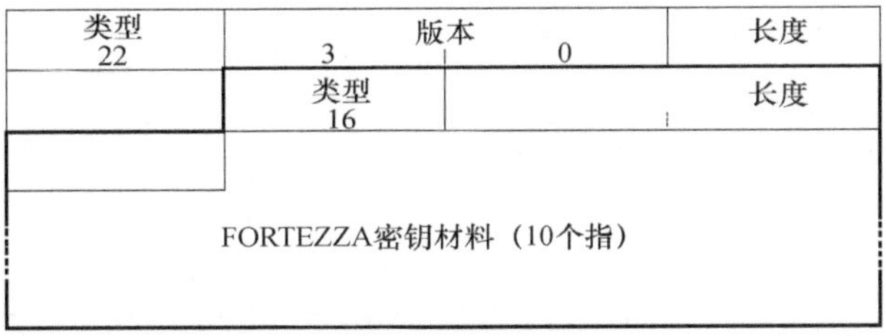

图2.18 使用FORTEZZA密钥交换算法的SSLClientKeyExchange消息

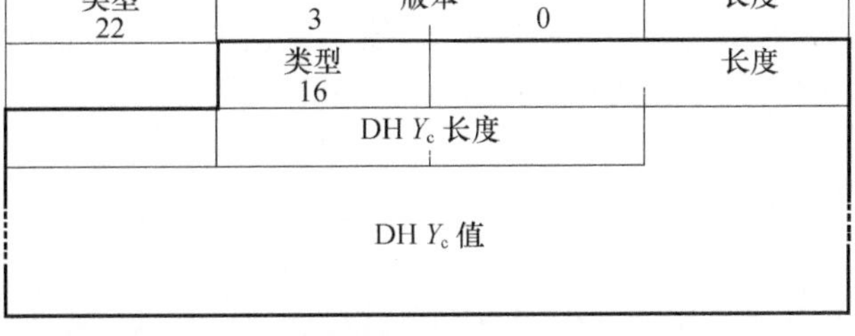

图2.19 使用Diffie-Hellman密钥交换算法的SSLClientKeyExchange消息

1) 当使用 RSA 或 FORTEZZA 密钥交换算法时，ClientKeyExchange 消息的消息体中包括一个由客户端发送给服务器端的加密的 48 字节预主密钥（即 pre_master_secret）。为了检测版本回滚攻击，预主密钥中的头 2 个字节代表客户端在 ClientHello 消息中提供可支持的最近（最新）的 SSL 协议版本。注意，这里的最近版本并不一定是正在使用的版本①。收到预主密钥后，服务器端将比较这一版本值是否与之前客户端在 ClientHello 消息中发送的一致。

（1）使用 RSA 密钥交换算法时，预主密钥使用服务器证书中的 RSA 公钥加密，或者使用 ServerKeyExchange 消息中的临时 RSA 密钥加密。对应的 SSLClientKeyExchange 消息如图 2.17 所示。

（2）使用 FORTEZZA 密钥交换算法时，使用 KEA 生成 TEK，再使用 TEK 加密预主密钥和其他加密参数，并将加密后的数据安全地发送至服务器端。对应的 SSLClientKeyExchange 消息如图 2.18 所示。如表 2.6 所列，FORTEZZA 密钥材料包括 10 个值。注意，用于 KEA 计算的客户端 Y_c 值的长度在 64~128 个字节之间，但当 Y_c 包括在客户端证书中时，ClientKeyExchange 消息中的 Y_c 为空。由于 FORTEZZA 已经不再使用，其相关描述不是太重要，仅作了解即可。

表 2.6 FORTEZZA 密钥材料

参数	大小
Y_c 长度	2 字节
用于 KEA 计算的客户端 Y_c 值	0~128 字节
用于 KEA 计算的客户端 R_c 值	128 字节
用于客户端 KEA 公钥的 DSA 签名	40 字节
客户端的写密钥，使用 TEK 加密	12 字节
客户端的读密钥，使用 TEK 加密	12 字节
客户端写密钥的 IV	24 字节
服务器端写密钥的 IV	24 字节
用于加密预主密钥的 TEK 的 IV	24 字节
预主密钥，使用 TEK 加密	48 字节

2) 如果使用临时或匿名 Diffie-Hellman 密钥交换算法，则 ClientKeyExchange 消息中包括客户端的公开 Diffie-Hellman 参数 Y_c，如图 2.19 所示。如果使用固定 Diffie-Hellman 密钥交换算法，则客户端的公开 Diffie-Hellman 参数已经包括在之前客户端发送的 Certificate 消息中，因此就不需要再发送 ClientKeyExchange 消息。

---

① 一些应用中，预主密钥中包括的是在用 SSL 协议版本而不是最近版本。这不会带来严重的安全问题，但是会带来一些兼容性方面的影响。

服务器端收到 ClientKeyExchange 消息后,如果使用的密钥交换算法为 RSA 或 FORTEZZA,则使用服务器端的私钥加密其中的预主密钥。如果使用的密钥交换算法为 Diffie-Hellman,则使用服务器端的 Diffie-Hellman 参数计算预主密钥。

10. CertificateVerify 消息

如果客户端通过 Certificate 消息提供了一个具有签名功能[①]的证书,则该客户端必须同时证明其持有对应的私钥。仅靠证书不能实现客户端认证,主要原因是证书可以监听和重放。为此,客户端向服务器端发送一个 CertificateVerify 消息,其中包括一个使用客户端的私钥生成的数字签名。

如图 2.20 所示,SSLCertificateVerify 消息的起始部分包括 5 字节的 SSL 记录头,1 字节的类型字段(值为 15,表示为 CertificateVerify 消息),以及 3 字节的消息长度字段。CertificateVerify 消息的消息体包括一个数字签名,签名的具体格式取决于客户端证书是 RSA 证书还是 DSA 证书。

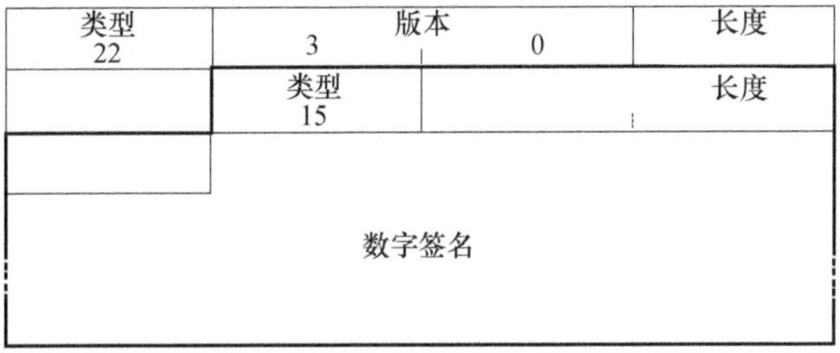

类型 22		3	版本	0	长度	
		类型 15			长度	
数字签名						

图 2.20 SSL CertificateVerify 消息

(1) 对于 RSA 证书,将两个单独的哈希值,即一个 MD5 哈希值和一个 SHA-1 哈希值,串联后进行签名(而不是分别进行两次签名)。

(2) 对于 DSA 证书,仅对一个 SHA-1 哈希值进行签名。

无论哪种情况,哈希函数的输入信息都是相同的。以 handshake_messages 代表截至目前收发的所有 SSL 握手消息的串联,则哈希值的计算方式为

$$h(k \| opad \| h(handshake\_messages \| k \| ipad))$$

式中:h 表示 MD5 或 SHA-1;k 表示主密钥;$ipad$ 和 $opad$ 的含义如前所述。在 MD5 中这两个值需重复 48 次,而在 SHA-1 中则需重复 40 次。无论哪种情况,得到的哈希值都使用 RSA 或 DSA 进行数字签名。

如果使用 RSA 证书,则将使用 MD5 和 SHA-1 算法计算得到的两个哈希值构成一个 36 字节(即 288 位)的字符串,使用适当的签名 RSA 密钥对该字符串进行数字签名。如果使用 DSA 证书,则只使用 SHA-1 算法计算一个哈希值,使用适当的签名 DSA 密钥对这个哈希值进行数字签名。两种情况下,服务器端都可以从客户端的证书中提取公钥,并使用公钥验证数字签名。

[①] 适用于表 2.5 中的所有证书,除了包括固定 Diffie-Hellman 参数的证书,即 rsa_fixed_dh 和 dss_fixed_dh。

11. Finished 消息

Finished 消息紧接在 ChangeCipherSpec 消息后发送（如第 2.2.3 节所述，ChangeCipherSpec 消息是 SSL 改变密码标准协议的一部分）。Finished 消息的目的是验证密钥交换和认证过程是否成功结束，也是第一条使用协商得到的新的算法和密钥进行保护的消息。即通信参与方在发送 Finished 消息后，不需要任何许可就可以立即开始发送加密的数据。

如图 2.21 中所示，一个 Finished 消息的起始部分是 5 字节的 SSL 记录头，然后是被密码保护的消息体（消息体大多数时间都是加密的，取决于使用的密码套件）。在图 2.21 之前，所有的 SSL 握手消息结构图中（包括 MAC，虽然严格来说不属于握手消息）都没有示出密码保护方式，包括 MAC（严格意义上说 MAC 不属于握手消息）。加密的消息体包括一个 Finished 消息的头部，包括 1 字节的类型字段（值为 20，表示其为一个 CertificateVerify 消息），3 个字节的消息长度字段；后面是 16 个字节的 MD5 哈希值，20 个字节的 SHA-1 哈希值，以及 16 或 20 字节的 MAC（MAC 的长度取决于使用的哈希函数）。MD5 和 SHA-1 哈希值都依赖于一个密钥，实际上对应于 MAC。但这里的 MAC 不同于 SSL 记录消息中的 MAC。MD5 和 SHA-1 哈希值的计算方式如下：

$$h(k\|opad\|h(handshake\_messages\|sender\|k\|ipad))$$

同样，h 表示 MD5 或 SHA-1，k 表示主密钥，$ipad$ 和 $opad$ 的值如前所述，以 handshake_messages 表示截至收到 Finished 消息之时收发的所有 SSL 握手消息的串联[①]，但其值与 CertificateVerify 消息中的不同，sender 表示 Finished 消息的发送方。如果消息由客户端发送，sender 的值为 0x434C4E54，如果是由服务器端发送的，则为 0x53525652。注意：Finished 消息和 CertificateVerify 消息在哈希值计算上非常相似，区别仅在于增加了 sender，以及 handshake_messages 值不同。如图 2.21 所示，

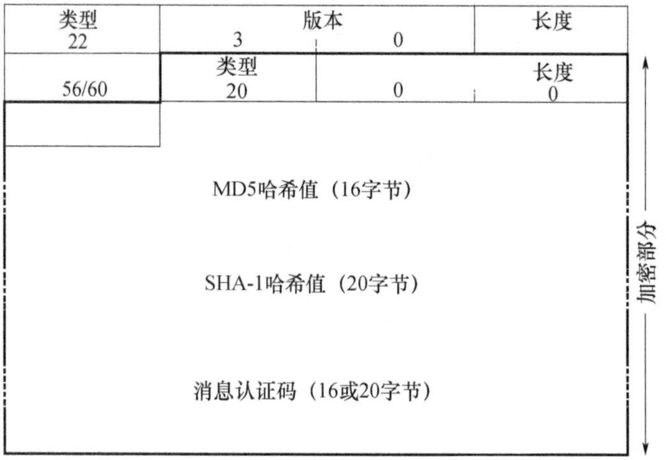

类型 22		版本 3	0	长度	
56/60	类型 20	0		长度 0	加密部分
MD5哈希值（16字节）					
SHA-1哈希值（20字节）					
消息认证码（16或20字节）					

图 2.21　SSL FINISHED 消息

---

① 注意，ChangeCipherSpec 消息不属于 SSL 握手消息，因此不包括在哈希值计算中。

Finished 消息的消息体为 36 个字节,包括 16 个字节的 MD5 哈希值和 20 个字节的 SHA-1 哈希值。因此 Finished 消息的长度字段的值是 36。而 SSL 记录的长度字段的值在使用 MD5 进行消息认证时为 56,在使用 SHA-1 进行消息认证时为 60,这一值对应的是 SSL 记录中加密保护的部分。

2.2.3 SSL 改变密码标准协议

如前文所述,SSL 改变密码标准协议的作用是使通信参与方能够协商更换加密策略。

协议本身非常简单,仅有一个消息,即 ChangeCipherSpec 消息。ChangeCipherSpec 消息的压缩和加密使用当前的密码标准,而不是使用协商中的密码标准。ChangeCipherSpec 消息在常规 SSL 握手中的位置如图 2.5 所示。当恢复之前建立的 SSL 会话时,ChangeCipherSpec 消息在 hello 消息之后发送,如图 2.6 所示。

如图 2.22 所示,SSLChangeCipherSpec 消息的起始部分包括 5 个字节的 SLL 记录头,其中第一个字节为类型字段(值为 20,表示 SSL 改变密码标准协议),2 字节的版本字段和 1 字节的长度字段。由于 ChangeCipherSpec 消息的消息体只有一个类型字节。因此长度字段的字节是个占位符,其值只能设置为 1。

图 2.22 SSL ChangeCipherSpec 消息

ChangeCipherSpec 消息的特殊之处在于其不是 SSL 握手的一部分,而是有对应的内容类型,即消息本身就代表了一个 SSL(子)协议。由于 ChangeCipherSpec 消息未加密,而 Finished 消息是加密的,加上其内容类型不同,因此不能在同一个 SSL 记录中发送。但需要注意的是,使用不同内容类型带来的细节区别使 SSL 协议应用的状态机更加复杂,因此业内对此存在争议。

2.2.4 SSL 警告协议

如前所述,SSL 警告协议是另一个 SSL(子)协议,允许通信参与方交换警告消息。每个警告消息都携带警告级别和警告描述。

(1)alertlevel(警告级别)字段长度为 1 个字节,值 1 表示"警告"级别,值 2 表示"致命"级别。对于没有明确给出 alertlevel 字段值的错误消息,消息发送方可以自行确定其是否属于"致命"级别。同样的,如果收到一个"警告"级别的警告消息,接收方也可以自行决定将其视同"致命"级别的警告并加以处理。总之,需要妥善处理"致命"级别的消息,即必须立即终止对应的连接。

表 2.7　SSL 警告消息

警告类型	警告代码	简要描述
close_notify	0	发送方通知接收方,不再通过当前连接发送消息。该消息的级别只能为"警告"
unexpected_message	10	发送方通知接收方,收到了一个不恰当的消息。该消息的级别只能为"致命",不应当出现在恰当的实现之间的通信过程中
bad_record_mac	20	发送方通知接收方,收到了一个MAC错误的记录消息。该消息的级别只能为"致命",不应当出现在恰当的实现之间的通信过程中
decompression_failure	30	发送方通知接收方,解压函数收到了不恰当的输入,即不能解压收到的数据。该消息的级别只能为"致命",不应当出现在恰当的实现之间的通信过程中
handshake_failure	40	发送方通知接收方,根据给定的可用选项不能协商得到可接受的安全参数组合。该消息的级别只能为"致命"
no_certificate	41	发送方(即客户端)通知接收方(即服务器端)客户端没有符合服务器发送的CertificateRequest消息的证书。该消息仅在SSL中使用,TLS中已经不再使用该消息
bad_certificate	42	发送方通知接收方,其提供的证书已损坏,例如包括了一个不能被正确验证的签名
unsupported_certificate	43	发送方通知接收方,其提供的证书属于不支持的证书类型
certificate_revoked	44	发送方通知接收方,其提供的证书已经被证书发布方撤销
certificate_expired	45	发送方通知接收方,其提供的证书已过期或当前不可用
certificate_unknown	46	发送方通知接收方,在处理其提供的证书的过程中,出现了一些不明确的问题,导致证书不可接受
illegal_parameter	47	发送方通知接收方,SSL握手消息中的一个字段的值超出指定范围,或与其他字段不一致。该消息的级别只能为"致命"

(2)alertdescription字段也是1个字节,包括一个表示特定警告类型的数字代码。表2.7中列出了SSL协议规范中的警告类型、警告代码以及简要描述。例如,代码0表示关闭警告close_notify,其作用是通知接收方,发送方将不再发送消息。注意,发送方和接收方必须同时知道连接即将关闭,以避免截断攻击,双方都可以通过发送一个close_notify消息来启动关闭连接的过程。在关闭警告消息之后收到的数据都应当忽略。除了关闭警告消息,还有一些其他用于提示错误的警告消息。当发送或接收到"致命"级别的警告消息后,消息收发双方立即关闭对应的连接,并丢弃与其相关的信息。

如图2.23中所示,SSL警告消息的起始部分包括5个字节的SSL记录头,包括1字节的类型字段(值为21,表示SSL警告协议),2字节的版本字段,以及2字节的长度字段。长度字段的值为2,这是由于警告消息只包括两个字节,一个字节是警告级别,另一个字节是警告描述代码。可见SSL改变加密规则协议和SSL警告协议都是非常简单的。

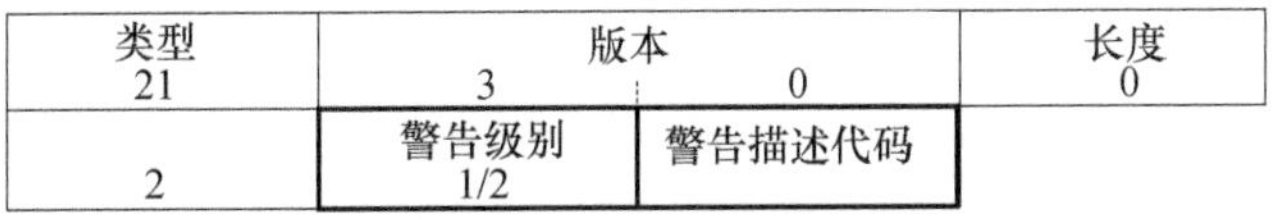

类型
21
版本
3
0
长度
0
2
警告级别
1/2
警告描述代码

图2.23　SSL警告消息

2.2.5 SSL应用数据协议

SSL应用数据协议允许通信参与方使用某个应用层协议进行数据交换。更具体地,协议将应用数据提供给SSL记录协议,进行分片、压缩、加密保护和SSL记录封装;生成的SSL记录发送给接收方,由接收方对应用数据进行解密、验证、解压和重新组装。

图2.24给出了一些SSL记录中封装的应用数据。SSL记录的起始部分仍然是5个字节的记录头,包括1字节的类型字段(值为23,表示SSL应用数据协议),2字节的版本字段和2字节的长度字段。SSL记录头之后的部分都是加密的,只能使用对应的密钥进行解密。加密内容中不仅包括实际的应用数据,也包括MAC(长度为16或20字节)。MAC是在加密之前就附加到应用数据的,附加时可能会进行填充。

在使用流密码进行加密时,SSL记录的这种应用数据封装方式是简单直接的,但在使用块密码进行加密时稍微复杂一些。使用块密码进行加密时,在加密前必须在SSL记录中进行消息填充,记录的后一个字节必须用于表示填充的长度。使用块密码的SSL记录格式如图2.25所示。在本章后面讨论针对SSL/TLS的填充提示攻击时,将对填充的概念进行讨论。(关于对填充提示攻击的全面处理方式,还可参考附录B。)

类型
23
版本
3
0
长度
应用数据
消息认证码（16或20字节）
加密部分

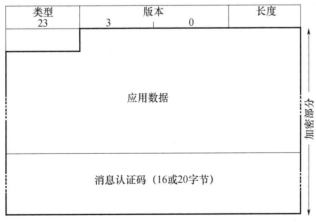

图2.24　SSL记录中封装的应用数据(使用流密码)

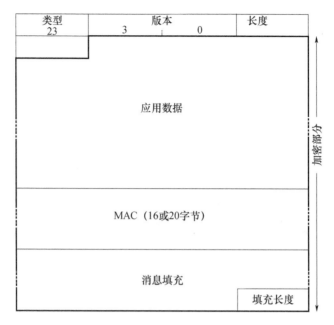

图 2.25　封装在 SSL 记录中的应用数据(使用块密码)

2.3　协议执行示例

本节将通过协议执行示例说明 SSL 协议的工作原理和功能。假设客户端(即网页浏览器)尝试访问支持 SSL 的网页服务器,并使用 Wireshark 等网络协议分析器捕获会话过程中的 SSL 记录。通过剖析这些记录,能够很好地了解协议层面的交互过程。在调用 SSL 协议之前,客户端必须建立与服务器之间的 TCP 连接,下面的说明将跳过这一过程,假设客户端和服务器之间已经建立了 TCP 连接。

在本节的示例中,由客户端发起会话,向服务器端发送一个 ClientHello 消息。这个消息被封装在 SSL 记录中,如下所示(采用 16 进制表示):

16　03　00　00　41　01　00　00　　3d　03　00　48　b4　54　9e　00
6b　0f　04　dd　1f　b8　a0　52　　a8　ff　62　23　27　c0　16　a1
59　c0　a9　21　4a　4e　3e　61　　58　ed　25　00　00　16　00　04
00　05　00　0a　00　09　00　64　　00　62　00　03　00　06　00　13
00　12　00　63　01　00

SSL 记录的起始部分是一个类型字段,其值为 0x16(十进制值为 22,表示 SSL 握手协议),一个版本字段,其值为 0x0300(表示 SSL3.0),一个长度字段,其值为 0x0041(十进制值为 65,表示 SSL 记录的分片的长度为 65 个字节),这表示后面 65 个字节的数据为 ClientHello 消息。ClientHello 消息的起始部分是 0x01,代表第 1 类型的 SSL 握手消息(即 ClientHello 消息),0x00003d 表示消息长度为 61 个字节,

0x0300表示SSL3.0。接下来的32个字节,从0x48b4到0xed25,代表客户端选择的随机值(开头的4个字节代表日期和时间)。

由于没有要恢复的SSL会话,会话ID长度字段设置为0(即0x00),并且不附加会话ID。下一个值0x0016(十进制值为22)表示接下来的22个字节代表客户端支持的11个密码套件,每两个字节代表一个密码套件。倒数第2个字节0x01表示客户端只支持一种压缩方式,而最后一个字节0x00代表这一压缩方式(空值压缩)。

服务器端在收到ClientHello消息后,将向客户端返回一系列SSL握手消息。如果可能,将所有消息放在一个SSL记录中,通过一个TCP段发送给客户端。在本示例中,SSL记录中包括了一个ServerHello消息,一个Certificate消息和一个ServerHelloDone消息。该SSL记录的起始部分包括下列字节序列:

16 03 00 0a 5f

0x16表示SSL握手协议,0x0300表示SSL3.0,0x0a5f表示SSL记录的长度(本示例中为2655字节)。上面提到的3个消息被封装在SSL记录中。

1)ServerHello消息如下所示:

```
02 00 00 46 03 00 48 b4      54 9e da 94 41 94 59 a9
64 bc d6 15 30 6c b0 08      30 8a b2 e0 6d ea 8f 7b
6b df d5 a7 3c d4 20 48      b4 54 9e 26 8b a1 9d 26
59 1b 5e 31 4c fe d3 2b      a7 96 26 99 55 55 41 7c
d8 e8 44 8a 3e f9 d5 00      05 00
```

消息开头的0x02代表SSL握手协议中的第2类型消息(即SERVERHELLO消息),0x000046代表消息长度为70个字节,0x0300代表SSL3.0。后面的32个字节表示服务器端选择的随机值(前4个字节仍然代表日期和时间):

```
48 b4 54 9e da 94 41 94      59 a9 64 bc d6 15 30 6c
b0 08 30 8a b2 e0 6d ea      8f 7b 6b df d5 a7 3c d4
```

之后的0x20代表会话ID长度为32个字节,后面的32个字节表示会话ID:

```
48 b4 54 9e 26 8b a1 9d      26 59 1b 5e 31 4c fe d3
2b a7 96 26 99 55 55 41      7c d8 e8 44 8a 3e f9 d5
```

注意,如果稍后(在会话过期之前)客户端需要恢复这个会话,则需要用到这个会话ID。在会话ID之后,0x0005表示选择的密码套件(TLS_RSA_WITH_RC4_128_SHA),0x00表示选择的压缩方法(仍然是空值压缩)。

2)Certificate消息包括服务器端的公钥证书,该消息较为复杂,其起始部分为下面的比特序列:

0b 00 0a 0d 00 0a 0a

其中0x0b代表第11类型的SSL握手协议消息(指Certificate消息),0x000a0d表示消息长度为2573个字节,0x000a0a代表证书链的长度。注意,证书链的长度的值必须比消息长度的值小3。后面的2570个字节是验证服务器端的公钥证书所需的证书链(未示出)。

3) SSL记录还包括ServerHelloDone消息,该消息非常简单,仅由4个字节构成:
0e 00 00 00

0x0e表示第14类型的SSL握手协议消息(即ServerHelloDone消息),0x000000表示消息长度为0个字节。

由客户端收到ServerHelloDone消息后会向服务器端发送一系列消息,在本示例中包括一个ClientKeyExchange消息,1个ChangeCipherSpec消息,以及1个Finished消息。每个消息分别通过一个SSL记录发送,但3个记录都可以通过一个TCP段发送给服务器端。

4) ClientKeyExchange消息在第一个SSL记录中发送。在本示例中,该记录如下所示:

```
16  03  00  00  84  10  00  00       80  18  4a  74  7e  92  66  72
fa  ee  ac  4b  f8  fb  7c  c5       6f  b2  55  61  47  4e  1e  4a
ad  5f  4b  f5  70  fe  d1  b4       0b  ef  36  52  4f  7b  33  34
ad  23  67  f0  60  ec  67  67       35  5a  cf  50  f8  d0  3d  28
4e  fb  01  88  56  06  86  3c       c7  c3  85  8c  81  2c  0d  d8
20  a6  1b  09  ee  86  c5  6c       37  e5  e8  56  96  cc  46  44
58  ee  c1  9b  73  53  ff  88       ab  90  19  53  3d  f2  23  5b
8f  57  d2  b0  74  2a  bd  05       f9  9e  dd  6a  50  69  50  4a
55  8a  f1  5b  9b  6d  ba  6f       b0
```

在SSL记录头中,0x16代表SSL握手协议,0x0300代表SSL3.0,0x0084代表SSL记录的长度(132个字节)。在记录头之后,0x10代表第16类SSL握手协议消息(即ClientKeyExchange消息),后续3个字节0x000080代表消息长度(128字节,即1024位)。相应地,后面的128个字节为使用服务器端的公开RSA密钥加密的(由客户端选择的)预主密钥。RSA加密符合PKCS#1标准。

5) ChangeCipherSpec消息通过第二个SSL记录发送。该记录非常简单,只包括下面6个字节:

14 03 00 00 01 01

记录头中的0x14(十进制值为20)代表SSL改变密码标准协议,0x0300代表SSL3.0,0x0001代表消息长度为1个字节,因而后面的1个字节0x01就是记录的最后一个字节。

6) Finished消息是第一条使用协商得到的算法和密钥进行保护的消息,该消息通过第三个SSL记录发送,如下所示:

```
16  03  00  00  3c  38  9c  10       98  a9  d3  89  30  92  c2  41
52  59  e3  7f  c7  b3  88  e6       5f  6f  33  08  59  84  20  65
```

55	c2	82	cb	e2	a6	1c	6f	dc	c1	13	4b	1a	45	30	8c
e5	f4	01	1a	71	08	06	eb	5c	54	be	35	66	52	21	35
f1															

在SSL记录头中,0x16表示SSL握手协议,0x0300表示SSL3.0,0x003c表示SSL记录的长度(60个字节)。这60个字节是加密的,对于不知道对应解密密钥的人来说毫无意义。其中,包括了到目前为止交换的所有消息的MD5和SHA-1哈希值,以及基于SHA-1的MAC。正如描述图2.21时提到的,这里的SSL记录头中的长度字段的值为60。

在收到ChangeCipherSpec消息和Finished消息后,服务器端必须对应返回同类型的消息(此处省略)。然后,就可以通过如下所示的SSL记录交换应用数据了:

17 03 00 02 73

这里的0x17(十进制值为23)表示SSL应用数据协议,0x0300表示SSL3.0,0x0273(十进制值为627)表示加密数据分片的长度。客户端和服务器端之间可以交换任意数量的SSL记录,每个记录中都包括一个数据分片。

2.4 安全分析与攻击

由于SSL协议取得的成功,过去二十年里许多研究人员对其安全性进行了研究。例如,网景通信公司于1996年发布了第一款支持SSL的浏览器。之后不久,DavidWagner和IanGoldberg就发现,该浏览器在生成伪随机位生成器的种子以及预主密钥时,所采用方法的加密性能很弱[1],这意味着生成的预主密钥在某种程度上是可以预测的。究其原因,是由于种子是基于几个可确定的值生成的,如进程ID、父进程ID、当前时间等,而这些值没有提供足够的熵。请注意,这不是SSL协议本身的问题,而是网景公司在协议实现上的问题[2]。无论如何,这一问题造成的漏洞成为了新闻头条,给当时处于发展中的SSL协议的安全性能蒙上了一层阴影。网景公司很快加强了其浏览器中的伪随机位生成器,很容易地解决了这个问题。但这一事件再次说明了一个众所周知的事实:协议安全性并不能保证其实现方式的安全性。

1996年晚些时候,Wagner和BruceSchneier首次对SSL协议2.0版和3.0版进行了安全性分析[15]。这是一次非正式的分析,报告了SSL2.0的一些弱点,以及对其发起主动攻击的可能性。例如,MAC不保护paddinglength(填充长度)字段,从原理上来说,可以利用这一弱点破坏受保护数据的完整性。此外,ClientHello消息中的密码套件没有认证和完整性保护,可以利用这一弱点将ClientHello消息修改为仅包

---

[1] http://www.drdobbs.com/windows/randomness-and-the-netscape-browser/184409807.

[2] 据最近报告,Debian的OpenSSL库使用的伪比特位生成器存在类似的问题。(https://www.debian.org/security/2008/dsa-1571)

括弱密码套件。这种情况下,服务器端要么拒绝连接请求,要么只能选择消息中提供的弱密码套件。由于上述以及其他一些弱点,IETF 最终于 2011 年发布了一个标准跟踪 RFC,完全禁止使用 SSL 2.0[16]。由于网景通信和微软在 SSL 的 SSL 协议发展初期的竞争(参见 1.2 节),SSL2.0 中的大部分弱点在 SSL3.0 中都被更正了。因此,在 1996 年 Wagner 和 Schneier 的安全性分析中,仅发现一些攻击对 SSL3.0 仍然有效,例如,密钥交换算法混淆或版本回滚攻击。最近的研究表明,SSL3.0 和所有版本的 TLS 仍然会遭受某些类型的版本回滚攻击,而 FREAK 和 Logjam 等攻击也引起了媒体的广泛关注(参见第 3.8.4 节)。Wagner 和 Schneier 的分析结论是:对 SSL 的攻击危害性不高,因此 SSL 协议总体来说仍然是安全的。事实上,他们在分析结论中写道:"总的来说,SSL3.0 是对实际通信的安全做出了宝贵的贡献"[15]。

继 Wagner-Schneier 进行的安全性分析之后,一些研究人员尝试使用形式化方法对 SSL3.0 的安全性进行更为正式的分析[17,18]。这些分析没有发现重大的漏洞,从而再次向业界证明了,至少在理论上 SSL3.0 确实是一个相当安全的协议。然而,理论分析的结论都取决于其底层模型,在实际应用中影响结果的要素更加复杂。

在实践中,一个本身安全的协议,其实施方式可能是不安全的,或者存在一些密码分析攻击的切入点。例如,1998 年 DanielBleichenbacher 发现了一个这样的切入点:在 ClientKeyExchange 消息中,预主密钥先进行填充再进行 RSA 加密[19];根据 SSL3.0 协议规范,这种填充和加密必须符合 PKCS#1 版本 1.5[6]。在此基础上,Bleichenbacher 找到了一种对预主密钥的 PKCS#1 填充和编码发起自适应选择密文攻击的方法①,因此这一攻击与其说是针对 SSL 协议的攻击,不如说是针对 PKCS#1 的攻击。如果攻击成功并破解了预主密钥,攻击方就可以获得破坏 SSL 会话安全性所需的全部密钥材料。Bleichenbacher 攻击是第一个填充提示攻击(即攻击方能够得到填充提示)。填充提示是一种提示(或函数),其输入是密文,输出是对应该密文的一位信息,用于指示解密得到的明文的填充是否正确。Bleichenbacher 攻击有一个问题,由于填充提示对于每次请求只返回一位信息,因此攻击方需要进行大量(约 100 万次)提示查询,因此 Bleichenbacher 攻击也称为百万消息攻击。由于需要进行大量填充查询,因此在在线环境中很容易发现这类攻击。检测虽然简单,防御填充提示攻击却并非如此。为了防御这类攻击,服务器端不能泄露任何关于填充的正确性的信息,包括与填充相关的时序信息。为了实现这一点,最简单的方式是对填充出错和填充正确的消息采用相同的处理方式(例如文献[20])。因此,当服务器端收到一个错误填充的 ClientKeyExchange 消息时,不向客户端返回错误消息,而是随机生成一个预主密钥,并继续正常的协议过程。这时客户端和服务器端的密钥不相同,因此不能建立 SSL 会话,同时也没有泄露关于填充的信息。附件 B

---

① 在密码学的文献中,选择密文攻击的缩写为 CCA,自适应选择密文攻击的缩写为 CCA2。

详细描述了填充提示攻击,并给出了Bleichenbacher攻击(即百万消息攻击)的具体技术细节。这里仅讨论填充提示攻击引出的两个问题:

第一,填充提示攻击清晰地表明,需要重视选择密文攻击(CCA),尤其是自适应选择密文攻击。在填充提示攻击公布之前,常有观点认为这类攻击仅在理论上可行,在现实的环境中不可行。因此填充提示攻击对密码研究产生了(并将持续产生)深远的影响。

第二,填充提示攻击还表明,需要更新PKCS#1版本1.5,并提供新的填充方案。在攻击公布的同年,PKCS#1版本2.0采用了一种名为"最优非对称加密填充"(OAEP)[21]的技术。与PKCS#1版本1.5中使用的adhoc填充方案不同,OAEP对于CCA2攻击是安全的。OAEP的最大优势是仅改变了加密和填充的顺序,即变为消息先加密后填充(因此对应的加密系统的缩写为RSA-OAEP)。而OAEP的缺点在于,仅能在随机提示模型下证明其安全性,而在标准模型下未能证明。这一点是非常不利的,因为随机提示模型在密码学界是存在争议的。此外还有一些非对称加密系统在标准模型下对于CCA2是安全的,如RonaldCramer和VictorShoup提出的系统[22],但是这些系统在使用方面有缺点,因此没有得到应用。这种情况未来可能会改变,但撰写本书时由于OAEP相当高效和安全,并且能抵御CCA2攻击,其应用要广泛得多。

在Bleichenbacher攻击之后,许多研究者尝试研究该攻击的优化、变体和扩展。例如在2001年,JamesManger找到了一个时序通道,可以用于针对PKCS#1版本2.0的一些应用进行CCA攻击[23]。最初认为这是不可能的,因为众所周知RSA-OAEP对于CCA攻击是安全的,至少在随机提示模式下是这样。但本书中一再提到,理论上的安全并不代表相应的系统或应用不会遭到攻击。对此,2003年PKCS#1更新了版本2.1,以降低遭到Manager攻击(管理员攻击)的可能性。2012年PKCS#1再次进行了更新,即版本2.2,但这次更新对SSL/TLS的安全性没有影响。与Manager攻击类似,2003年,三位捷克密码学家VlastimilKl′ıma、Ondrej Pokorny′和Toma′sRosa发现了Bleichenbacher攻击的一个变体,对SSL/TLS协议执行过程中发送的警告消息的明文长度不正确或包括不正确的版本号的情况加以利用。过去的十年中,还研究和提出了一些与Bleichenbacher攻击相关的侧信道攻击。其中一些攻击甚至可以对网络服务器进行远程攻击,如文献[25, 26]①。即使到现在,如何应用公钥加密并保护这些应用不受侧信道攻击仍然是不过时且有实际意义的话题,但内容并不简单直接。

除了Bleichenbacher攻击及其优化、变体和扩展,一些研究者还发现了其他块密码在CBC模式下运行的安全问题(多数是细节性的)。最重要的是,SergeVaudenay在2002年发布了一篇论文,解释了CBC填充引入CCA可以利用的侧信道的机

---

① 文献[25]利用的漏洞的文档为CVE-2003-0147。

制[27]。这篇论文中并没有给出可行的攻击方式。但仅在一年之后 Vaudenay 等人就发布了一篇后续的论文,指出 CBC 填充问题可以转化为一种可行的攻击[28],这种攻击称为 Vaudenay 攻击,附件 B.2 中对这一攻击进行了详细的说明。正式发布的 TLS1.0 中公开了这一攻击,而 SSL3.0 对其没有内置的防御措施。在 Vaudenay 的论文发布之后,TLS1.1 才增加了这类防御措施。2004 年,GregoryBard 发现并发布了另一个影响块密码在 CBC 模式下运行安全性的漏洞。这个漏洞从某种角度上来看更加严重,因为其可以被分块选择明文攻击利用(CPA)[29]。注意,实施 CPA 攻击一般来说比实施 CCA 攻击简单得多,尤其是在使用公钥加密时,由于攻击方可以获得公钥,进一步降低了实施 CPA 的难度。由于这两个漏洞是在 TLS1.1 中修复的,因此其详细描述放在第 3 章。

这里只讨论一个可被一种非常有效的 Vaudenay 攻击的变体利用的 SSL 协议细节。TLS 使用了 PKCS#7 填充,而 SSL 使用的填充方案则简单得多。PKCS#7 以一个字节表示填充长度(PL),并重复这一字节进行填充。SSL 则仅以最后一个字节代表填充长度,其他填充字节都是随机字节(RB),因此不能用于检验认证和完整性(填充不是 MAC 的一部分也是原因之一)。这意味着 SSL 的填充是不确定的,这降低了填充提示攻击的难度。

图 2.26 给出了两种填充方案。注意,图中所有 PL 字节的值都是相同的,所有 RB 字节的值都可以是任意且不同的。正如 BodoMoller、ThaiDuong 和 KrzysztofKotowicz 指出的那样,SSL 填充格式非常容易遭到一种填充提示攻击,即 POODLE 攻击①。CVE-2014-356 中记录了 POODLE 利用的 SSL 填充格式的漏洞,CVE-2014-8730 中记录了一个相关的 F5 网络实现错误。POODLE 攻击的破坏力极大,致使 SSL 走到了终点,这也是为什么在本章而不是下一章中讨论 SSL。现在,通常建议禁用且不再支持所有版本的 SSL[30],这样还可以防止所有的协议降级攻击。

| Plaintext message (to encrypt) | PL | PL | PL | PL | PL | PL | PL | PL |

TLS padding (PKCS #7)

| Plaintext message (to encrypt) | RB | RB | RB | RB | RB | RB | RB | PL |

SSL padding

图 2.26 TLS 和 SSL 填充方式

为了说明 POODLE 攻击,假设攻击方截取到一个在 CBC 模式下使用块密码加密的密文块序列 $C_1,\cdots,C_n$,其块长度为 k,初始向量为 C_0。为了简单起见,假设整个填充块的最后一个字节 C_n,即 $C_n[k-1]$ 的值为 $k-1$,其他字节 $C_n[0], C_n[1], \cdots, C_n[k-2]$ 的值为随机值。对应于图 2.26,即 PL 的值为 $k-1$,所有的 RB 值为任意值。此外,攻击方以密文块 C_i 为攻击目标,这一密文块中可能包括一个承载令牌,如 HTTPcookie、

---

① https://www.openssl.org/~bodo/ssl-poodle.pdf.

HTTP认证头或其他类似内容。而攻击方的目标则是解密并利用C_i中携带的信息。

一般情况下,接收方使用K和C_0解密密文块$C_1,\cdots,C_n$,得到对应的明文块。在CBC模式下,对密文块C_i($i=1,\cdots,n$)进行解密的表达式为

$$P_i = D_K(C_i) \oplus C_{i-1} \tag{2.1}$$

在解密了整个密文块序列后,接收方校验并删除最后一个块中的填充内容,最后验证MAC。如果上述过程进行顺利,明文块将传输至对应的应用进程进行后续处理。

如果攻击方将密文块C_n替换为C_i,替换后的序列如下所示(使用下划线标示出替换后重复出现的C_i)

$$C_1, C_2, \cdots, C_{i-1}, \underline{C_i}, C_{i+1}, \cdots, C_{n-1}, \underline{C_i}$$

当接收方解密上述序列时,会在序列最后的C_i处出现问题。根据式(2.1),这一个块被解密为$P_i = D_K(C_i) \oplus C_{n-1}$。接收方对填充进行校验的标准是$P_i$(即$P_i[k-1]$)的值是否为$k-1$。由于所有值的出现概率相同,因此通过校验的概率为1/256,即绝大部分情况(255/256的概率)下,$P_i[k-1]$的值不等于$k-1$,从而认为块的填充不正确。在这种情况下,MAC的提取位置不正确,因此后面的MAC验证步骤也很可能失败。通过观测对应的警告消息或行为时序,可以检测到这一失败并在攻击中加以利用。

要实施这一攻击,攻击方必须破坏攻击对象的浏览器,并能够向目标站点发送任意构建的HTTPS(请求)消息。特别是,攻击方必须能够确保发送到目标站点的所有消息与整个填充块(C_n)的长度相同,将需要确定的第一个字节作为之前某个填充块(C_i)的最后一个字节。然后攻击方用C_i替换C_n,并通过修改后的SSL记录向目标站点发送替换后的密文块序列。按照上面描述的过程,服务器以255/256的概率拒绝该记录(因为其MAC无法通过验证)。但攻击方可以依次修改$C_i[k-1]$的值,直到其正确为止。在最坏的情况下,攻击方需要尝试256次,而平均来说只需要尝试256/2=128次。

最受关注的是攻击方在找到正确的$C_i[k-1]$值后能做什么。攻击方得到了正确的填充长度值$k-1$,因此可以得到

$$D_K(C_i)[k-1] \oplus C_{n-1}[k-1] = k-1$$

由于式(2.1)也适用于比特级的计算,即$P_i[k-1]=D_K(C_i)[k-1] \oplus C_{i-1}[k-1]$,将$D_K(C_i)[k-1]$替换为$P_i[k-1] \oplus C_{i-1}[k-1]$(即其实际代表的含义),可以得到

$$P_i[k-1] \oplus C_{i-1}[k-1] \oplus C_{n-1}[k-1] = k-1$$

由此可以得到

$$P_i[k-1] = k-1 \oplus C_{i-1}[k-1] \oplus C_{n-1}[k-1]$$

这样攻击方就可以计算出$P_i[k-1]$的值,即攻击方求得了一个未知字节的值。据此,攻击方就可以通过修改HTTPS(请求)消息的组成部分的长度等方式得到$P_i[k-2]$的值。在确定每个字节的值时,攻击方仅需要向目标站点发送128(平均值)

或256(最大值)个消息,其攻击效率非常高。因此,在SSL中不应当继续使用CBC模式的块密码。

作为CBC模式块密码的替代,可以使用RC4等流密码。事实上,经常建议使用RC4以缓解已公布的所有针对SSL的攻击,但RC4有自己的安全问题[31-33]①。例如,RC4生成的密钥流的前256个字节存在偏差:第二个字节值为零的概率更高,其概率为应有值的两倍(即为1/128,而不是1/256);在双字节和多字节的取值上也有类似的偏差。为了利用这些统计上的漏洞,攻击方必须获得用许多不同密钥加密的同一明文消息。对于SSL/TLS,这意味着需要同时攻击多个连接。事实上,实现这一点需要向服务器发送数百万条消息,占用大量的带宽和大量的时间。这个代价不小,因此这一攻击的耗费巨大,攻击本身可能仅有学术研究价值,但攻击总是会变得更强,最近的结果显示RC4的这一漏洞很有可能被实际利用[33],但其利用方式不是实时的。2013年11月,独立安全研究员雅各布·阿佩尔鲍姆(Jacob Appelbaum)声称,美国国家安全局可以实时破解RC4。如果这是真的,那么RC4中就存在着比前述统计漏洞严重得多的其他漏洞。由于Appelbaum的声明,许多人已经在首选的密码套件中禁用了RC4,软件供应商(如Microsoft②)和标准化机构(如IETF[34]和NIST[35])也提出了类似建议。

最近一组研究人员发现,填充提示攻击(Bleichenbacher或Vaudenay类攻击)也可以针对符合PKCS#11的加密设备(及其密钥导入功能),并且攻击效率惊人。这一发现给在加密设备中广泛使用的硬件令牌的安全性蒙上了一层阴影[36,37]。至此,填充提示攻击的密码分析能力得到了广泛的认可,设计并提出能够抵抗这类攻击的实现成为了研发的一个重要目标。

由于POODLE攻击和RC4的(已知)漏洞,现在通常建议完全禁用SSL 3.0[30]。如果不能完全禁用,则至少应该确保任何协议降级需要经过客户端的许可。这里需要引入术语TLS_FALLBACK_SCSV,其中SCSV代表信令密码套件值,因此SCSV实际上是指"虚拟密码套件",可以包含在支持的密码套件列表中,以允许客户端向服务器发送某些信息③。在TLS_FALLBACK_SCSV中,这些信息是指客户端故意在较低的协议版本上重复进行SSL/TLS连接尝试(因为上一次尝试由于某种原因失败)。这时就由服务器决定版本回退是否恰当及可接受。否则(即版本回退不合适)服务器必须中止连接,并报告一个致命错误。IETF TLS WG正在制定用于防止

---

① 不久前,有研究表明有线等效保密(WEP)协议中使用的RC4是不安全的。这种安全风险虽然存在于WEP,但并不存在于SSL/TLS。事实上,RC4应用于WEP时存在的漏洞在其应用到SSL/TLS时并不存在。

② http://blogs.technet.com/b/srd/archive/2013/11/12/security-advisory-2868725-recommendation-to-disable-rc4.aspx。

③ 注意,TLS_FALLBACK_SCSV不是唯一一个在该字段中使用的SCSV。另一个SCSV,TLS_EMPTY_RENEGOTIATION_INFO_SCSV的作用是允许客户端通知服务器端其支持安全的重协商,这一SCSV能够避免CVE-2009-3555中提到的漏洞。

协议降级攻击的 TLS FALLBACK SCSV 规范①,相关的内容总结可以参见文献[36]的第6章。

2.5 小　　结

本章详细介绍了SSL协议,这有助于更好地理解TLS协议,并可以大大简化TLS中对应的解释内容。SSL协议简单明了,尤其是在使用RSA或Diffie-Hellman密钥交换方法时(注意:由于因为提供了PFS,临时Diffie-Hellman是现在首选的密钥交换机制),只有一些细节方面存在争议,例如ChangeCipherSpec消息使用单独的消息类型等,这些细节将来也可能会发生改变。由于SSL简单明了的特点非常有利于确保协议的安全性,因此在推出的最初十年中没有发现存在严重漏洞。而在Bleichenbacher、Vaudenay和Bard的研究结果公布后,这一情况发生了变化,当一些利用研究发现的漏洞的攻击和攻击工具相继在世界各地的安全会议上公布时,SSL的安全性开始面临更多挑战。最重要的是,2014年公布的POODLE攻击使SSL协议的生命走到了终点。事实上,IETF在2015年6月就开始反对使用SSL 3.0[30],并从那时起建议用更新版本的TLS协议来替代SSL3.0。浏览器供应商慢慢地遵循了这个建议,在默认设置中禁用了SSL3.0。对于浏览器仍然支持SSL3.0的情况,一般都可以在浏览器设置中将其禁用,具体方法取决于具体的浏览器,此处不做说明。

与任何其他安全技术一样,SSL协议有一些缺点和缺陷(其中一些也适用于TLS协议)。例如,如果数据流是在SSL协议下使用强密码加密的,则不可能对数据流进行内容屏蔽。这是因为内容屏蔽只能"看到"加密的数据,无法有效地从中找到恶意内容。为了实现内容屏蔽,需要临时解密数据流密,并在完成屏蔽之后对其重新加密。实现这一过程需要一个SSL代理(见第5.3节)。再一个问题是使用SSL协议时需要公钥证书。如前所述,支持SSL的Web服务器总是需要证书,并且必须按照能够利用证书的方式进行配置。此外,Web服务器也可以配置为要求客户端使用公钥证书对自己进行身份验证,这时客户端也必须具有公钥证书。由于Web服务器可能有多个客户端,向客户端提供证书的过程可能很复杂且缓慢,至少肯定比通常期望的要慢。通过代理服务器提供客户端证书也不能简化这一过程,因为客户端证书虽然提供的是端到端认证,但其在传输过程中仍然需要进行验证。因此,SSL协议的设计者选择将客户端身份验证设置为可选。关于公钥证书和PKI还有很多需要讨论的内容,本书将在第6章中讨论这一主题。

---

① https://tools.ietf.org/html/draft-ietf-tls-downgrade-scsv-03.

参 考 文 献

[1] Freier, A., P. Karlton, and P. Kocher, "The Secure Sockets Layer (SSL) Protocol Version 3.0," Historic RFC 6101, August 2011.

[2] Khare, R., and S. Lawrence, "Upgrading to TLS Within HTTP/1.1," Standards TrackRFC 2817, May 2000.

[3] Rescorla, E., "HTTPOverTLS," Informational RFC 2818, May2000.

[4] Hoffman, P., "SMTP Service Extension for Secure SMTP over TLS," Standards Track RFC2487, January1999.

[5] Klensin, J., et al., "SMTP Service Extensions," Standards TrackRFC1869 (STD10), November1995.

[6] Kaliski, B., "PKCS #1: RSA Encryption Version 1.5," Informational RFC 2313, March 1998.

[7] Kaliski, B., and J. Staddon, "PKCS #1: RSA Cryptography Specifications Version 2.0," Informa- tional RFC 2437, October 1998.

[8] Jonsson, J., and B. Kaliski, "Public-Key Cryptography Standards (PKCS) #1: RSA Cryptography. Specifications Version 2.1," Informational Request for Comments 3447, February 2003.

[9] Canetti, R., and H. Krawczyk, "Analysis of Key-Exchange Protocols and Their Use for Build- ing Secure Channels," *Proceedings of EUROCRYPT '01*, Springer-Verlag, LNCS 2045, 2001, pp. 453 - 474.

[10] Krawczyk, H., "The Order of Encryption and Authentication for Protecting Communications (Or: How Secure is SSL?)," Proceedings of CRYPTO '01, Springer-Verlag, LNCS 2139, 2001, pp. 310 - 331.

[11] Mavrogiannopoulos, N., et al., "A Cross-Protocol Attack on the TLS Protocol," *Proceedings of the ACM Conference in Computer and Communications Security*, ACM Press, New York, NY, 2012, pp. 62 - 72.

[12] Beurdouch, B., et al., "A Messy State of the Union: Taming the Composite State Machines ofTLS," *Proceedings of the 36th IEEE Symposium on Security and Privacy*, San Jose', CA, May2015, pp. 535 - 552.

[13] Adrian, D., et al., "Imperfect Forward Secrecy: How Diffie-Hellman Fails in Practice," *Proceedings of the ACM Conference in Computer and Communications Security*, ACM Press, New York, NY, 2015, pp. 5 - 17.

[14] Krawczyk, H., M. Bellare, and R. Canetti, "HMAC: Keyed-Hashing for Message Authentication," Informa- tional RFC 2104, February 1997.

[15] Wagner, D., and B. Schneier, "Analysis of the SSL 3.0 Protocol," *Proceedings of the SecondUSENIX Workshop on Electronic Commerce*, USENIX Press, November 1996, pp. 29 - 40.

[16] Turner, S., and T. Polk, "Prohibiting Secure Sockets Layer (SSL) Version 2.0," Standards TrackRFC 6176, March 2011.

[17] Mitchell, J., V. Shmatikov, and U. Stern, "Finite-State Analysis of SSL 3.0," *Proceedings of theSeventh USENIX Security Symposium*, USENIX, 1998, pp. 201 - 216.

[18] Paulson, L.C., "Inductive Analysis of the Internet Protocol TLS," *ACM Transactions on Computer and System Security*, Vol. 2, No. 3, 1999, pp. 332 - 351.

[19] Bleichenbacher, D., "Chosen Ciphertext Attacks Against Protocols Based on the RSA Encryption Standard PKCS #1," *Proceedings of CRYPTO '98*, Springer-Verlag, LNCS 1462, August 1998, pp. 1 - 12.

[20] Rescorla, E., "Preventing the Million Message Attack on Cryptographic Message Syntax," Informational RFC 3218, January 2002.

[21] Bellare, M., and P. Rogaway, "Optimal Asymmetric Encryption," *Proceedings of EUROCRYPT '94*, Springer-Verlag, LNCS 950, 1994, pp. 92 - 111.

[22] Cramer, R., and V. Shoup, "A Practical Public Key Cryptosystem Provably Secure Against Adaptive Chosen Ci- phertext Attack," *Proceedings of CRYPTO '98*, Springer-Verlag, LNCS 1462, August 1998, pp. 13 - 25.

[23] Manger, J., "A Chosen Ciphertext Attack on RSA Optimal Asymmetric Encryption Padding(OAEP) as Standard-

[23] ized in PKCS#1 v2.0," *Proceedings of CRYPTO '01*, Springer-Verlag, August 2001, pp. 230 – 238.

[24] Kl'ıma, V., O. Pokorny', and T. Rosa, "Attacking RSA-Based Sessions in SSL/TLS," *Proceedings of Cryptographic Hardware and Embedded Systems (CHES)*, Springer-Verlag, September 2003, pp. 426 – 440.

[25] Boneh, D., and D. Brumley, "Remote Timing Attacks are Practical," *Proceedings of the 12th USENIX Security Symposium*, 2003, pp. 1 – 14.

[26] Aciic, mez, O., W. Schindler, and C.K. Koc, "Improving Brumley and Boneh Timing Attack on Unprotected SSL Implementations," *Proceedings of the 12th ACM Conference on Computer and Communications Security*, ACM Press, New York, NY, 2005, pp. 139 – 146.

[27] Vaudenay, S., "Security Flaws Induced by CBC Padding—Applications to SSL, IPSEC, WTLS…," *Proceedings of EUROCRYPT '02*, Amsterdam, the Netherlands, Springer-Verlag, LNCS 2332, 2002, pp. 534 – 545.

[28] Canvel, B., et al., "Password Interception in a SSL/TLS Channel," *Proceedings of CRYPTO '03*, Springer-Verlag, LNCS 2729, 2003, pp. 583 – 599.

[29] Bard, G.V., "Vulnerability of SSL to Chosen-Plaintext Attack," Cryptology ePrint Archive, Report 2004/111, 2004.

[30] Barnes, R., et al., "Deprecating Secure Sockets Layer Version 3.0," Standards Track RFC 7568, June 2015.

[31] AlFardan, N., et al., "On the Security of RC4 in TLS," *Proceedings of the 22nd USENIX Security Symposium*, USENIX, August 2013, pp. 305 – 320, http://www.isg.rhul.ac.uk/tls/RC4biases.pdf.

[32] Gupta, S., et al., "(Non-)Random Sequences from (Non-)Random Permutations—Analysis of RC4 Stream Cipher," *Journal of Cryptology*, Vol 27, 2014, pp. 67 – 108.

[33] Garman, C., K.G. Paterson, and T. van der Merwe, "Attacks Only Get Better: Password Recovery Attacks Against RC4 in TLS," *Proceedings of the 24th USENIX Security Symposium*, USENIX, August 2015.

[34] Popov, A., "Prohibiting RC4 Cipher Suites," Standards Track RFC 7465, February 2015.

[35] NIST Special Publication 800-52 Revision 1, "Guidelines for the Selection, Configuration, and Use of Transport Layer Security (TLS) Implementations," April 2014.

[36] Bortolozzo, M., et al., "Attacking and Fixing PKCS#11 Security Tokens," *Proceedings of the 17th ACM Conference on Computer and Communications Security*, ACM Press, 2010, pp. 260 – 269.

[37] Bardou, R., et al., "Efficient Padding Oracle Attacks on Cryptographic Hardware," Cryptology ePrint Archive, Report 2012/417, 2012.

[38] Ristic', I., *Bulletproof SSL and TLS: Understanding and Deploying SSL/TLS and PKI to Secure Servers and Web Applications*, Feisty Duck Limited, London, UK, 2014.

第3章 TLS协议

本章介绍、探讨并剖析了在本书标题中的第二个传输协议[①]——TLS协议。由于第2章已经详细介绍了SSL协议,本章侧重于介绍SSL协议和各版本TLS协议之间的区别(参见第1.2节,了解TLS协议从1.0版到1.3版的历史演变过程[1-4])。具体而言,第3.1节为本章简介,第3.2节到第3.5节重点阐述了各版本的TLS协议,第3.6节详细介绍了HTTP严格传输安全(HSTS)协议,第3.7节举例说明了TLS协议的执行方式,第3.8节分析了TLS协议的安全性并简要介绍了相关攻击,第3.9节为本章小结。由于TLS的扩展很多,并且针对TLS协议的攻击数量众多,因此本章篇幅较长。

3.1 简　　介

TLS协议是位于可靠传输层协议之上的一种客户端/服务器协议,例如在TCP/IP协议组中的TCP协议之上。与SSL协议相同,TLS协议也分为两层,唯一不同在于将各层协议名称中的前缀"SSL"替换成了"TLS"。

1) 位于下层的TLS记录协议通过分片、压缩(可选)和加密的方式保护上层协议数据,对应的数据结构被称为TLSPlaintext、TLSCompressed和TLSCiphertext。与SSL一样,这些数据结构都包括1字节的类型(type)字段、2字节的版本(version)字段、2字节的长度(length)字段和1个可变长度的(最长2^{14},即16,384字节)分片(fragment)字段。类型字段、版本字段和长度字段构成了TLS记录协议的头部,而分片字段则是TLS记录的载荷。

2) 在上层,TLS协议则包含四个与SSL协议中对应的协议,即:
(1) TLS改变密码标准协议(20);
(2) TLS警告协议(21);
(3) TLS握手协议(22);
(4) TLS应用数据协议(23)。

每个协议对应于唯一的内容类型值,即协议后括号中的值20、21、22和23。

---

① 如第1.2节所述,严格来讲,TLS协议不是运行在传输层,而是运行在介于传输层和应用层之间的中间层。

为了便于进行扩展,TLS记录协议中可以增加和支持其他记录类型。如第3.4.1节所述,心跳扩展就是利用新增的记录类型实现的,其内容类型值为24。内容类型对应于TLS记录头中类型字段的值,每个记录可以携带某个协议的任意条消息。

类似地,本章也使用TLS协议整体指代上述四个协议,特指一个(子)协议时则使用其对应的名称。

与SSL协议一样,TLS协议也使用会话和连接,多个连接可能对应一个会话。TLS协议也使用四个连接状态:即现态的读状态和写状态,以及次态的读状态和写状态。这些状态的使用方式与SSL协议相同,即在现态的读状态和写状态下处理所有TLS记录,在执行TLS握手协议期间协商和设置次态的安全参数和元素。因此图2.2所示的SSL状态机也适用于TLS协议。

TLS协议会话的状态元素与SSL协议会话中的基本相同(参见表2.2),因此不再复述。但是在连接方面,TLS协议与SSL协议略有不同:TLS协议区分了表3.1中列出的安全参数以及表3.2中列出的状态元素,而SSL协议则未作此区分,仅考虑了状态元素(参见表2.3)。综合表3.1所列的安全参数和表3.2所列的状态元素可以看到,SSL连接和TLS连接之间的差异是细微且不重要的。除了表3.1给出的安全参数外,TLS 1.2[3]①中又引入了PRF算法这一安全参数。

表3.1 TLS连接的安全参数

连接端	指示实体在连接中是"客户端"或是"服务器端"
批量加密算法	用于批量数据加密的算法(包括密钥长度、密钥保密强度、是块加密还是流加密、块密码的加密块长度)
MAC算法	用于消息认证的算法
压缩算法	用于数据压缩的算法
主密钥	48字节机密数据,客户端与服务器端共同使用
客户随机数	32字节随机值,由客户端生成
服务器随机数	32字节随机值,由服务器端生成

表3.2 TLS连接状态元素

压缩状态	压缩算法当前状态
密码状态	加密算法当前状态
MAC密钥	当前连接的MAC密钥
序列号	64字节,在特定连接状态下传输的记录的序列号(初始值为0)

---

① 由于TLS1.2协议中使用的PRF与先前版本中的不同,因此协议中进行了描述。

SSL协议与TLS协议的主要区别在于密钥材料的实际生成方式。在第2.1节已经介绍了,SSL协议使用自主且类似手动的方式生成主密钥和密钥块(可从其中获取密钥材料)。TLS1.0协议使用了另一种方式,通常称为TLSPRF。下面将首先介绍TLSPRF,然后详细探究TLS协议生成密钥材料的过程。TLS协议的1.0版和1.1版中使用的TLSPRF与1.2版和1.3版所用TLSPRF存在细微差异。下面将先介绍1.0版和1.1版中使用的TLSPRF,1.2版和1.3版使用的TLSPRF在第3.4节中再行详述。

3.1.1 TLS PRF

图3.1是TLSPRF的概览。TLSPRF的输入是机密数据、种子和标签(标签有时也称为"身份标签"),输出一个任意长度的位序列。为了尽可能确保安全性,TLSPRF结合使用两个加密哈希函数MD5和SHA-1,因此只要有一个底层哈希函数的安全性得到保证,就可以确保生成的PRF的安全性。这种思路经常用在加密当中。TLS协议1.0版和1.1版中使用了MD5和SHA-1函数,1.2版和1.3版中则是使用了据称更强的加密哈希函数SHA-256。

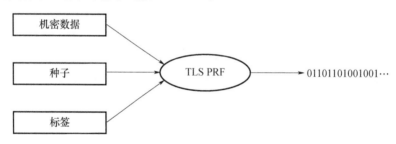

图3.1 TLS PRF概览

TLS PRF使用了一个辅助数据扩展函数P_hash(secret,seed)。该函数使用一个加密哈希函数hash(在TLS1.0版和1.1版中为MD5或SHA-1函数,在TLS1.2版和1.3版中为SHA-256函数)对机密数据和种子进行扩展,输出任意长度的值。具体而言,数据扩展函数定义如下:

$$P\_hash(secret, seed) = HMAC\_hash(secret, A(1) + seed) + \\ HMAC\_hash(secret, A(2) + seed) + \\ HMAC\_hash(secret, A(3) + seed) + $$

式中:"+"为字符串连接运算符;A为一个递归函数,其定义为

$$A(0) = seed$$
$$A(i) = HMAC\_hash(secret, A(i-1))$$

式中:$i>0$,函数构造如图3.2所示。

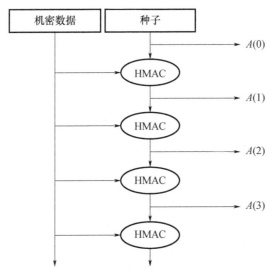

图 3.2　TLS PRF 的 A 函数

可以根据输出位数的要求重复调用 P_hash(secret, seed) 函数。可以看出，P_hash(secret,seed) 函数是 TLSPRF 的主要组件。

如图 3.3 所示，TLS1.0 和 TLS1.1 中的 TLSPRF 的机密数据被分为两段，即左半段的 S_1 和右半段的 S_2[①]。将 S_1 以及串联的标签和种子输入 P_MD5，同时将 S_2 以及串联的标签和种子输入 P_SHA-1，对两个输出值逐位进行异或（XOR）运算。上述构造方式可以表示为

PRF(secret, label, seed) =
　　P_MD5(S_1, label + seed) XOR P_SHA−1(S_2, label + seed)

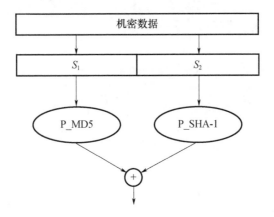

图 3.3　TLS 1.0 和 TLS1.1 中 TLSPRF 的内部结构

---

① 如果机密数据的字节数量是奇数，则重复 S_1 的最后一个字节，并将其作为 S_2 的第一个字节，即 S_1 和 S_2 共享一个字节。

由于MD5函数的输出值为16字节,SHA-1函数的输出值为20字节,因此P_MD5和P_SHA-1的迭代边界不一致,导致其迭代次数也不相同。例如,为了得到80个字节的输出,需要5次调用P_MD5函数,而只需要4次调用P_SHA-1函数,随后对相应两个函数的输出值进行逐位的XOR计算。

如前文所述(第3.4节中将进行深入介绍),TLS1.2和TLS1.3的TLSPRF使用了相同的扩展函数P_hash(secret, seed),但是只使用了一个哈希函数SHA-256,因此其构造更加简单和直接。不过这两种构造都是高效的,即便在需要生成的位序列较长时也能提供很好的性能。

3.1.2 密钥材料的生成

TLSPRF的主要用途是生成TLS连接需要的密钥材料。首先,通过密钥交换算法生成长度可变的预主密钥,然后使用预主密钥生成48字节的主密钥。生成主密钥时还使用了部分TLS会话状态,因此主密钥表示了部分TLS连接状态。主密钥的构造如下[①]:

master_secret =
  PRF(pre_master_secret, "master secret",
    client_random + server_random)

参见图3.1,pre_master_secret作为机密数据,串联的client_random值和server_random值作为种子,字符串"mastersecret"作为标签。请注意,client_random与表3.1中的clientrandom的值是相同的。TLS协议规范中带有下划线的术语和对应的不带下划线的术语可以视为同义词,使用时可以互换。同样参见表3.1,主密钥、服务器和客户端的随机值都是TLS连接状态的一部分。

48字节的主密码被用作熵源,以生成TLS连接所需的各种密钥。密钥提取自大小合适的密钥块,其构造如下:

key_block =
  PRF(master_secret, "key expansion",
    server_random + client_random)

式中:以master_secret作为机密数据,以串联的两个随机值server_random和client_random作为种子(请注意,与主密钥的构造相比,种子中两个随机值的顺序相反),字符串"keyexpansion"作为标签。生成的密钥块可以被划分为大小合适的块,用作以下值:

  client_write_MAC_secret
  server_write_MAC_secret

[①] 第3.4.1.19节将介绍一种用于防御三重握手攻击的生成主密钥的新方法。为了便于区分,这种新方法中使用的主密钥被称为扩展主密钥。

client_write_key

server_write_key

client_write_IV

server_write_IV

密钥块中多余的材料都会被自动丢弃。例如，对于使用CBC模式3DES加密算法和SHA-1加密算法的密码套件，两个3DES密钥的长度为$2 \cdot 192 = 384$位，两个IV(初始向量)的长度为$2 \cdot 64 = 128$位，两个MAC密钥的长度为$2 \cdot 160 = 320$字节，总共需要832位(或104字节)。因此不同的密码套件对密钥块的长度有不同的要求。

在美国还在实行出口管制的时期，人们习惯调用限制长度的出口级密码。在这种情况下，两个写密钥，即client_write_key和server_write_key，被用于生成两个最终写密钥，即final_client_write_key和final_server_write_key。若无特殊说明，其构造方式均为

final_client_write_key =
    PRF(client_write_key, "client write key",
        server_random + client_random)

final_server_write_key =
    PRF(server_write_key, "server write key",
        client_random + server_random)

另外，如果使用出口级块密码，则仅根据TLS握手协议的hello消息中的随机值生成IV，而不需要考虑机密数据。这里生成IV块时不需要使用client_write_IV和server_write_IV值，其构造为

iv_block =
    PRF("", "IV block", client_random + server_random)

式中：机密数据为空，标签使用字符串"IV block"。生成的IV块被划分为两个大小适当部分，作为client_write_IV和server_write_IV。由于出现了FREAK和Logjam等密钥交换降级攻击(参见第3.8.4节)，出口级密码已经不再使用，所以"如何生成出口级块密码的密钥材料"这一主题也不再重要。因此这里仅针对TLS1.0版协议规范[1]说明了如何基于RC2算法生成40位密钥的密钥材料，作为出口级块密码的例子。

有些基于TLS(或DTLS)的应用程序自身需要使用密钥材料，因此需要通过某种机制从TLS(或DTLS)导入密钥材料，并且安全地协商导出密钥材料(EKM)的使用环境。标准跟踪RFC 5705[5]描述了这种机制和相应的密钥材料导出器。这里不赘述细节，仅提请读者注意EKM的构造概念与密钥块类似，其使用的TLSPRF也相同。

除了TLSPRF和密钥材料的生成之外，各版本的TLS协议和SSL协议还存在很多区别。第3.2节至3.5节将概述、探讨并剖析TLS协议的四个现行版本和SSL协

议之间的区别,就区别之处提供一些背景信息,并分析造成协议设计区别的原因。

3.2 TLS 1.0

如前文所述,TLS 1.0非常接近SSL3.0并且对其后向兼容,因此可将TLS1.0版视为SSL3.1。每个TLS记录中的版本字段值(即0x0301)也体现了这一点。实际上,这一字段值包含了0x03和0x01两个字节,前一个字节代表主版本号3,后一个字节代表次级版本号1,表明TLS1.0在概念上等同于SSL3.1。

除了版本号以外,TLS1.0和SSL3.0之间还有一些其他的区别。如前所述,两种协议使用了不同的PRF函数来生成主密钥和密钥材料,TLS协议区分了TLS连接的安全参数和状态元素,而SSL协议仅考虑状态元素等。除了这些明显的差异,两者之间还存在一些需要进一步解释的更为细微的差异,包括密码套件、证书管理、警告消息等,接下来的第3.2.1节至第3.2.4节将对此进行详细介绍。

3.2.1 密码套件

和SSL协议一样,TLS密码标准指的是用于认证和加密数据的一对算法,密码套件则是在密码标准的基础上增加了一个密钥交换算法。TLS1.0支持的密码套件与SSL3.0相同(参见表2.4),但TLS1.0不支持下面三种使用FORTEZZA的密码套件[①]

SSL_FORTEZZA_KEA_WITH_NULL_SHA
SSL_FORTEZZA_KEA_WITH_FORTEZZA_CBC_SHA
SSL_FORTEZZA_KEA_WITH_RC4_128_SHA

因此TLS1.0支持的密码套件为28个(31-3=28)。TLS协议中密码套件的名称前缀也由SSL改为了TLS,而SSL_DHE_RSA_WITH_3DES_EDE_CBC_SHA和TLS_DHE_RSA_WITH_3DES_EDE_CBC_SHA没有任何实质性的区别。但下面将提到,TLS在消息认证和加密方面有一些细微变化。而在密钥交换算法方面,除了不再支持FORTEZZA以外没有其他变化,因此不再赘述。

1. 消息认证

SSL协议使用的MAC构建方式(如第2.2.1节所述)在概念上与标准HMAC相似,但在具体细节上不尽相同。TLS1.0协议则采用了一种更契合HMAC构造的MAC构建方式。构建MAC时的输入参数包括MAC密钥K(根据数据发送方而定,可以是client_write_MAC_secret或server_write_MAC_secret),以及序列号(seq_num-

---

① TLS没有继续使用SSL_FORTEZZA_KEA_WITH_NULL_SHA的参考代码0x001C和SSL_FORTEZZA_KEA_WITH_FORTEZZA_CBC_SHA的参考代码0x001D,这可能是为了避免和SSL冲突。但TLS使用SSL中SSL_FORTEZZA_KEA_WITH_RC4_128_SHA的参考代码0x001E,表示TLS_KRB5_WITH_DES_CBC_SHA密码套件。

ber)和 *TLSCompressed* 中四个字段(类型、版本、长度和分片)的串联。序列号长度是8字节,类型、版本和长度字段的总长度是5个字节,因此在实际生成HMAC值之前,在分片字段的前面增加了13个字节①。具体构造方式为

$$HMAC_K(TLSCompressed) = \\ h(K\|opad\|h(K\|ipad\|seq\_number\|\underbrace{type\|version\|length\|fragment}_{TLSCompressed}$$

式中:h 代表所用的加密哈希函数(由TLS连接的MAC算法参数指定);*opad* 和 *ipad* 是常数(由HMAC标准指定,参见第2.2.1节)。如果将序列号和 *TLSCompressed* 中4个字段的串联与被认证的消息联系起来,可以明显看到的TLS的MAC构造与标准HMAC构造是一致的。唯一区别是包括了序列号,但序列号是隐含的,并且不属于 *TLSCompressed*。增加序列号的作用是针对各种重放攻击提供额外保护。

2. 数据加密

SSL3.0是在美国新的出口管制政策颁布之前制定的,因此其选用的密码是DES(用于块密码)和RC4(用于流密码)。1999年制定TLS1.0之时,美国出口管制的情况即将发生变化,因此TLS1.0选择使用更强的密码。鉴于当时高级加密标准(AES)尚未完成标准化②,3DES就是可供选择的最强密码。因此,TLS_DHE_DSS_WITH_3DES_EDE_CBC_SHA成为了TLS1.0中唯一一个强制使用的密码套件。该密码套件以临时迪菲-赫尔曼密钥交换协议(DHE)、基于数字签名算法(DSA)的认证和SHA-1哈希函数作为3DES的补充,安全性能相当高,在TLS1.0推出后的15年中都是如此。下文会讲到,其唯一问题是在CBC模式下容易遭受几种填充提示攻击。

当密码套件使用CBC模式的块密码时(如TLS_DHE_DSS_WITH_3DES_EDE_CBC_SHA),TLS1.0和SSL3.0之间就会有细微的区别:SSL3.0协议假定填充(使TLSCompressed结构中分片字段的明文长度为密码块长度的倍数)应该尽可能短,TLS1.0则没有这样的要求。实际上,TLS1.0允许在加密前填充更多的字节(最多255字节),这样消息发送方就可以隐藏消息的实际长度,从而针对简单的流量分析手段提供一些基本防护。不过请注意,现在已经不建议再使用CBC模式,因为已经有了更好的块密码加密模式。

除了将DES换为3DES,2005年还首次发布了作为补充的RFC 4132③,其中提

---

① 有一种名为Lucky13的填充提示攻击,针对的是在CBC模式下使用块密码的TLS协议,利用的就是TLS协议增加这13个字节的行为。本章结尾将再次讨论这个主题。

② 事实上,美国国家标准与技术研究所定义DES和3DES的下一代标准的竞赛仍在继续,标准化的结果要到明年才能发布。

③ 这一RFC文档是就TLS1.0发布的,因此在这里提及。但是请注意,目前有效的RFC5932是在TLS1.2之后发布的。

出了数个(TLS1.0可用的)包含Camellia块密码的密码套件①。2010年,标准跟踪RFC 5932[6]更新了RFC4132,对其密码套件进行了扩展,在SHA-1算法的基础上增加了SHA-256算法,密码套件的前半部分的哈希函数使用SHA-1算法,后半部分则使用SHA-256算法(其他组成相同)。表3.3汇总了各密码套件及其参考代码值。RFC5932仍然有效,可应用于所有版本的TLS协议,信息类RFC6367还补充介绍了包含Camellia块密码的新密码套件。使用Camellia算法的密码套件在日本以及欧洲部分地区运用甚广,但是在美国几乎没有使用。以目前了解的情况来看,除了必须使用非美国密码的情况,美国没有充分的理由或动机将使用AES的密码套件替换为使用Camellia算法的密码套件。同样,由于ARIA算法是韩国开发的,因此使用ARIA的密码套件也主要在韩国使用。

表3.3 TLS协议中基于Camellia算法的密码套件(来源:文献[6])

密码套件	参考代码值
TLS_RSA_WITH_CAMELLIA_128_CBC_SHA	{ 0x00,0x41 }
TLS_DH_DSS_WITH_CAMELLIA_128_CBC_SHA	{ 0x00,0x42 }
TLS_DH_RSA_WITH_CAMELLIA_128_CBC_SHA	{ 0x00,0x43 }
TLS_DHE_DSS_WITH_CAMELLIA_128_CBC_SHA	{ 0x00,0x44 }
TLS_DHE_RSA_WITH_CAMELLIA_128_CBC_SHA	{ 0x00,0x45 }
TLS_DH_anon_WITH_CAMELLIA_128_CBC_SHA	{ 0x00,0x46 }
TLS_RSA_WITH_CAMELLIA_256_CBC_SHA	{ 0x00,0x84 }
TLS_DH_DSS_WITH_CAMELLIA_256_CBC_SHA	{ 0x00,0x85 }
TLS_DH_RSA_WITH_CAMELLIA_256_CBC_SHA	{ 0x00,0x86 }
TLS_DHE_DSS_WITH_CAMELLIA_256_CBC_SHA	{ 0x00,0x87 }
TLS_DHE_RSA_WITH_CAMELLIA_256_CBC_SHA	{ 0x00,0x88 }
TLS_DH_anon_WITH_CAMELLIA_256_CBC_SHA	{ 0x00,0x89 }
TLS_RSA_WITH_CAMELLIA_128_CBC_SHA256	{ 0x00,0xBA }
TLS_DH_DSS_WITH_CAMELLIA_128_CBC_SHA256	{ 0x00,0xBB }
TLS_DH_RSA_WITH_CAMELLIA_128_CBC_SHA256	{ 0x00,0xBC }
TLS_DHE_DSS_WITH_CAMELLIA_128_CBC_SHA256	{ 0x00,0xBD }
TLS_DHE_RSA_WITH_CAMELLIA_128_CBC_SHA256	{ 0x00,0xBE }
TLS_DH_anon_WITH_CAMELLIA_128_CBC_SHA256	{ 0x00,0xBF }

---

① Camellia是由日本的三菱公司和NTT公司共同开发的一种128位块密码。其安全特性和AES相似,但结构类似于DES,也属于Feistel网络结构。注意,最近TLS可用块密码类型中又增加了一种由韩国开发的ARIA的块密码(参见第3.9节)。

续表

密码套件	参考代码值
TLS_RSA_WITH_CAMELLIA_256_CBC_SHA256	{ 0x00,0xC0 }
TLS_DH_DSS_WITH_CAMELLIA_256_CBC_SHA256	{ 0x00,0xC1 }
TLS_DH_RSA_WITH_CAMELLIA_256_CBC_SHA256	{ 0x00,0xC2 }
TLS_DHE_DSS_WITH_CAMELLIA_256_CBC_SHA256	{ 0x00,0xC3 }
TLS_DHE_RSA_WITH_CAMELLIA_256_CBC_SHA256	{ 0x00,0xC4 }
TLS_DH_anon_WITH_CAMELLIA_256_CBC_SHA256	{ 0x00,0xC5 }

3.2.2 证书管理

TLS 1.0和SSL3.0在证书管理方面有两个影响深远的根本性区别：

1) SSL 3.0要求证书链必须完整，即证书链必须包括验证所需的全部证书，尤其是根证书认证机构的证书。TLS1.0则相反，其证书链可以只包括能够追溯到受信任的证书认证机构(可以是受信任的证书认证中间机构)的证书。通过指定CA中间机构可以大大简化证书的验证和确认过程。

2) SSL 3.0支持的证书类型很多(参见第2.2.2节表2.5)，而TLS1.0仅支持其中前四种证书类型(参见表3.4)，即RSA(1)、DSA签名(2)、使用固定迪菲-赫尔曼密钥交换协议的RSA签名(3)和使用固定迪菲-赫尔曼密钥交换协议的DSA签名(4)，括号内的数字是证书类型对应的类型值。与SSL3.0相比，TLS1.0不再支持使用临时迪菲-赫尔曼密钥交换协议的RSA签名(5)、使用临时迪菲-赫尔曼密钥交换协议的DSA签名(6)以及FORTEZZA签名及密钥交换协议(20)。前两种证书类型(5和6)并非必要，因为用于生成(RSA或DSA)签名的证书也能用于签名临时迪菲-赫尔曼密钥；而由于FORTEZZA类型的密码套件已经从TLS1.0中完全移除，因此也不再需要最后一个证书类型(20)。

表3.4 TLS 1.0支持的证书类型

值	名称	描述
1	rsa_sign	RSA签名
2	dss_sign	DSA签名
3	rsa_fixed_dh	使用固定迪菲-赫尔曼密钥交换协议的RSA签名
4	dss_fixed_dh	使用固定迪菲-赫尔曼密钥交换协议的DSA签名

本章后面还将介绍，TLS1.0不支持的证书类型在TLS1.1中作为保留值被重新引入。因此TLS协议支持的证书类型与版本有关。

3.2.3 警告消息

TLS 1.0 使用的警告消息与 SSL3.0 稍有不同。表 3.5 和表 3.6 汇总了 TLS1.0 的 23 种警告类型,表 3.5 列出了相对于 SSL3.0 新增的警告类型,其他警告类型已在第 2 章中介绍过。除了新增的警告类型之外,警告代码为 41 的 no_certificate 或 no_certificate_RESERVED10 的警告类型已经废止并标记为保留[1],因此未在表 3.5 和 3.6 中列出。

表 3.5 TLS 警告消息(第 1 部分)

警告类型	代码	简要描述(仅对新增警告类型)
close_notify	0	
unexpected_message	10	
bad_record_mac	20	
decryption_failed	21	发送方通知接收方对(通过 TLSCiphertext 记录分片接收的)密文的解密无效。该消息的级别只能为"致命"
record_overflow	22	发送方通知接收方一条记录太长(即一条 TLSCiphertext 记录的长度超出 $2^{14}+2048$ 字节或者一条 TLSCompressed 记录的长度超出 $2^{14}+1024$ 字节)。该消息的级别只能为"致命",不应当出现在恰当的实现之间的通信过程中
decompression_failure	30	
handshake_failure	40	
bad_certificate	42	
unsupported_certificate	43	
certificate_revoked	44	
certificate_expired	45	
certificate_unknown	46	
illegal_parameter	47	
unknown_ca	48	发送方通知接收方已经接收到有效的证书链,但是由于无法找到 CA 证书或者与受信任的 CA 不匹配,因此至少有一项证书无法被接受。该消息的级别只能为"致命"
access_denied	49	发送方通知接收方已经接收到有效证书,但是当执行访问控制时,发送方决定不继续协商。该消息的级别只能为"致命"

---

[1] 对于废止的警告消息类型,会在其名称后面加上 RESERVED 作为标识。

表 3.6　TLS 警告消息(第 2 部分)

警告类型	代码	简要描述(仅对新增警告类型)
decode_error	50	发送方通知接收方,由于某些字段的值超出了指定范围或消息长度不正确,因此消息无法解码。该消息的级别只能为"致命"
decrypt_error	51	发送方通知接收方握手加密操作失败,包括无法验证签名、无法解密密钥交换或无法确认已传输完毕的消息
export_restriction	60	发送方通知接收方检测到不符合出口限制的协商。该消息的级别只能为"致命"
protocol_version	70	发送方通知接收方,已识别客户端尝试协商的协议版本但不支持该版本协议(例如,出于安全原因避免使用旧版本的协议)。该消息的级别只能为"致命"
insufficient_security	71	因服务器要求的密码强度高于客户端支持的密码导致协商失败时,取代 handshake_failure 消息返回。该消息的级别只能为"致命"
internal_error	80	发送方通知接收方,由于一个与对端和协议正确性无关的内部错误而无法继续执行。该消息的级别只能为"致命"
user_canceled	90	发送方通知接收方,当前握手由于与协议错误无关的原因被取消。如果在握手完成后用户需要取消操作,则应发送一个 close_notify 消息来关闭连接。本条警告消息之后应该跟随一个 close_notify 消息。该消息的级别一般为"警告"
no_renegotiation	100	发送方通知接收方不可进行重协商。该消息的级别只能为"致命"

3.2.4　其他区别

第 2.2.2 节已经介绍了 SSL3.0 的 CertificateVerify 和 Finished 消息,TLS1.0 简化了这两种消息的结构,并在可能和适当的情况下使其与 TLSPRF 结构保持一致。

1) CertificateVerify 消息的消息体中包括一个用于当前已交换完毕的握手消息序列的数字签名,签名密钥与客户证书中的公共密钥相对应。

2) Finished 消息的消息体包括 12 个字节(96 位),其构建方式与 TLSPRF 类似。参见图 3.1,连接的主密钥(即 master_secret)作为机密数据,所有握手消息[①]串联的 MD5 哈希值以及 SHA-1 哈希值的模 2 和(即 MD5(handshake_messages)+SHA-1 (handshake_messages))作为种子,字符串 finished_label 作为标签。如果消息发送方为客户端,则标签为"clientfinished",如果是服务器端则标签为"serverfinished"。Finished 消息的构建方式为

　　PRF(master_secret, finished_label,

　　　　MD5(handshake_messages) +

[①] 注意,串联中不包括所有 HelloRequest 消息;另外串联中只包括握手消息,不包括记录头。

SHA-1(handshake_messages))

TLS 1.0(及TLS1.1)都采用上述结构,结合了MD5和SHA-1两个哈希函数,比使用单个哈希函数的安全性更强。计算得到的12个字节的值实际上是一个MAC,即TLS协议规范中的verify_data。由于使用的标签不同,因此客户端和服务器端的verify_data是不相同的。

以上就是对TLS1.0和SSL3.0之间差异的阐述,下面将跟随TLS协议演进的进程,开始对TLS1.1进行介绍。

3.3　TLS 1.1

TLS 1.0协议规范正式发布于1999年。7年后,即2006年进行了版本更新,正式发布了TLS 1.1[2]。沿用SSL 3.0和TLS1.0中的表示法,TLS1.1的正式版本号为0x0302,其中0x03表示主版本3,0x02表示次级版本2。因此TLS1.1也可被视作SSL3.2。

由于一些攻击利用了TLS1.0在CBC模式下块密码的一些细节,因此TLS1.1主要从这些细节出发进行了调整,后面将进行详细描述。这里需要强调的是,TLS1.1还引入了一种定义参数和参数值的新方法。互联网号码分配局(IANA)[①]没有在协议描述过程中定义TLS参数和参数值,而是在单独列出的TLS参数条目中进行描述,具体条目包括证书类型、密码套件、内容类型、警告消息类型、握手类型等[②]。这样在需要增加或更改TLS参数时,就不需要再修改RFC文档中的协议描述内容,而只需要在相应条目中添加或修改参数,大大简化了协议规范的管理和更新工作。

RFC 2434(BCP26)[7]中记载了以下三种参数值分配策略:

(1)"标准操作"策略,互联网标准跟踪RFC中(得到IESG批准)的参数使用"标准操作"策略进行参数值分配。

(2)"规范要求"策略,对于记录在RFC文件或其他长期可获得的参考文献中,并且相关描述内容足以支持独立实现间的互操作性的参数,通过"规范要求"策略进行参数值分配。

(3)"私有用途"策略,对于使用"私有用途"策略的参数没有做出要求。实际上,IANA无需审查此类参数值分配方式,因为其通常与互操作性无关。

因此,可以通过"标准操作"、"规范要求"或"私有用途"三种策略来指定参数的取值。对于某些参数,IANA还将其取值划分为不同的分组,一个分组为基于"标准操作"策略分配的参数值,一个分组为基于"规范要求"策略分配的参数值,还有一个分组是基于"私有用途"策略分配的参数值。

---

①　互联网号码分配局负责在全球协调分配DNS根服务器、IP地址和其他互联网协议资源。

②　http://www.iana.org/assignments/tls-parameters.

下面将详细介绍前文提到的TLS1.0和TLS1.1在密码细节方面的差异,并在此基础上深入研究并理解TLS1.1的更改。

3.3.1 密码细节差异

第2.4节提到,一些研究人员发现SSL/TLS的CBC加密的填充方式存在一些细节上的漏洞,并且遭到了攻击。对于SSL3.0来说,这类漏洞造成了POODLE攻击,并使SSL逐渐退出使用。对于TLS,Vaudenay于2002年公布了针对TLS的填充提示攻击[8],附录B.2对其进行了详细的介绍和说明(建议首先参阅附录B.2中的相关信息)。TLS协议中有以下两种警告消息,一是解密失败消息(即decryption_failed消息,代码值为21),二是MAC验证失败消息(即bad_record_mac,代码值为20)。针对TLS的填充攻击主要利用这两种消息,区分造成解密失败的是填充无效,还是填充有效且解密成功但MAC验证无效,这是填充提示攻击(也称为Vaudenay攻击)的核心原理。

Vaudenay攻击的基本过程是:攻击方将加密的记录发送给攻击目标,攻击目标会对每条记录进行响应,返回解密失败消息或者MAC验证失败消息,这相当于向攻击方提供了填充是否正确的提示。正如附录B.2指出的,填充提示攻击在理论上可行,但在实际中却不一定如此。例如,SSL/TLS中给出的警告消息是加密的,因此攻击方无法直接读取消息并得到填充提示。另外,在发生了错误并发送了相应的"致命"级别的警告消息后,SSL/TLS连接通常会提前中断,这也大大降低了攻击的可行性。但在某些情况下,Vaudenay攻击仍然存在实现的可能。2003年,Vaudenay等人在后续发布的论文中给出了对在SSL/TLS连接上传输的密码进行填充提示攻击的方法[9]。例如,对IMAP客户端使用SSL/TLS协议安全连接到IMAP服务器的情况,就可以实施密码提示攻击。该攻击巧妙地结合了以下三方面的思想:

首先,与因无效填充导致的协议提前终止相比,成功完成MAC验证所需的处理时间要长得多。因此即使不能获得相应的警告消息,也可以利用这一时序通道获得相应的信息。为了使时间差更为明显,攻击方可以将消息长度设为最大值。

其次,如果需要解密的机密数据(例如一个IMAP密码)始终出现在会话中的同一位置,那么一次攻击可以同时利用多个SSL/TLS会话。

最后,可以利用明文消息分布的先验知识发起字典攻击,以更加有效地确定低熵的机密数据。

相对于第一篇论文在理论方面的重要意义,Vaudenay等人的第二篇论文更具有实际意义,并且成为了新闻头条。正是由于媒体的施压,使TLS协议的设计者不得不采取了预防性的措施以修正上述漏洞、降低相应风险。事实上,TLS1.0因此进行了升级,以更好防御Vaudenay攻击。

容易想到,如果能使攻击方无法区分上述两种警告消息,就可以有效防御

Vaudenay 攻击。Bodo Möller 于 2003 年在 OpenSSL 邮件列表中提出了这类保护机制[1]，建议统一使用 bad_record_mac 警告消息，即不区分造成无法解密的原因是数据长度不是块长度的偶数倍，还是通过校验发现了填充错误，只要无法解密 TLSCiphertext 分片时就发送 bad_record_mac 警告消息进行响应。Vaudenay 等人则建议即使存在填充错误也要模拟进行 MAC 验证，使发出警告消息的时间固定，还可以给消息发送时间叠加随机延迟[9]。2006 年发布的 TLS1.1 规范考虑了这两种建议。实际上，decryption_failed 警告消息已被废止，TLS1.1 规范中也做出相应的调整，要求：

"无论填充是否正确，协议实现必须确保记录处理时间基本相同。通常而言，最好的方法是在填充不正确时也进行 MAC 计算，然后再拒绝数据包。例如，如果填充看起来不正确，协议实现可以假定填充长度为零并进行 MAC 计算。由于 MAC 计算的速度一定程度上取决于数据分片的大小，因此这种方式也会产生一个很小的时序通道。但这一时序通道相对于 MAC 块来说很小，因此不足以被利用。"

但在第 3.8 节中将看到，认为这一时序通道太小而无法实际利用的看法是错误的，最近的一些攻击（如 Lucky13 攻击）正是利用了这一时序通道。这再次证明：应对 Vaudenay 攻击的正确方法是使用 EtA 替代 AtE。而安全界已经从错误中汲取了教训，也正在调整应对此类攻击的方式（参见第 3.4.1 节）。

第 2.4 节提到了 CBC 加密的另一个安全问题，即 2004 年 Bard 发现的漏洞[10]。严格来说，这个漏洞源于 Phillip Rogaway[2] 之前在 IPsec 领域的一项发现，后来 Wei Dai 和 Möller 又将其应用于 TLS 协议。

从理论上讲，CBC 要求为每个加密消息提供一个全新且不可预测的（因此是随机选择的）、长度为一个块的初始向量（IV）。但在 SSL3.0 和 TLS1.0 中，初始的 IV 是通过（伪）随机方式选定的，并且所有后续的 IV 都取自于前一个密文的最后一个块。利用这个链式结构的 IV，攻击方可以轻松预测用于加密后续消息的 IV。

能够推知 IV 后，攻击方就可以发起简单的选择明文区分攻击（指攻击方必须通过加密提示来区分两个明文块的加密方式）。更具体地说，攻击方可以选择两个明文块 P_0 和 P_1，猜测密文块 $C=C_1$ 是 P_0 还是 P_1 的加密结果，然后选择对应的明文块 P_b（$b=0$ 或 1）进行响应。由于 CBC 加密采用了 IV 链，因此 P_b 的加密使用了之前的已知块 C_0，而 C_1 将用于加密下一个明文块。攻击方可以假设 $P_b=P_0$，发起如图 3.4 所示的选择明文区分攻击。首先，使用提示（C_0）对明文块 P_0 进行加密，得到 $C_1=E_K(P_0 \oplus C_0)$。然后根据 C_1 对下一个明文块 $P_0 \oplus C_0 \oplus C_1$ 进行加密，得到 $C_2=E_K(P_0 \oplus C_0 \oplus C_1 \oplus C_1)=E_K(P_0 \oplus C_0)$。这意味着如果之前的假设 $P_b=P_0$ 正确，则得到的

---

[1] http://www.openssl.org/bodo/tls-cbc.txt.

[2] 手稿未出版，可在以下网址获得：http://web.cs.ucdavis.edu/rogaway/papers/draft-rogaway-ipsec-comments-00.txt.

C_1和C_2应当相同;反之,如果得到的C_1和C_2不同,则P_b必然不等于P_0,即$P_b=P_1$。因此通过使用提示对两个明文块进行加密,然后比较生成的密文块C_1和C_2,攻击方就可以区分块P_0和P_1的加密情况。这是一个有趣的发现,但不能直接用于发动实际的攻击。

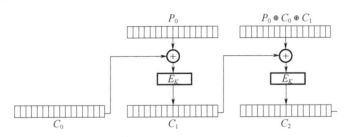

图3.4 选择明文区分攻击

Bard首先注意到这个可以用于选择明文区分攻击的漏洞(即IV链)。这一漏洞还可以用于逐块①选择明文攻击[11,12],使攻击方能够确认对特定明文块的数值的猜测,还允许攻击方确定低熵字符串的值,包括用户生成的密码或PIN等。IV链由于存在这些漏洞,已经严重违背了安全加密的要求。

假设攻击方获得了密文$C=C_1,C_2,\cdots,C_n$,其中可能包含多个记录。如果攻击方需要确认某个明文块$P_j(j>1)$是否具有特定的值P^*,就可以发起逐块选择明文攻击,获得一个加密提示。攻击方可以反复使用加密提示加密消息P',具体来说,攻击方可以构造一个初始块$P_1'=C_{j-1}\oplus C_l\oplus P^*$,其中:$C_{j-1}$是受攻击块之前的相邻密文块;$C_l$是传输$C_j$的记录之前的相邻记录中的最后一个密文块;$P^*$是攻击方的猜测(如前文所述)。

攻击方构建上面的消息后,使用加密提示对其进行加密。使用加密提示加密第一个块P_1'可以得到C_1',其计算过程为

$$\begin{aligned}C_1' &= E_k(P_1' + C_l) \\ &= E_k(C_{j-1}\oplus C_l\oplus P^*\oplus C_l) \\ &= E_k(C_{j-1}\oplus P^*) \\ &= E_k(P^*\oplus C_{j-1})\end{aligned}$$

如果比较等式$C_1'=E_K(P^*\oplus C_{j-1})$和CBC加密的通用等式$C_j=E_K(P_j\oplus C_{j-1})$,容易知道仅当$P_j=P^*$时$C_1'=C_j$成立。因此攻击方可以通过比较$C_1'$和$C_j$来验证其猜测的$P^*$值。如果$C_1'=C_j$,则$P^*$必然等于$P_j$;如果$C_1'$和$C_j$不相等,攻击方可以猜测另一个$P^*$值,直到找到正确的$P_j$值为止。在最简单的情况下,如果攻击方知道$P_j$只有两个可能的数值,则只需发起一次攻击便可确定其取值。一般而言,如果攻击方知道

---

① "常规"CPA将消息视为原子(即对于攻击方来说消息不可拆分);而在逐块CPA中,攻击方则能够在更长的加密消息中插入明文块。

P_j有n个可能值,那么平均需要进行$n/2$次攻击就能确定取值。为了发动这种攻击,攻击方必须知道哪个明文块j中包含了所需的信息。反过来,这意味着攻击方必须知道SSL/TLS中数据传输的确切格式,并且必须知道C_i和C_{j-1}。这通常很简单,因为这些密文是通过互联网传输的。从技术上讲,攻击中最具挑战性的是在待传输的下一条消息的第一个块中插入明文块。Bard在最初发表的文章中指出,这种插入明文块的操作可以通过浏览器恶意插件实现,并且论述了为什么这种做法比安装用户键盘记录恶意软件更加简单。除此之外,攻击还可以使用其他方法插入明文块。

由于Bard的论文,TLS1.1的设计者不得不用显式IV替换以前使用的隐式IV。显示IV不再是前一个相邻记录的最后一个密文块,而是对于每个使用块密码加密的TLS记录,都随机选择一个长度适当的IV,随对应的TLSCiphertext分片一起发送[1]。尽管Bard的论文使TLS协议修订了IV的使用方式,但却未能引起公众的注意。2011年9月,ThaiDuong和JulianoRizzo在Ekoparty安全会议上演示了一种名为"针对SSL/TLS浏览器漏洞"(BEAST)的工具,并利用该工具实时攻击了一个Paypal帐户[2],这立即改变了公众的看法。BEAST工具利用了命名为CVE-2011-3389的漏洞,其攻击理念与Bard提出的攻击类似,但是使用的是JavaScript(而不是Javaapplet)。BEAST工具引起了业界和媒体的极大关注,显示了这一漏洞的严重性和破坏力。实际上,在这之后通常建议不要使用SSL3.0和TLS1.0。(如第2.4节所述,由于后来出现的POODLE攻击,甚至有必要弃用SSL3.0。)

对于需要使用SSL3.0或TLS1.0的用户,可以采用一个名为"记录拆分"的成熟解决方案来防御BEAST攻击。这一解决方案的思路是把每个记录拆分成两个记录发送,第一个记录中包含小于一个密码块长度的明文。该方案最简单且运用最广泛的方式是,在第一个记录中发送第一个字节,在第二个记录中发送其余$n-1$个字节。因此这种记录拆分技术也被称为$1/(n-1)$记录拆分。

记录拆分技术可以避免第一条消息中包含整个块(因为第一个数据块通过两个记录发送)。现在的大多数浏览器都使用了($1/n-1$)记录拆分技术,因此BEAST攻击不再有效(仅在某些情况下对某些旧版本的浏览器有效)。但是提到BEAST仍然会引起对SSL/TLS的安全性的忧虑。

3.3.2 密码套件

上面提到的加密方面细节问题使TLS1.1规范[2]进行了许多修改。多数修改都起到了相应的作用,如使用显式IV(随对应的TLSCiphertext分片一同发送);但有

---

[1] TLSCiphertext分片包含经过认证和加密的数据。如果使用流密码加密,则意味着该分片包括加密的数据和MAC;如果使用块密码进行加密,则该分片包括加密的数据、MAC和填充,还包括以明文方式附加在加密数据之前的IV。

[2] Duong和Rizzo撰写了标题为"忍者降临"的文章,该文章未出版,但可以通过标题在网上搜索到。

一些并没有完全解决问题,如为了防御Vaudenay攻击而做出的改动并不能防止Lucky13攻击。对此,长期解决方案要么是不使用CBC模式的块密码,要么是用EtA代替AtE。无论哪种情况,都还有很长的路要走。

除了块密码运行方式的变化之外,密码套件方面也有细微的变化。首先,为实现向后兼容,TLS1.1仍然提供包含出口级密钥交换算法或密码在内的所有密码套件,但不对其进行协商。(第3.8.5节中将提到的FREAK和Logjam攻击已清楚表明,不应当继续支持出口级密码套件。)这适用于表2.4中用斜体字标明的所有密码套件(SSL_NULL_WITH_NULL_NULL除外)以及RFC 2712[13]中出口级的基于Kerberos的密码套件。RFC 2712[13]和RFC 3268[14]提出的所有其他基于Kerberos和AES的密码套件都已合并到TLS1.1中。表3.7~表3.9给出了TLS1.1支持的密码套件及对应的代码值。表3.3中基于Camellia的密码套件也可以用于TLS1.1。附录A完整列出了目前TLS支持的所有密码套件及其代码值。

表3.7 TLS 1.1标准密码套件

密码套件	值
TLS_NULL_WITH_NULL_NULL	{ 0x00,0x00 }
TLS_RSA_WITH_NULL_MD5	{ 0x00,0x01 }
TLS_RSA_WITH_NULL_SHA	{ 0x00,0x02 }
TLS_RSA_WITH_RC4_128_MD5	{ 0x00,0x04 }
TLS_RSA_WITH_RC4_128_SHA	{ 0x00,0x05 }
TLS_RSA_WITH_IDEA_CBC_SHA	{ 0x00,0x07 }
TLS_RSA_WITH_DES_CBC_SHA	{ 0x00,0x09 }
TLS_RSA_WITH_3DES_EDE_CBC_SHA	{ 0x00,0x0A }
TLS_DH_DSS_WITH_DES_CBC_SHA	{ 0x00,0x0C }
TLS_DH_DSS_WITH_3DES_EDE_CBC_SHA	{ 0x00,0x0D }
TLS_DH_RSA_WITH_DES_CBC_SHA	{ 0x00,0x0F }
TLS_DH_RSA_WITH_3DES_EDE_CBC_SHA	{ 0x00,0x10 }
TLS_DHE_DSS_WITH_DES_CBC_SHA	{ 0x00,0x12 }
TLS_DHE_DSS_WITH_3DES_EDE_CBC_SHA	{ 0x00,0x13 }
TLS_DHE_RSA_WITH_DES_CBC_SHA	{ 0x00,0x15 }
TLS_DHE_RSA_WITH_3DES_EDE_CBC_SHA	{ 0x00,0x16 }
TLS_DH_anon_WITH_RC4_128_MD5	{ 0x00,0x18 }
TLS_DH_anon_WITH_DES_CBC_SHA	{ 0x00,0x1A }
TLS_DH_anon_WITH_3DES_EDE_CBC_SHA	{ 0x00,0x1B }

表 3.8　TLS 1.1 基于 Kerberos 的密码套件

密码套件	值
TLS_KRB5_WITH_DES_CBC_SHA	{ 0x00,0x1E }
TLS_KRB5_WITH_3DES_EDE_CBC_SHA	{ 0x00,0x1F }
TLS_KRB5_WITH_RC4_128_SHA	{ 0x00,0x20 }
TLS_KRB5_WITH_IDEA_CBC_SHA	{ 0x00,0x21 }
TLS_KRB5_WITH_DES_CBC_MD5	{ 0x00,0x22 }
TLS_KRB5_WITH_3DES_EDE_CBC_MD5	{ 0x00,0x23 }
TLS_KRB5_WITH_RC4_128_MD5	{ 0x00,0x24 }
TLS_KRB5_WITH_IDEA_CBC_MD5	{ 0x00,0x25 }

表 3.9　TLS 1.1 基于 AES 的密码套件

密码套件	值
TLS_RSA_WITH_AES_128_CBC_SHA	{ 0x00,0x2F }
TLS_DH_DSS_WITH_AES_128_CBC_SHA	{ 0x00,0x30 }
TLS_DH_RSA_WITH_AES_128_CBC_SHA	{ 0x00,0x31 }
TLS_DHE_DSS_WITH_AES_128_CBC_SHA	{ 0x00,0x32 }
TLS_DHE_RSA_WITH_AES_128_CBC_SHA	{ 0x00,0x33 }
TLS_DH_anon_WITH_AES_128_CBC_SHA	{ 0x00,0x34 }
TLS_RSA_WITH_AES_256_CBC_SHA	{ 0x00,0x35 }
TLS_DH_DSS_WITH_AES_256_CBC_SHA	{ 0x00,0x36 }
TLS_DH_RSA_WITH_AES_256_CBC_SHA	{ 0x00,0x37 }
TLS_DHE_DSS_WITH_AES_256_CBC_SHA	{ 0x00,0x38 }
TLS_DHE_RSA_WITH_AES_256_CBC_SHA	{ 0x00,0x39 }
TLS_DH_anon_WITH_AES_256_CBC_SHA	{ 0x00,0x3A }

3.3.3　证书管理

正如前文所述，总结如表 3.10 所列，TLS 1.1 中重新引入了值为 5、6 和 20 的证书类型作为保留值(即不再使用)。除此之外，TLS1.1 的证书管理基本上与 TLS1.0 和 SSL3.0 相同。表 3.10 给出了 TLS1.1 协议中使用的证书类型。

表 3.10　TLS 1.1 证书类型

值	证书类型	描述
1	rsa_sign	RSA 签名及密码交换
2	dss_sign	仅 DSA 签名

续表

值	证书类型	描述
3	rsa_fixed_dh_dh	使用固定DH密钥交换协议的RSA签名
4	dss_fixed_dh_dh	使用固定DH密钥交换协议的DSA签名
5	rsa_ephemeral_dh_RESERVED	使用临时DH密钥交换协议的RSA签名
6	dss_ephemeral_dh_RESERVED	使用临时DH密钥交换协议的DSA签名
20	fortezza_dms_RESERVED	FORTEZZA签名及密码交换

3.3.4 警告信息

TLS 1.0除引入了新警告消息外,还废止了一类警告消息[即 no_certificate 或 no_certificate_RESERVED 消息(41)]。在此基础上,TLS1.1又废止了两类警告消息:export_restriction(60)和decryption_failed(21)。前者是因为TLS1.1不再支持出口级加密,后者则是因为本节前面讨论的原因,即 bad_record_mac 和 decryption_failed 之间的区别可被特定的填充提示攻击利用。

3.3.5 其他区别

TLS 1.1和TLS1.0之间还有几处区别。例如,TLS1.1中的会话在提前关闭之后还可以恢复,即使通信参与方在关闭TLS连接时没有完成close_notify警告消息交换,在一定条件下仍然可以恢复该连接。这可以简化TLS会话和连接的管理。

3.4 TLS 1.2

TLS 1.1协议的正式发布于2006年。此后的两年中,TLS的标准化活动继续在进行,并就TLS的演进方式提出了许多建议。2008年,TLS协议的下一个版本(即版本号为3,3的TLS1.2协议)准备就绪,并通过RFC 5246[3]正式发布。

TLS 1.2协议的最大变化是其扩展机制,允许在不更改协议本身的前提下增加新的功能。下面将首先详细讨论TLS协议的扩展机制,然后再深入研究TLS1.2和TLS1.1的另一个(次要)区别。在此之前,特别提醒TLS采用了与SSL不同的伪随机函数,TLS1.0和TLS1.1使用MD5函数和SHA-1函数,而自TLS1.2起就不再使用这两个函数,而是使用一个(认为更安全)的加密哈希函数。TLS1.2的伪随机函数非常简单,其构建方式为

$$PRF(secret, label, seed) = P\_hash(secret, label+seed)$$

加密哈希函数hash是密码套件的一部分。举例来说,使用SHA-256函数时P_hash表示P_SHA256。虽然TLS1.2使用的伪随机函数与TLS1.0和TLS1.1的不同,但其密钥材料的生成方式完全相同(参见第3.1.2节)。

3.4.1 TLS协议扩展

如前文所述，TLS1.2协议自带一套扩展机制和诸多扩展（有些扩展也可以在SSL/TLS协议的早期版本中使用）。更具体而言，TLS1.2协议规范提供了扩展的概念框架和一些设计原则，补充文档（标准跟踪RFC6066）[15]① 则定义了具体的扩展。

一般来说，TLS1.2在客户端和服务器的hello消息中指定扩展。扩展是向后兼容的，即使客户端和服务器端中有一方不支持扩展也可以进行通信。这意味着客户端可以通过扩展其ClientHello消息来调用TLS扩展。扩展ClientHello消息是在"普通"ClientHello消息的基础上增加了一个包含扩展列表的数据块。请注意，ClientHello消息中本来就允许增加信息，因此扩展ClientHello消息不会"破坏"任何现有的TLS服务器。即使TLS服务器不能正确理解扩展ClientHello消息中包含的所有扩展的含义，也可以接受该消息，并可以检测消息末尾的压缩方法后面是否还有数据，以判断是否为扩展ClientHello消息。这种检测方式不同于定义长度字段的常规方法，但是可以兼容未定义扩展的TLS协议版本。无论如何，如果服务器理解扩展内容，将返回一条扩展ServerHello消息，而不是"正常"的ServerHello消息。同样，扩展ServerHello消息包括了扩展列表。请注意，只有在响应扩展ClientHello消息时才会发送扩展ServerHello消息，以防止扩展ServerHello消息"破坏"现有TLS客户端。另请注意，扩展列表的长度没有上限，因此可能会出现客户端发送的扩展列表过长而使服务器端数据过多的情况。如果因此导致了问题，则服务器实现可以限制扩展ClientHello消息的最大长度，但目前尚未有此限制。

各种扩展的结构相同，由两个字段组成：一个2字节的类型字段和一个可变长度的数据字段（也可以是空字段）。例如，如果客户端希望首先通知服务器端支持安全重协商扩展，则会在ClientHello消息末尾增加5个附加字节0xFF、0x01、0x00、0x01和0x00。前两个字节0xFF和0x01指扩展类型（对应的二进制值为11111111 11111111 00000000 00000001，十进制值为 $15 \cdot 16^3 + 15 \cdot 16^2 + 1 = 65,281$），后两个字节0x00和0x01指扩展长度（对应的值为1），最后一个字节指扩展数据字段的长度（对应的值为0）。其他扩展项的编码方式与此类似，大多数情况下数据字段不为空。

正如3.3节末尾所述，互联网号码分配局（IANA）设置了许多关于TLS参数值的条目，其中一个包含了可用的TLS扩展类型。和其他类似条目一样，TLS参数值条目表是可移动并且可修改的。表3.11汇总了本书编写时有效的TLS 1.2中的

---

① 请注意，RFC 6066废止了RFC 4366，RFC 4366废止了RFC 3546。因此RFC 3546是最先引入TLS扩展概念的文件。

扩展类型和扩展值,如表中最后一列所示,前6项由RFC 6066[15]定义,其他则在不同的RFC文档中定义。请注意,RFC 6066[15]还引入了一些新的TLS警告消息,如表3.12所列。同时,代码为110的unsupported_extension警告消息已成为了TLS1.2协议规范的一部分(其余警告消息尚未纳入TLS协议规范,不过将来有可能)。

表3.11 TLS 1.2扩展类型和扩展值

扩展类型	值	描述	参考文献
server_name	0	服务器名称指示扩展	[15]
max_fragment_length	1	最大分片长度协商扩展	[15]
client_certificate_url	2	客户端证书URL扩展	[15]
trusted_ca_keys	3	受信任的CA密钥扩展	[15]
truncated_hmac	4	截断HMAC扩展	[15]
status_request	5	证书状态查询扩展	[15]
user_mapping	6	用户映射扩展	[16]
client_authz	7	客户端授权扩展	[17]
server_authz	8	服务器端授权扩展	[17]
cert_type	9	证书类型扩展	[18]
elliptic_curves	10	椭圆曲线加密扩展	[19]
ec_point_formats	11	椭圆曲线加密扩展	[19]
srp	12	SRP协议扩展	[20]
supported_signature_algorithms	13	签名算法扩展	[3]
use_srtp	14	SRTP密钥建立扩展	[21]
heartbeat	15	心跳扩展	[22]
application_layer-protocol_negotiation	16	应用层协议协商扩展	[23]
status_request_v2	17	证书状态请求版本2扩展	[24]
signed_certificate_timestamp	18	证书透明扩展	[25]
client_certificate_type	19	原始公钥扩展	[26]
server_certificate_type	20	原始公钥扩展	[26]
encrypt_then_mac	22	使用EtA代替AtE	[27]
extended_master_secret	23	安全重协商(重访问)扩展	[28]
session_ticket	35	会话记录单扩展	[29]
renegotiation_info	65281	安全重协商扩展	[30]

表3.12　RFC 6066[15]新增的TLS警告消息

警告类型	代码	简要描述(若为新警告)
unsupported_extension	110	发送方(客户端)通知接收方(服务器),不支持扩展SERVERHELLO消息中的扩展。该消息的级别只能为"致命"
certificate_unobtainable	111	发送方(服务器)通知接收方(客户端),无法从CERTIFICATEURL消息提供的URL当中获取到证书(链)。该消息的级别可以为"致命"
unrecognized_name	112	发送方(服务器)通知接收方(客户端),无法识别服务器名扩展中指定的服务器。该消息的级别可以为"致命"
bad_certificate_status_response	113	发送方(客户端)通知接收方(服务器),收到了一条无效的证书状态响应。该消息的级别只能为"致命"
bad_certificate_hash_value	114	发送方(服务器)通知接收方(客户端),证书的哈希值不匹配客户端提供的数值。该消息的级别只能为"致命"

1. 服务器名称指示

虚拟主机常用于在同一台计算机上实现多个不同域名的服务器(如Web服务器),这些服务器可能共用一个IP地址。虚拟主机是当前服务器虚拟化发展趋势下的基本要求。以HTTP为例,经常在一台计算机或一个计算机集群上设置多个(虚拟)Web服务器。例如,当用户将其浏览器定向到www.esecurity.ch时,域名系统(DNS)查询会显示相应服务器运行在某个IP地址(如88.198.39.16)的计算机上。之后浏览器会发起一个指向该计算机80端口的TCP连接,客户端和服务器就可以使用HTTP协议通过这一连接进行通信了。具体而言,由于浏览器想要连接www.esecurity.ch,因此客户端会发送一条HTTP请求消息,以特殊的主机头指定Web服务器的DNS主机名(即Host:www.esecurity.ch)。如此一来,计算机便可区分指向不同Web服务器的HTTP请求。这种方式在HTTP中使用非常顺利。

而在调用SSL/TLS并使用HTTPS时则并非如此。这种情况下,必须首先建立SSL/TLS连接(通常指向端口443)才能调用HTTP,但在建立SSL/TLS连接时,无法区分同一台服务器计算机上的不同(虚拟)Web服务器。长期以来,这种情况下没有类似于HTTP主机头的机制,因此只能是支持SSL/TLS的Web服务器指定单独的IP地址。但这一方式不够灵活,为此又定义了一个名为服务器名称指示(SNI)的TLS服务器名称扩展,其概念类似于HTTP主机头。

通过SNI,客户端可以在ClientHello消息中发送类型为server_name(值0)的扩展,告知计算机其需要连接的Web服务器的(完全限定)DNS主机名。这样就可以在一台服务器计算机上使用一个IP地址实现多个支持SSL/TLS的Web服务器。这对TLS协议的大规模部署非常重要。但是,SNI出现的时间较晚,因此较早的产品不提供支持,并且也不是所有支持SSL/TLS的网站都支持虚拟主机。最近,甚至有证据表明虚拟主机引入了一些新的安全问题,而如何正确地配置支持 SNI 的虚拟主机也是一件极为复杂的事情。①

2. 最大分片长度协商

第 2.2 节指出 SSL 记录的最大分片长度为 2^{14} 字节,这一点也适用于 TLS 协议。许多情况下都可以将分片的长度设为最大值,但有时客户端会受到限制而需要采用较短的分片。另外,受带宽限制也可能会使用较短的分片。为此,TLS1.2 定义了扩展类型 max_fragment_length(值为 1)。客户端可以通过这一扩展与服务器协商缩短分片的长度限制值。客户端在该扩展的数据字段中发送拟采用的最大分片长度,支持的长度值有 1(代表 29 字节)、2(代表 210 字节)、3(代表 211 字节)和 4(代表 212 字节)。协商后的长度限制适用于当前 TLS 会话,包括会话恢复,因此这一长度限制不是动态的,不能即时更改。

3. 客户端证书 URL

在发送给服务器端的 Certificate 消息中,相对于包含完整的客户端证书(或者证书链)来说,有时只包含客户端证书 URL(告知服务器可获取证书的地址)可能更为有利。这种方式的计算代价更小,占用的存储空间也更少。如果客户端想要使用客户端证书 URL 机制,则可以在发送给服务器端的 ClientHello 消息中附加类型为 client_certificate_url(值 2)的扩展。如果服务器支持该机制,则在返回的 ServerHello 消息中增加相同的扩展项。这样客户端和服务器可以在随后的握手中使用客户端证书 URL 机制。这一机制是可选的,即客户端既可以向服务器发送 Certificate 消息(类型 11),也可以发送 CertificateURL 消息(类型 21)。CertificateURL 消息是[15]新引入的两种消息类型之一,另一种是 CertificateStatus 消息,将在后文中详细介绍。

从安全角度来看,客户端证书 URL 机制存在问题。如果不采用其他配套措施,攻击方可以利用客户端证书 URL 机制将服务器定向到恶意网站,利用偷渡方式使其感染病毒。因此使用客户端证书 URL 机制时必须考虑到这个问题。实际上,强烈建议服务器端在使用该扩展之前,执行和设置一些补充性的保护机制,如数据内容检查等。任何情况下都不要默认使用客户端证书 URL 扩展。

4. 受信任的 CA 密钥

"常规"的 SSL/TLS 握手当中,服务器端在 Certificate 消息中提供证书(链)时,无法预先知道客户端接受的根 CA 证书。因此,可能出现客户端不接受证书而必须再次(多次)进行握手的情况。这一方式的效率不高,尤其是在客户端由于内存限制等原因仅配置了几个根 CA 证书的情况下。为此,TLS1.2 定义了类型为 trusted_ca_keys(值 3)的扩展,使用这一扩展可通过 ClientHello 消息将客户端接受的根 CA 证书(根 CA 包括在扩展的数据字段中,可使用多种方式对其进行识别)告

---

① https://bh.ht.vc/vhost confusion.pdf.

知服务器。如果服务器支持该扩展,则返回一个带有 trusted_ca_keys 类型值和一个空数据字段的 ServerHello 消息(服务器端仅需表示其支持该扩展)。由客户端接受的根 CA 之一的签名证书仍然通过 Certificate 消息发送。

5. 截断式 HMAC

HMAC 构造的输出与在用的哈希函数的输出具有相同的长度(即使用 MD5 函数时 HMAC 构造的输出为 128bit,使用 SHA-1 函数时为 160bit,使用 SHA-256 函数时为 256bit)。如果在受限环境下使用 HMAC 构造,则 HMAC 构造的输出可能会被截断,例如截断为 80bit。类型为 truncated_hmac(值 4)的扩展可用于实现这一目的。如果客户端和服务器都支持这一扩展,则双方可以使用截断的 HMAC 值而不是完整的 HMAC 值。但是请注意,这只会影响用于认证的 HMAC 值的计算,不会影响生成主密钥和密钥的 TLSPRF 中的 HMAC 构造。

鉴于近期一些加密分析研究结果[31],不再建议使用 truncated_hmac 扩展,目前大多数标准和最佳实践都禁止了这一扩展。

6. 证书状态查询

当某一方在 SSL/TLS 握手过程中收到证书时,通常需要验证证书的有效性。第 6 章将会进一步阐述,验证证书有效性的方式包括:获取证书撤销列表(CRL)并查看其中是否包含被验证的证书,以及使用在线证书状态协议(OCSP)。验证过程非常简单,通常不会造成问题。只有当证书接收方是受限的客户端时,才可能出现无法获取并检查 CRL 或无法通过 OCSP 查询证书的情况。这时可以选择由服务器代替客户端进行这一过程,这就是定义类型为 status_request(值 5)的扩展的目的。客户端可以利用这一扩展告知服务器,希望获取证书的某些状态信息,如 OCSP 响应(扩展的数据字段中还可以提供某些附加信息)。如果服务器支持提供客户端查询的证书状态信息,则将向客户端返回相应的 CertificateStatus 消息(类型 22)。如前文所述,这是文献[15]中新引入的第二种消息类型。由于证书状态信息与 OCSP 密切相关,这一扩展提供的机制也被称为 OCSP 装订。

通过 status_request 扩展启用的 OCSP 装订机制仅支持一个 OCSP 响应,仅能获得一个服务器证书的吊销状态。RFC 6961[24]中解决了这一问题,增加了对于多个 OCSP 响应的支持,相应的扩展类型为 status_request_v2(值 17)。在撰写本书之时,证书状态查询扩展在客户端和服务器端软件中尚未得到广泛的支持和应用,但未来这种情况可能会有所改变。

7. 用户名映射

用户名映射扩展是表 3.11 中第一个不由 RFC 6066[15]定义的扩展。该扩展最初由标准跟踪 RFC 4680[32]提出并定义,是一种基于 TLS 握手的用于交换补充数据的通用机制。图 3.5 中列出了支持补充应用程序数据交换的 TLS 握手协议的 TLS 消息流。客户端和服务器端之间首先需要交换扩展 hello 消息,然后才能通过 SupplementalData 消息(类型 23)发送补充数据。

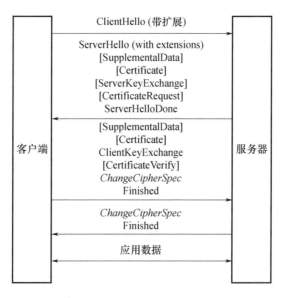

图 3.5　支持补充应用程序数据交换的 TLS 握手协议

利用这种通用机制,标准跟踪 RFC 4681[16]规定了 TLS 扩展项 user_mapping(值 6)和 SupplementalData 消息的有效载荷格式,SupplementalData 消息用于在调用客户端认证时发送用户及其账户的映射。更具体地说,客户端可以在 ClientHello 消息中发送该扩展,服务器则可以在 ServerHello 消息中确认该扩展项。此后,客户端可以通过 SupplementalData 消息向服务器端发送用户映射数据,然后由服务器解释和利用收到的用户映射数据。

8. 授权

原始的 TLS 协议仅提供认证而不提供授权。但利用实验性的 RFC 文档[17]规定的两个 TLS 扩展,即 client_authz(值 7)和 server_authz(值 8),可以实现授权。客户端可以利用 client_authz 扩展通知服务器其目前支持的授权数据格式,服务器也可以利用 server_authz 扩展执行同样操作。授权扩展通过 hello 消息发送。与用户名映射机制类似,通过 SupplementalData 消息(采用双方商定的格式)提供实际的授权数据。除了这种方式,还可以提供一个 URL 供接收方从在线存储库中获取授权数据,其原理与前述的客户端证书 URL 扩展类似。

一般来说,授权数据的格式类型有很多,然而主要是属性证书(AC)[33]和安全断言标记语言(SAML)中的断言[34]。如第 6 章所述,属性证书是一种数字签名的数据结构,可以证明其持有者的某些属性(不是公钥)。属性证书通过公用主题字段关联到公钥证书。SAML 断言在概念上类似于属性证书,但是所用语法不同。关于授权数据格式的完整列表,请参见相应的互联网号码分配局数据库。

9. 证书类型

互联网上有两个相互竞争的公钥证书标准:X.509 和(Open)PGP,在第 6.1 节还会进一步解释。尽管原始的SSL/TLS协议仅支持X.509证书,但为了适应X.509证书不可用,或使用非X.509证书更合适的情况,互联网工程任务组TLS工作组(IETF TLS WG)发布了信息类RFC[18]文档,定义了类型为cert_type(值9)的扩展,并定义了非X.509证书(即OpenPGP证书)在TLS环境下的使用方式。

如果客户端需要通知服务器其支持非X.509证书,则需要在ClientHello消息中增加cert_type扩展。扩展的数据字段必须包含客户端支持的证书类型列表,列表应按客户端的偏好排序。目前证书类型扩展只支持X.509(0)和OpenPGP(1)两种类型值,因此其数据字段的列表较为简短。如果服务器收到带有cert_type扩展的ClientHello消息并选择了需要证书的密码套件,则可以从客户端支持的证书类型列表中选择一个证书类型,或发出"致命"级别的警告消息unsupported_certificate(代码43)终止连接。在前一种处理方式下,服务器必须通过扩展ServerHello消息中的cert_type扩展返回其选择的证书类型。

毋庸置疑,协商得到的证书类型会影响Certificate消息中发送的证书。如果协商结果是使用X.509证书,则按照正常流程进行。但如果协商结果是使用OpenPGP证书,服务器端可能会向客户端发送一条CertificateRequest消息(参见第2.2.2.6节)。CertificateRequest消息通常用于指定服务器接受的证书类型和CA列表,但对于OpenPGP证书,由于OpenPGP证书是由对等实体而不是CA颁发的,因此对应的CertificateRequest消息中的CA列表必须为空。

10. 椭圆曲线加密

椭圆曲线加密(ECC)是一种应用广泛的技术,能够在不降低安全级别的情况下使用短密钥,在受限环境下这是一个非常重要的特性。互联网工程任务组TLS工作组制定了信息类RFC[19]文档,以便在TLS中加入ECC。具体而言,该RFC文档共在TLS中引入了5种基于ECC的密钥交换算法,这些算法都采用Diffie-Hellman密钥交换算法的椭圆曲线版本(椭圆曲线迪菲-赫尔曼密钥交换协议,即ECDH),其区别仅在于ECDH密钥的生命周期不同(长期与临时),以及认证机制不同(ECDSA与RSA)。这些参数组合共产生了4种密钥交换算法。第五种算法是匿名的,不使用认证。这些算法具体包括:

(1) ECDH_ECDSA,使用长期ECDH密钥和ECDSA签名的证书。具体而言,服务器的证书必须包含使用ECDSA签名的长期ECDH公钥,因而不需要发送ServerKeyExchange消息。客户端使用与服务器生成长期公钥所用的椭圆曲线生成ECDH密钥对,并可以通过ClientKeyExchange消息发送自己的公钥。随后客户端和服务器端均进行ECDH密钥交换,然后将密钥交换结果作为预主密钥。

(2) ECDHE_ECDSA,使用临时ECDH密钥和ECDSA签名的证书。具体而言,服务器的证书必须包含使用ECDSA签名的ECDSA公钥。服务器在ServerKeyExchange消息中发送临时ECDH公钥和相应的椭圆曲线定义,使用与服务器证书中公钥相对应的私钥利用ECDSA对消息中的参数进行数字签名。客户端在同一椭圆曲线上生成另一个 ECDH 密钥对,通过 ClientKeyExchange 消息将其中的公钥发送给服务器。同样地,客户端和服务器均进行 ECDH 密钥交换,然后将密钥交换结果作为预主密钥。

(3) ECDH_RSA,利用长期 ECDH 密钥和 RAS 签名的证书。该密钥交换算法与 ECDH_ECDSA 基本相同,区别仅在于服务器证书使用 RSA 而不是 ECDSA 签名。

(4) ECDHE_RSA,使用临时 ECDH 密钥和 RSA 签名证书。该密钥交换算法与 ECDH_ECDSA 基本相同,区别仅在于服务器证书必须包含授权用于签名的 RSA 公钥,并且 ServerKeyExchange 消息中的签名必须使用相应的 RSA 私钥生成。另外,服务器证书必须使用 RSA 而不是 ECDSA 签名。

(5) ECDH_anon,使用匿名的 ECDH 密钥交换,无需进行认证,因此不必提供签名也无需使用证书。ECDH 公钥通过 ServerKeyExchange 消息和 ClientKeyExchange 消息交换。

上述 5 个密码交换算法中,只有 ECDHE_ECDSA 和 ECDH_ERSA 密钥交换算法提供 PFS。每个密钥交换算法中都可以和任意密码及哈希函数组合,构成密码套件。附录 A 列出了所有这些密码套件。

表 3.11 列出了两个 TLS 扩展,以便在 TLS 协议中使用 ECC,即 elliptic_curves(值 10)和 ec_point_formats(值 11)。当客户端想通知服务器其支持 ECC 时,即在 ClientHello 消息中增加一个(或两个)扩展。

(1) elliptic_curves 扩展,客户端可以通知服务器其能够并且愿意支持的椭圆曲线类型。文献[19]提供了可用的椭圆曲线类型,这些椭圆曲线最早是由高效密码标准产业联盟(SECG[①])在文献[35]中定义的。其他标准化机构,如 ANSI 和 NIST[②],也推荐了其中许多椭圆曲线。在这些曲线中,secp224r1、secp256r1 和 secp384r1 的使用最广泛。最近,IRTF 成立了一个密码技术研究组(CFRG),这是一个讨论和审查诸如 ECC 等加密机制用途的论坛。CFRG 正在研究 TLS 协议中椭圆曲线的使用建议。在撰写本书时,CFRG 推荐的椭圆曲线是 Curve25519[③] 和 Ed448-Goldilocks[④]。RFC 7027[41]为 TLS 指定了替代曲线——Brainpool 曲线。这些曲线都有 256 位、384 位和 512 位的版本,即 BrainpoolP256r1、brainpoolP384r1 和 brainpoolP256r1。

[①] http://www.secg.org.

[②] 在撰写本书时,NIST 推荐的椭圆曲线被认为是可疑的,因为它没有解释如何选择参数,因此人们担心存在后门。这个问题颇为重大,因为它公开表明,这种后门已经被纳入经 NIST 标准化的伪随机位生成器(即 Dual_EC_DRBG)当中。

[③] 指定 Curve25519 的数学公式为 $y^2 \equiv x^3 + 486662x^2 + x \pmod{p}$,其中 $p=2^{255}-19$。该曲线由 Dan Bernstein 提出。

[④] 指定 Ed448-Goldilocks 的数学公式为 $x^2+y^2 \equiv 1-39081x^2y^2 \pmod{2^{448}-2^{224}-1}$。该曲线由 Mike Hamburg 提出。

(2) ec_point_formats 扩展,客户端可以通知服务器其希望对某些曲线参数使用压缩。这个选项在实际中很少使用。

无论使用哪个扩展,都是由服务器决定选择哪种椭圆曲线以及(在客户端支持的前提下)是否使用压缩,然后通过扩展 ServerHello 消息向客户端返回其选择结果。随后客户端和服务器就可以开始使用 ECC。

11. SRP 协议

由于容易受到中间人攻击,匿名迪菲–赫尔曼密钥交换协议必须始终以某种方式进行认证。通常而言,可以采用的方式有很多,而其中使用口令最为简单直接。因此很多建议提出采用由口令认证的迪菲–赫尔曼密钥交换协议,但其中大多数都容易受到字典攻击(攻击方反复尝试所有可能的口令,直至找到正确口令)。在这一背景下,史蒂文·M·贝洛文(Steven M. Bellovin)和迈克尔·梅里特(MichaelMerritt)在20世纪90年代初提出了加密密钥交换(EKE)的概念,以便抵御字典攻击[37,38]。在EKE 最常见的实现形式中,至少一方使用口令对临时(一次性)公钥进行加密,然后将其发送给另一方,后者对其进行解密,并使用解密得到的公钥与对方进行密钥协商。这种口令不会受到字典攻击,因为其加密对象在攻击方看来是一组随机值,因此无法确定选择的口令是否正确。后来众多研究人员改进了 EKE 的概念并提出了许多建议,其中一个被称为安全远程口令(SRP)协议[39,40]①。

SRP 协议在 TLS 领域也有许多用例。例如,信息类 RFC 文档[20]定义了在 TLS 握手中使用 SRP 协议进行客户端认证的方式,作为公钥证书、预共享密钥及用于客户端认证的 Kerberosf 的补充。SRP 协议是迪菲–赫尔曼密钥交换协议的一种变体,因此本质上也是一种密钥交换算法,可以与任何密码和哈希函数组合形成密码套件。名称以 TLSSRP 开头的密码套件都使用了 SRP 协议。

如果客户端想使用 SRP 协议进行密钥交换,则首先向服务器发送一条带有 RSP 扩展(值12)的扩展 ClientHello 消息。如果服务器支持 RSP 扩展,则在 ServerHello 消息中增加该扩展。随后客户端和服务器会交换 SRP 协议专用的 ServerKeyExchange 和 ClientKeyExchange 消息,并最终计算出主密钥,此间 SRP 协议确保窃听者无法对口令发起字典攻击。尽管 SRP 协议具有安全高效的优势,但在实践当中并未得到广泛使用。

12. 签名算法

各种客户端支持的哈希函数和签名算法也各有不同。为此,TLS1.2 协议规范[3]定义了可选的扩展 supported_signature_algorithms(值13),客户端可以使用这一扩展告知服务器其支持的哈希函数和签名算法类型。在没有使用该扩展时,服务器假设客户端支持 SHA-1 函数,并且根据客户端提供的密码套件推断其支持的签名算法。

---

① http://srp.stanford.edu.

IANA 在相应的条目中定义了目前支持的哈希函数和签名算法。哈希算法的条目包括：无(0)[①]、MD5(1)、SHA-1(2)、SHA-224(3)、SHA-256(4)、SHA-384(5)和 SHA-512(6)；签名算法的条目包括匿名(0)、RSA(1)[②]、DSA(2)和 ECDSA(3)。括号中是各条目的代码值。原则上，每对算法都指定一种生成和验证数字签名的方法。但是请注意，并非所有组合都是可行且合理的，正如 DSA 能与 SHA-1 函数组合使用。

13. 心跳

2012 年，罗宾·赛格尔曼(RobinSeggelmann)向杜伊斯堡大学埃森分校提交了他的博士论文，题目是《确保端对端通信安全的策略》。在论文中，他建议使用一种称为"心跳"的机制来维持安全连接（包括运行在 UDP 等无连接传输层协议上的连接）以及发现路径最大传输单元(PMTU)[③][④]。该机制最初用于 DTLS，但是发现其也适用于 TLS（注意，如果没有连续的数据传输，TLS 不能维持连接）。因此，同年赛格尔曼和他的同事发布了 RFC 6520[22]文档，介绍并定义了使用心跳机制的 TLS 扩展，并提交至互联网标准跟踪。客户端和服务器可以通过心跳扩展（值 15）以及模式参数编码来宣告其支持心跳机制，此后双方可以相互发送心跳请求和响应消息。IANA 为心跳消息分配了内容类型值 24（扩展了第 2.2.1.4 节中介绍的内容类型值）。这意味着，在更改密码规范(20)、警告(21)、握手(22)和应用程序数据(23)子协议之外，心跳可以被视作另一个 TLS 子协议。

心跳扩展是学术界的研发成果，而不是在实践中演进的结果。但依然有许多实现支持这一扩展，如 OpenSSL[⑤]默认支持心跳扩展。直到 2014 年 4 月，心跳扩展的应用才由于其实现中存在严重缺陷而为人所知。这一缺陷使攻击方可能从服务器的进程内存中提取敏感数据。更具体地说，使用心跳扩展时，客户端可以将心跳负载（以及负载长度标识）发送到服务器，而服务器的任务是发回相同的负载。当客户端给出的负载长度不真实时（即标识长度超过实际负载的长度）[⑥]，服务器会根据错误的长度值读出内存单元中不属于该心跳负载的数据，并发送给客户端。当服务器进程内存中存储了加密密钥等敏感数据时，这一缺陷可能造成这些数据的泄露。由于客户端可以向服务器重复发送多个请求，而不会在相应的日志文件中留下任何痕迹，所以会泄露数据并造成严重后果，利用其

[①] "无"值用于提供扩展，以针对可能出现的签名算法在签名前不需要哈希的情况。

[②] "RSA"值指的是使用 PKCS 1.5 版本的 RSA。

[③] http://duepublico.uni-duisburg-essen.de/servlets/DerivateServlet/Derivate-31696/dissertation.pdf。

[④] 最大传输单元(MTU)指两个实体之间可以整体发送的最大数据单元的大小。两个实体直接通信时可以交换其 MTU 并且商定使用较短的 MTU。但当通信路径上有多跳时，有时需要逐渐增大数据单元来发现最大可能的 MTU，得到路径最大传输单元(PMTU)。

[⑤] http://www.openssl.org。

[⑥] 实际负载的最大长度是 2^{14} = 16,384 位。

进行的攻击被形象地命名为"心脏出血"攻击(Heartbleed)。心脏出血攻击的发布震惊了整个安全界,特别是开源领域。降低心脏出血攻击带来的风险的方式很简单:给软件打补丁或者完全禁用心跳扩展。因为心脏出血攻击,许多开源加密软件的开发人员启动了新项目,例如LibreSSL①,以提供比OpenSSL更加安全的LibreSSL实现。

14. 应用层协议协商

第2.1节讲到,在TLS协议之上堆叠应用程序层协议有两种策略:独立端口策略和协商升级策略。第一种策略要求各应用层协议使用独立的端口,而第二种策略要求应用层协议提供升级协商特性。如果同一个TCP或UDP端口需要支持多个应用程序层协议,但这些协议不支持升级协商特性,则可以让应用层在TLS握手中协商最终使用哪一个协议。这里就需要用到应用层协议协商(ALPN)(之前称为下次协议协商(NPN))。标准跟踪RFC 7301[23]中定义了TLS扩展application_layer_protocol_negotiation(值16)以支持ALPN。一旦支持ALPN,在端口443上运行的支持TLS的服务器可以默认支持HTTP1.0,还允许协商其他应用程序层协议,如HTTP2.0和SPDY②(发音为"SPeeDY")。客户端可以在ClientHello消息中发送application_layer_protocol_negotiation扩展,以提供其支持的应用层协议列表。服务器选择支持该扩展,并在ServerHello消息中使用扩展以告知客户端。

15. 证书透明度

第6.6节讨论了Google启用的"证书透明(CT)"项目③,该项目旨在解决当前部署的互联网公钥基础设施(Internet PKI)的某些问题。CT项目的主要成果之一是形成了一种机制,允许CA将其颁发的所有证书提交给公共日志服务器(作为证书白名单),并且得到一个提供给依赖方的提交证明书,即签名证书时间戳(SCT)。向依赖方提供SCT的方法有很多,CT项目选择使用一个新的TLS扩展,即实验性RFC文档[25]中定义的signed_certificate_timestamp(值18)。由于Google正在推广CT,因此将来SCT扩展很有可能投入使用。

16. 原始公钥

当不需要公钥证书中所有字段时,可能会使用原始形式的公钥,这种情况可能出现在X.509和OpenPGP证书中,也可能出现在包含"常规"证书中各字段的自签名证书中。当用到的公钥只有固定不变的几种时,也可以使用原始形式的公钥。此外,当由于内存限制而仅允许存储必要数据时,也可能使用原始形式的公钥。原始形式的公钥只需要公钥字段,因此,可以省略"常规"公钥证书的所有其他字段,即生成的原始公钥的长度应尽可能短。

---

① http://www.libressl.org.

② http://dev.chromium.org/spdy/spdy-protocol/spdy-protocol-draft1.

③ http://www.certificate-transparency.org.

在这种背景下,标准跟踪 RFC 7250[26]定义了两个 TLS 扩展:用于客户端的 client_certificate_type(值19)扩展和用于服务器的 server_certificate_type(值20)扩展。当需要协商用于认证的原始公钥之时,可以在扩展的 TLS 握手中使用其中一个或两个扩展,文献[26]介绍了这一协商过程的细节。这里需要指出,RSA、DSA 或者 ECDSA 都可以使用原始公钥,而这些密钥仍然必须与实体相关联,以便将其用于认证。这里可以结合使用基于 DNS 的域名实体认证(DANE)与 DNSSEC(参见第6.6节)。尽管 TLS 定义了原始公钥扩展,但并未在互联网上得到广泛利用。

17. 用 EtA 取代 AtE

正如前面多次提到的,认证与加密结合的最恰当方式是 EtA 而不是 AtE(目前在 SSL/TLS 中使用)。但改变记录处理过程中认证和加密操作的顺序并非易事,并且需要改变相应的实现。因此,会出现某些实现支持改动后的顺序,而有些实现则不支持的情况,所以必须提供一种机制来协商这一顺序。标准跟踪 RFC 7366[27]为此提出了一个 TLS 扩展,即 encrypt_then_mac(值22),客户端和服务器可以交换包含此扩展的 hello 消息协商使用 EtA 替代 AtE。只要 CBC 加密还在使用,这一扩展便是非常重要的。但随着关联数据的认证加密(AEAD)的应用越来越广泛,这一扩展可能会废止(稍后将会看到,TLS 1.3 要求必须使用 AEAD 密码)。

18. 会话记录单

第2.2.2节介绍并讨论了 SSL 握手协议及用于恢复会话的简化握手过程(见图2.6)。为了便于调用 1-RTT 机制,服务器必须保存每个客户端的会话状态。如果同时存在大量客户端,服务器用于保存客户端状态的编码可能被用尽,因此,需要一种不要求服务器保存每个客户端会话状态的 1-RTT 机制。对此,可以将会话状态信息作为会话记录单发送到客户端,客户端在稍后需要恢复会话时则向服务器发回票证。这个想法和 HTTP cookie 类似,文献[41, 42]中对此有详细的记述。标准跟踪 RFC 5077[29]定义了 session_ticket 扩展(值35),可以用于此目的。

如果客户端支持会话记录单,则在发送给服务器的 ClientHello 消息中加入 session_ticket 扩展。如果客户端当前没有会话记录单,则扩展的数据字段为空,否则数据字段为其当前所有的票证。如果服务器不支持会话记录单,就会忽略该扩展,即将 ClientHello 消息作为不包含 session_ticket 扩展进行处理。如果服务器支持会话记录单,则向客户端返回一个带有空白 session_ticket 扩展的 ServerHello 消息。这是因为会话状态尚未确定,服务器无法在扩展的数据字段中提供会话记录单,而需要在稍后的 TLS 协议执行过程中再发送会话记录单,发送时使用一种新类型的握手消息 NewSessionTicket(类型4)。签发新的会话记录单的 TLS 握手协议消息流如图3.6所示。服务器在握手的最后阶段发送 NewSessionTicket 消息,即在发送 ChangeCipherSpec 和 Finished 消息之前。

会话记录单包括了加密的会话状态,如在用的密码套件和主密钥,还包括票据生命周期,用于告知服务器票据的存储时间(以秒为单位),数值0表示未定义票证的生命周期。由于会话记录单由服务器加密(使用服务器选择的密钥或一对密钥),因此其对于客户端而言是非透明的,而且无需考虑互操作性问题。虽然会话记录单的格式无关紧要,但是文献[29]仍然推荐了一种格式。

客户端收到NewSessionTicket消息后,将会话记录单与相应会话的主密钥和其他参数关联存储。在需要恢复会话时,客户端将票证加入ClientHello消息的session_ticket扩展中(此时该扩展不再为空)。服务器(使用正确的密钥)对票证进行解密和认证,获取会话状态,然后使用该状态恢复会话。

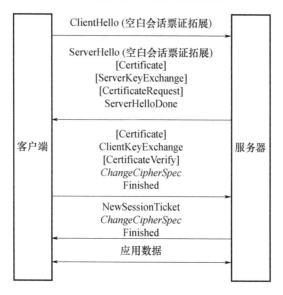

图3.6 签发新的会话记录单的TLS握手协议消息流

如果服务器要更新票证,可以先后发送包含空白session_ticket扩展的ServerHello消息和NewSessionTicket消息,发起一次简短握手。使用新的会话记录单进行简短的TLS握手协议的消息流如图3.7所示。如果服务器不想续更新票证,可以使用收到的票证(不需要在ServerHello消息中加入session_ticket扩展,也不需要发送NewSessionTicket消息)。

最后,务必请注意,在某些意义上使用会话cookies(正如目前为止所讨论的)破坏了DHE或ECDHE提供的PFS。如果攻击方以某种方式获得了服务器用于加密会话记录单的密钥,就可以使用该密钥来解密会话状态,获取能够解密传输数据的密钥。因此将面临一个选择:如果想要拥有PFS,要么完全放弃会话记录单,要么使用更为复杂的方法(目前这类方法尚待研究且尚未标准化)。这些方法中,有的类似于针对HTTP[43]提出的安全cookie。因此在使用会话记录单时,需要仔细考虑PFS的概念。

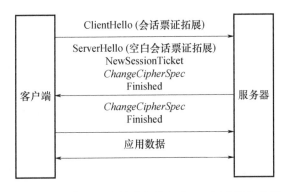

图 3.7　使用新的会话记录单进行简短的 TLS 握手协议的消息流

19. 安全重协商

第 3.8.1 节讨论了一种名为"重协商攻击"的复杂攻击利用 TLS 重新协商机制的方式,并说明了标准跟踪 RFC 5746[30]引入了 TLS 扩展 renegotiation_info(值 65281)以便抵御这一攻击。不幸的是,这种保护并非万无一失,又出现了另一种攻击,即所谓的三重握手攻击,即便在使用了 renegotiation_info 扩展的情况下仍然发起重协商攻击。为了抵御三重握手攻击(并解决 TLS 协议易受未知密钥共享攻击的潜在问题),又提出了另一种 TLS 扩展,RFC 7627[28]将其称为 extended_master_secret(值 23)。这一扩展是为了确保每个 TLS 连接都具有唯一的(希望如此)主密钥,以抵御未知密钥共享攻击。此举意在防范所有类型的重协商攻击,详情参见第 3.8.1 节。

20. 小结

本节介绍了 TLS 1.2 协议引入的各种扩展。其中大多数扩展都可以通过调整和扩展 ClientHello 和 ServerHello 消息来实现;但某些(较新的)扩展要求提出和使用新的 TLS 握手消息,包括 NewSessionTicket 消息(类型 4)、CertificateURL 消息(类型 21)、CertificateStatus 消息(类型 22)和 SupplementalData 消息(类型 23)。这些消息在 SSL 协议以及较早版本的 TLS 协议当中都没有出现过。

其中一些扩展,例如 server_name 和 elliptic_curves,已经得到了广泛的应用,一些扩展的使用范围会逐渐扩大。但也有一些扩展可能不会被使用,甚至会被禁用,因此将渐渐被遗忘。但是在本书撰写之时,想要确定各个扩展的前景还为时过早。无论如何,TLS 在扩展使用方面的演变空间仍然很大。由于一些扩展较为敏感且需要保护,因此 TLS 1.3 引入了一项功能,允许在 TLS 握手的加密部分中交换扩展(参见第 3.5 节),这对于未来的扩展来说非常重要。

3.4.2　密码套件

使用 DES 或 IDEA 的所有密码套件已经不再推荐,并且 TLS 1.2 协议规范已经将其删除。TLS 1.2 中的密码套件对块密码使用 3DES 或 AES,对流密码使用 RC4,如表 3.13~表 3.15 所示。其中一些密码套件已在支持 SHA-1 的基础上扩展支持 SHA-

256。与SSL/TLS协议之前的所有版本类似，TLS 1.2协议也支持默认密码套件TLS_NULL_WITH_NULL_NULL。除非应用程序配置文件标准另有规定，否则符合TLS的应用程序必须执行并支持密码套件TLS_RSA_WITH_AES_128_CBC_SHA。

表3.13　密钥交换需要服务器端RSA证书的TLS 1.2密码套件

密码套件	值
TLS_RSA_WITH_NULL_MD5	{ 0x00,0x01 }
TLS_RSA_WITH_NULL_SHA	{ 0x00,0x02 }
TLS_RSA_WITH_NULL_SHA256	{ 0x00,0x3B }
TLS_RSA_WITH_RC4_128_MD5	{ 0x00,0x04 }
TLS_RSA_WITH_RC4_128_SHA	{ 0x00,0x05 }
TLS_RSA_WITH_3DES_EDE_CBC_SHA	{ 0x00,0x0A }
TLS_RSA_WITH_AES_128_CBC_SHA	{ 0x00,0x2F }
TLS_RSA_WITH_AES_256_CBC_SHA	{ 0x00,0x35 }
TLS_RSA_WITH_AES_128_CBC_SHA256	{ 0x00,0x3C }
TLS_RSA_WITH_AES_256_CBC_SHA256	{ 0x00,0x3D }

表3.14　使用非匿名迪菲－赫尔曼密钥交换协议的TLS 1.2密码套件

密码套件	值
TLS_DH_DSS_WITH_3DES_EDE_CBC_SHA	{ 0x00,0x0D }
TLS_DH_RSA_WITH_3DES_EDE_CBC_SHA	{ 0x00,0x10 }
TLS_DHE_DSS_WITH_3DES_EDE_CBC_SHA	{ 0x00,0x13 }
TLS_DHE_RSA_WITH_3DES_EDE_CBC_SHA	{ 0x00,0x16 }
TLS_DH_DSS_WITH_AES_128_CBC_SHA	{ 0x00,0x30 }
TLS_DH_RSA_WITH_AES_128_CBC_SHA	{ 0x00,0x31 }
TLS_DHE_DSS_WITH_AES_128_CBC_SHA	{ 0x00,0x32 }
TLS_DHE_RSA_WITH_AES_128_CBC_SHA	{ 0x00,0x33 }
TLS_DH_DSS_WITH_AES_256_CBC_SHA	{ 0x00,0x36 }
TLS_DH_RSA_WITH_AES_256_CBC_SHA	{ 0x00,0x37 }
TLS_DHE_DSS_WITH_AES_256_CBC_SHA	{ 0x00,0x38 }
TLS_DHE_RSA_WITH_AES_256_CBC_SHA	{ 0x00,0x39 }
TLS_DH_DSS_WITH_AES_128_CBC_SHA256	{ 0x00,0x3E }
TLS_DH_RSA_WITH_AES_128_CBC_SHA256	{ 0x00,0x3F }

续表

密码套件	值
TLS_DHE_DSS_WITH_AES_128_CBC_SHA256	{ 0x00,0x40 }
TLS_DHE_RSA_WITH_AES_128_CBC_SHA256	{ 0x00,0x67 }
TLS_DH_DSS_WITH_AES_256_CBC_SHA256	{ 0x00,0x68 }
TLS_DH_RSA_WITH_AES_256_CBC_SHA256	{ 0x00,0x69 }
TLS_DHE_DSS_WITH_AES_256_CBC_SHA256	{ 0x00,0x6A }
TLS_DHE_RSA_WITH_AES_256_CBC_SHA256	{ 0x00,0x6B }

除了TLS 1.2规范列出的密码套件外,还有一个补充标准跟踪RFC 5116[44]文件介绍了AEAD密码算法,为这些算法定义了统一接口和条目。这对于TLS 1.2来说很重要,对于TLS 1.3则更为重要(因为TLS 1.3要求使用AEAD密码)。顾名思义,AEAD算法(或密码)在一次密码转换中结合了加密(以提供保密性)和认证(以提供完整性)。与分别进行加密和认证过程相比,AEAD意在通过二者结合提高整体过程的有效性和安全性。AEAD是密码学研究中一个相对较新的领域。例如,可以在特定的操作模式下使用块密码(如AES)来产生AEAD密码,这些操作模式包括带CBC-MAC计数器模式(CCM)[45]和伽罗瓦/计数器模式(GCM)[46]。文献[47]定义了CCM模式下的AES使用方式,文献[48,49][①]则定义了GCM模式下的AES使用方式。

表3.15 使用匿名迪菲−赫尔曼密钥交换协议的TLS 1.2密码套件

密钥套件	值
LS_DH_anon_WITH_RC4_128_MD5	{ 0x00,0x18 }
TLS_DH_anon_WITH_3DES_EDE_CBC_SHA	{ 0x00,0x1B }
TLS_DH_anon_WITH_AES_128_CBC_SHA	{ 0x00,0x34 }
TLS_DH_anon_WITH_AES_256_CBC_SHA	{ 0x00,0x3A }
TLS_DH_anon_WITH_AES_128_CBC_SHA256	{ 0x00,0x6C }
TLS_DH_anon_WITH_AES_256_CBC_SHA256	{ 0x00,0x6D }

AEAD密码通常基于随机数,这意味着密码转换将一个随机数作为明文和密钥的附加输入和辅助输入。随机数是一个随机且不重复的值,作为概率加密的附加熵来源。每个AEAD密码套件都必须指定随机数的构造方式和长度。此外,AEAD密码能够认证未加密的附加数据。这就是称之为"带附加数据的认证加密"而非"认证加密"的原因。附加数据可以是在默认设置下无法加密的消息头信息。

---

① 请注意,只有第一个RFC文件提交到了互联网标准跟踪,第二个RFC文件只是信息类的。

对 TLS 协议来说,附加数据是 TLSPlaintext 或 TLSCompressed 的序列号、类型、版本和长度①字段。AEAD 密码不需要单独进行 MAC 生成和验证,所以不需要相应的密钥,即仅使用加密密钥(即 client_write_key 和 server_write_key),而不使用 MAC 密钥。无论如何,AEAD 密码的输出是可以使用同一密钥解密的密文。因此尽管加密过程是概率性的,但解密过程却是确定的。

有些情况下,使用公钥的代价过高或存在管理方面的不利因素,这时可以使用在通信方之间预先共享的对称密钥来建立 TLS 连接。标准跟踪 RFC 4279[50]定义了以下三组 TLS 协议的密码套件,支持基于预共享密钥(PSK)的认证:

第一组密码套件(使用 PSK 密钥交换算法)仅使用密钥算法,因此尤其适合于性能受限的环境。

第二组密码套件(使用 DHE PSK 密钥交换算法)使用 PSK 来认证临时迪菲-赫尔曼密钥交换。

第三组密码套件(使用 RSA PSK 密钥交换算法)结合了基于 RSA 的服务器认证和基于 PSK 的客户端认证。

请注意,第 3.4.1 节中介绍的基于 SRP 的密码套件可归入第一组密码套件。SRP 协议的计算代价高于基于 PSK 的密钥交换算法,但其加密也更安全(因为其设计目的是防御字典攻击)。另外,RFC 5487[51]补充了 RFC 4279,定义了 GCM 模式下较新哈希函数(SHA-256 和 SHA-384)以及 GCM 模式下的 AES 使用方式,RFC 5489[52]详细说明了 ECDHE PSK 密码套件,RFC 4785[53]定义了不加密的 PSK 使用方式。

3.4.3 证书管理

除了前面提到的证书类型,TLS 1.2 由于支持 ECC,因此支持基于 ECC 的证书类型,如用于 ECDSA 签名密钥的 ecdsa_sign(值 64),用于固定 ECDH 密钥交换的 rsa_fixed_ecdh(值 65)和 ecdsa_fixed_ecdh(值 66)(前者使用 RSA 进行认证,后者使用 ECDSA 进行认证)。在所有这些情况下,证书必须使用与服务器密钥相同的椭圆曲线,并采用服务器支持的点格式,此外还需经过适当的哈希函数和签名生成算法对的签名。

3.4.4 警告消息

相比于 TLS 1.0 废止了警告消息 41(no_certificate_RESERVED),TLS 1.1 废止了警告消息 21(decryption_failed_RESERVED)和 60(export_restriction_RESERVED),TLS 1.2 在警告消息方面进行了微小改动。具体而言,TLS 1.2 新增了一种"致命"级

---

① 对于 TLS 1.2 来说是如此。但对于 TLS 1.3,这会给有数据依赖的填充的密码(如 CBC)带来问题,因此其附加数据中不包括长度字段。

别的警告信息110(unsupported_extension),与TLS 1.2新增的扩展机制配合使用(参见第3.4.1节)。当客户端收到的扩展ServerHello消息中存在之前对应的扩展ClientHello消息中的不包括的扩展类型时,客户端将向服务器发送这一警告消息。表3.12总结了文献[15]补充引入的一些TLS警告消息。

3.4.5 其他区别

标准跟踪 RFC 3749[54]定义了TLS协议的压缩算法。除了值0(空值压缩)外,该RFC文件还引入了值1(指文献[55]中定义的DEFLATE压缩方法和编码格式)。简而言之,DEFLATE压缩方法结合了LZ77和霍夫曼编码:

(1) LZ77用于扫描输入字符串,查找重复的子字符串,并将其替换为指向其最后一次出现的引用(在窗口或者字典大小内)。

(2) 霍夫曼编码用于构建源符号和代码的映射表,将频繁出现的符号缩短映射为代码,以实现最佳编码。

实践中很少在TLS中使用压缩,并且由于存在一些与压缩相关的攻击(参见第3.8.2节),因此一般建议不要使用压缩。

3.5 TLS 1.3

自2008年TLS 1.2正式发布以来,IETF TLS WG一直在努力开发新版本的TLS协议,最终通过互联网草案[4]定义了TLS 1.3(版本号为3,4),并将在不久后将其提交给IETF[38]。TLS 1.3进行了一些实质性的改动,如定义了新的消息流,并且强调强加密。下面将介绍新定义的消息流,关于强加密的内容将在第3.5.1节中将重点介绍。

在TLS 1.3之前,一次常规的SSL/TLS握手至少需要两个往返时间(RTT);如果需要进行证书验证,由于需要下载和检查CRL,或者需要调用OCSP,其所需时间更长。为了缩短TLS的延迟,谷歌公司于2010年在Chrome浏览器中引入并部署了一种称为False Start(抢跑)的技术①。这一技术的构思是让客户端在向服务器发送了Finished消息后,不等待服务器返回Finished消息,而是立即开始发送应用程序数据。

在某些情况下,采用False Start技术可以将延迟缩短一个RTT。但实现TLS False Start技术的普遍部署使用却非常困难,因此该技术也未被纳入TLS标准。而TLS 1.3的设计过程却受到了TLS False Start技术的启发,考虑利用类似的技术减少握手过程所需的RTT数量,并最终设计出了一个大幅度精简的消息流,如图3.8所示。

---

① 有一份名为"传输层安全(TLS)抢跑"的实验性互联网草案,有可能以RFC文档的形式发布。

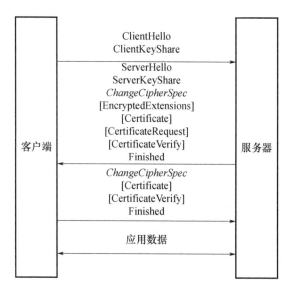

图 3.8 TLS 1.3 消息流(概览)

在 TLS 1.3 中只需要进行三次消息流动便可以建立 TLS 连接,这与 TCP 通过交换三个消息建立连接的过程类似。如果与 OCSP 装订机制结合使用,便可以非常快速地建立安全连接。在第一次消息流动中,客户端向服务器发送 ClientHello 消息之后立即发送 ClientKeyShare 消息。ClientKeyShare 消息(类型 18)替代了过去的 ClientKeyExchange 消息(类型 16),后者在 TLS 1.3 中为预留。

后面将讨论到,TLS 1.3 协议不再支持静态密钥交换,因此每次密钥交换必须是临时的,以便提供完全向前保密(PFS)。ClientKeyShare 消息包含了客户端支持的零个或多个密钥交换方法的一组参数。如果服务器不接受或不支持这些参数,则会向客户端发返回 HelloRetryRequest 消息,而客户端重新发送一条 ClientKeyShare 消息以从头开始握手过程(其余握手保持不变)。这一参数不匹配的握手启动过程如图 3.9 所示。

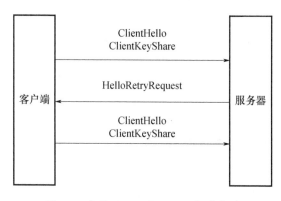

图 3.9 参数不匹配的 TLS1.3 握手启动

一旦客户端提供了恰当的ClientKeyShare消息,服务器将以ServerHello消息进行响应。该消息仍然包含服务器选择的协议版本、会话ID和密码套件,还包括一个随机值以及服务器对于客户端提供的扩展的响应。与早期版本协议不同的是,TLS 1.3协议中的服务器扩展分别放在ServerHello消息(扩展不加密)和EncryptedExtensions消息(扩展加密)中。

随后服务器生成自己的密钥资料(即用于密钥交换的参数),并通过ServerKeyShare消息发送给客户端。与ClientKeyShare消息类似,ServerKeyShare消息(类型17)替换了ServerKeyExchange消息(类型12),后者在TLS 1.3中为保留。服务器计算出共享密钥,向客户端发送ChangeCipherSpec消息,将次态的写状态转换为现态的写状态。此后,服务器发送的消息都使用改变密码标准后的密钥加密,其中除了Finished消息,下列消息都是可选的:

(1) EncryptedExtensions消息,如果存在对于建立密钥而言不必要的客户扩展,服务器可以发送这一消息。顾名思义,EncryptedExtensions消息中发送的扩展是加密的。

(2) Certificate消息,如果需要对服务器证书进行认证,服务器将通过Certificate消息发送其证书。

(3) CertificateRequest消息,服务器可向客户端发送CertificateRequest消息以向客户端请求证书。

(4) CertificateVerify消息,如果需要对服务器进行认证,则服务器需向客户端发送一条CertificateVerify消息,其中包括对于目前所有握手消息的签名。除了提供服务器认证功能,这一消息也可以提供握手完整性功能。

在消息流动的最后,服务器向客户端发送一条Finished消息,该消息使用适当数值进行加密以便对握手过程进行认证。

客户端收到ServerKeyShare消息后就能够计算预主密钥,进而生成主密钥和所有需要的密钥。客户端向服务器发送ChangeCipherSpec消息,然后将次态的写状态转换为现态的写状态。同样,此后客户端发送的消息都使用改变密码标准后的密钥加密。如果服务器发送过CertificateRequest消息,则客户端必须向服务器返回Certificate消息。Certificate消息可能为空,包含零个证书;但如果该消息中包含了证书,客户端就必须再向服务器发送一条经数字签名的CertificateVerify消息,以证明客户端拥有证书对应的私钥。最后,客户端必须向服务器发送Finished消息。一旦握手完成,客户端和服务器便能使用通过握手过程建立的TLS连接以安全的方式交换应用程序数据。

3.5.1 密码套件

如前文所述,TLS 1.3协议的另一个重大变化是强调强密码。具体而言,TLS 1.3处于压缩相关的攻击的考虑不再支持压缩(参见第3.8.2节),出于提供PFS的考虑不再支持静态(RSA 和 DH)密钥交换以及非 AEAD 密码。

（1）关于压缩，TLS 1.3 协议中 ClientHello 消息支持的压缩方法列表必须仅包含值"null"。如果客户端发送了其他值，服务器将返回"致命"级别的警告消息 illegal_parameter。

（2）关于密钥交换，TLS 1.3 不再支持任何静态密钥交换方法，如 RSA 和 DH，而是始终要求临时密钥交换方法。因此，TLS 1.3 支持的密钥交换算法仅包括 DHE 和 ECDHE，密钥交换所需参数通过 ClientKeyShare 和 ServerKeyShare 消息进行交换。

（3）关于加密，TLS 1.3 不再支持非 AEAD 密码，始终要求第 3.4.2 节中介绍的 AEAD 密码。AEAD 密码仅通过一次密码转换就能够保护数据的机密性和真实性（以及完整性），并且允许经过认证和有完整性保护（未加密）的附加数据。因为只进行了一次密码转换，所以需要加密密钥和 IV，但可以不使用或不生成 MAC 密钥。利用 AEAD 密码加密后的数据是 TLSCompressed（或 TLSPlaintext）分片①，经过附加认证的数据则构成了 TLSPlaintext 的序列号、类型和版本字段。

上述三项变化能够防止目前几乎所有已知的密码攻击，大幅提高了 TLS 1.3 的加密强度，对 TLS 协议的安全性产生了巨大影响。

3.5.2　证书管理

TLS 1.3 继续支持 RSA、DSA 和 ECDSA 签名，因此仍然需要使用对应类型的证书。与之前版本相比，TLS 1.3 的证书管理几乎没有变化。

3.5.3　警告消息

TLS 1.3 已经不再支持压缩，也不需要相应的警告消息 decompression_failure (30)，因此该消息在 TLS 1.3 中废止，其名称改为 decompression_failure_RESERVED。

3.5.4　其他区别

TLS 扩展机制自从在 TLS 1.2 中引入以来不断地发展，TLS 1.3 定义的扩展也有一些细微的变化，但这些变化超出了本书的讨论范畴，此处不再赘述。详情可参考 TLS 1.3 规范[4]或 IANA 条目中。

在 TLS 1.3 在之前版本的基础上进行修改之前，还有几个需要深入研究的问题。例如用于保护 TLS 服务器免受分布式拒绝服务攻击(DDoS)攻击的 Client Puzzle 协议，对于是否应当将其增加到 TLS 协议规范中一直存在争议。有互联网草案提出，客户端应当在 ClientHello 消息加入相应扩展来表示其支持 Client Puzzle 协议；如果服务器支持并希望使用 Client Puzzle 协议，则返回带有相同扩展的 Hel-

---

① TLS 1.3 不再支持压缩，因此，TLSCompressed 的分片和对应的 TLSPlaintext 的分片的结构基本相同。

loRetryRequest 消息以及需由客户端计算的代价函数。当客户端发送新的ClientHello 消息再次联系服务器时,必须同时提交该代价函数的计算结果,否则服务器将拒收该消息。这样可以使服务器免受客户端利用建立 TLS 连接请求发起的洪水攻击,但显然抵御更为复杂的 DDoS 攻击。如果通过僵尸网络发起攻击,由于每个僵尸主机都可以求解服务器给出的代价函数,因此,Client Puzzle 协议不但不能起到抵御攻击的作用,还会减慢 TLS 连接的建立速度。争议的焦点在于将 Client Puzzle 协议增加到 TLS 协议规范是否利大于弊,而对此尚无定论。

3.6　HTTP严格传输安全(HSTS)

在 2009 年黑帽大会上,莫西·马琳斯巴克(Moxie Malinspike)发表了题为《在实践中击溃 SSL 的新技巧》的演讲,其中提到了他以前开发的 SSLStrip 工具[41]。该工具作为"中间人",通过修改的、请求使用 SSL/TLS 的协议尝试阻止 SSL/TLS 的使用。在网络流量环境中,当客户端开始使用 HTTP(而不是 HTTPS)访问服务器时,就可以发起此类 SSL 剥离攻击。为抵御此类攻击,有必要严格(也就是始终)使用 HTTPS 替代 HTTP 以确保网络流量的安全。这里就需要用到 HSTS。

HSTS 是在之前 ForceHTTPS[①][56]相关工作的基础上制定的,基本可以视为 Firefox 扩展的实现原型。2012 年,IETF 正式发布了定义 HSTS 的标准跟踪 RFC 6797[57],其目的是提供一种网站声明机制,即通过声明表示该网站只能通过"安全"连接进行访问,这里的"安全"指的是进行数据通信之前必须调用某一版本的 SSL/TLS 协议。浏览器在收到网站声明之后,只能通过 SSL/ TLS 连接与该站点通信。与 ForceHTTPS 中使用 HTTP Cookie 实现声明不同,HSTS 使用特殊的 HTTP 响应头字段(即 Strict-Transport-Security)实现声明。据最近发布的文献[58],HSTS 的部署有了大幅增长,已经完全取代了 ForceHTTPS(这里仅出于完整性和历史原因才提到 ForceHTTPS)。

需要注意,HSTS 并不是一个能够完全确保 Web 安全的解决方案,仅能针对特定(被动和主动)攻击提供某种程度的保护,而不能防御所有攻击。例如,HSTS 不能阻止恶意软件、网络钓鱼以及相关的社会工程攻击。尽管保障范围相对狭窄,但仍然建议使用 HSTS,并且没有发现其对安全性有任何负面影响。因此除了引起短暂争论的 HSTS supercookies 隐私问题,几乎没有不使用 HSTS 理由。实际上,越来越多的公司和组织都采用了这一方式,并将 HSTS 纳入网页产品中。从安全角度看,这一发展趋势是非常积极的。

为了调用 HSTS,必须对 Web 服务器进行配置,使其在与浏览器通信时声明其为 HSTS 主机。如前文所述,声明通过 HTTP Strict-Transport-Security 响应头实现,

---

① https://crypto.stanford.edu/forcehttps。

并且必须通过安全连接发送。例如,浏览器如果向 http://www.esecurity.ch 网站发送了一个 HTTP 请求,将被重定向到 https://www.esecurity.ch,随后建立一个安全连接,服务器才能通过该安全连接将 HTTP Strict-Transport-Security 响应头字段发送给浏览器。之后浏览器将该 Web 服务器视为已知的 HSTS 主机,在数据库中创建一个对应条目,此后指向该域名的所有请求都将通过 HTTPS 发送。另外,也可以通过配置浏览器将特定主机视为 HSTS 主机,这种情况下就不需要发送 HTTP Strict-Transport-Security 响应头。实际上,所有支持 HSTS 的浏览器中都预设了一个已知 HSTS 主机列表,这一列表有时称为预加载列表。

HTTP Strict-Transport-Security 响应头实施的 HSTS 策略可以通过以下两个指令优化策略的持续时间和子域适用性:

(1) max-age 指令是强制性指令,用于指定浏览器在收到 HTTP Strict-Transport-Security 头字段之后的时段(单位 s),在此期间浏览器将主机视为已知的 HSTS 主机。如果指定的数值为零,则服务器会向浏览器发送信号,告知浏览器不应再将主机视为已知的 HSTS 主机。

(2) includeSubDomains 指令是可选指令,无数值。其作用是告知浏览器 HSTS 策略适用于主机和(带有主机域名的)所有子域。这一指令可以大大简化 HSTS 的调用。

上述指令的使用方法简单明了。例如,如果 Web 服务器向浏览器返回 HTTP 响应头:

Strict-Transport-Security: max-age=10000000

InlcudeSubDomains

那么浏览器便会知晓与该服务器(即 HSTS 主机)进行数据交换需要使用 SSL/TLS 协议。max-age 指令进一步告知了 HSTS 策略的有效时段为 10,000,000s(约 115 天),而 includeSubDomains 指令则告知 HSTS 策略适用于主机及其所有子域。

如前文所述,HSTS 的发布在安全界大受欢迎。2015 年,萨姆·格林哈尔什(Sam Greenhalgh)展示了 HSTS 中丰富的特性能够被用于实施复杂的跟踪技术(商业界新闻称为 HSTS supercookies[①]),使这一情况有了些许改变。这种跟踪技术利用了 HSTS 可以在不使用 includeSubDomains 指令的情况下由每个子域单独调用的特性:无论某个特定子域是否调用,HSTS 都会体现在对应的数据位上;通过重复这一过程可以得到一个位序列,对该位序列进行编码可以得到与特定客户端(或相应浏览器)唯一对应的跟踪号。

在格林哈尔什的概念验证实现中,跟踪号是一个 160 位的数字,可以表示为 base-32 字符集中的 6 个字符(例如 t9mxvk),当然选用其他编号和编码方案也可以实现同样效果。当 HSTS 主机 www.esecurity.ch 想要使用 supercookies 来跟踪其访问者时,对应跟踪号的位数设置 160 个子域,即从 000.esecurity.ch 到 159.esecurity.ch;

---

① http://www.radicalresearch.co.uk/lab/hstssupercookies.

然后 HSTS 主机向客户端发送 Strict-Transport-Security HTTP 响应，激活二进制跟踪号中每一个值为 1 的位对应的子域的 HSTS。举例来说，如果跟踪号的二进制形式前 4 位为 1011，那么主机将激活 0000.esecurity.ch、002.esecurity.ch、003.esecurity.ch 等的子域的 HSTS，但不激活 001.esecurity.ch 子域的 HSTS。如果此后某个客户端稍后访问 www.esecurity.ch，主机可将该客户端重定向到所有子域，并观察该客户端在各个子域使用的是 HTTP 还是 HTTPS。如果客户端与某个子域使用 HTTP（HTTPS）通信，则将该子域对应位的值设置为 0（1），从而得到该客户端的二进制跟踪号。显然，这种方式只有在 HSTS 主机（即本示例中的 www.esecurity.ch）发送给客户端的 HTTP Strict-Transport-Security 响应头中不包含 includeSubDomains 指令时才有效。由于本书谈论的是安全性问题而非隐私问题，因此不再深入探讨 HSTS supercookie 的细节及其意义。

3.7 协议执行示例

本节将通过一个 TLS 1.0 会话的执行示例来说明 TLS 协议的运行过程。与第 2.3 节的设定相同，在本节的示例中由客户端主动向服务器发送 CLIENT-HELLO 消息并启动 TLS 协议。消息如下所示（十六进制）：

```
16 03 01 00 41 01 00 00    3d 03 00 49 47 77 14 b9
02 5d e6 35 ff 49 d0 65    cb 89 93 7d 68 9b 55 e7
b6 49 e6 93 e9 e9 48 c0    b7 d2 13 00 00 16 00 04
00 05 00 0a 00 09 00 64    00 62 00 03 00 06 00 13
00 12 00 63 01 00
```

TLS 记录的起始部分是一个类型字段，值为 0x16（十进制值为 22，表示握手协议），一个版本字段，值为 0x0301（表示 TLS 1.0），一个长度字段，值为 0x0041（十进制值为 65）。这表示当前发送至客户端的 TLS 记录分片长度为 65 个字节，因此后面 65 个字节的数据为 ClientHello 消息。ClientHello 消息的起始部分是 0x01，代表第 1 类型的 TLS 握手消息（即 ClientHello 消息），0x00003d 表示消息长度为 61 个字节，0x0301 表示 TLS 1.0。

接下来的 32 个字节，从 0x4947 到 0xd213，是客户端选择的随机值（开头的 4 个字节代表日期和时间，其余 28 个字节是随机值）。由于没有要恢复的 TLS 会话，会话 ID 长度字段设置为 0（即 0x00），并且没有附加会话 ID。下一个值 0x0016（十进制值为 22）表示接下来的 22 个字节表示客户端支持的 11 个密码套件，每两个字节表示一个密码套件。例如，前两个密码套件的值分别为 0x0004 和 0x0004（即 TLS_RSA_WITH_RC4_128_MD5 和 TLS_RSA_WITH_RC4_128_SHA）。倒数第 2 个字节 01 表示客户端只支持一种压缩方式，而最后一个字节 0x00 代表这一压缩方式（空值压缩）。消息中没有附加 TLS 扩展。

服务器端收到ClientHello消息后,向客户端返回一系列TLS握手消息。如果可能,服务器将所有消息放在一个TLS记录中,通过一个TCP段发送给客户端。在本示例中,TLS记录中包括了1个ServerHello消息、1个Certificate消息和一个ServerHelloDone消息。与SSL类似,TLS记录的起始部分包括下列字节序列:

16 03 01 0a 5f

0x16 表示TLS握手协议,0x0301 表示TLS 1.0,0x0a5f表示TLS记录的长度(本示例中为2655字节)。上面提到的3个消息被封装在TLS记录中。

ServerHello消息如下所示:

```
02 00 00 46 03 01 49 47    77 14 a2 fd 8f f0 46 2e
1b 05 43 3a 1f 6e 15 04    d3 56 1b eb 89 96 71 81
48 d4 87 10 6d e9 20 49    47 77 14 42 53 e0 5e bd
17 6a e9 35 31 06 f2 d2    30 28 af 46 19 d1 d2 e4
49 0a 0c cd 90 66 20 00    05 00
```

消息开头的0x02代表握手协议中的第2类型消息(即ServerHello消息),0x000046代表消息长度为70个字节,0x0301代表TLS 1.0。

```
49 47 77 14 a2 fd 8f f0    46 2e 1b 05 43 3a 1f 6e
15 04 d3 56 1b eb 89 96    71 81 48 d4 87 10 6d e9
```

后面的32个字节表示服务器端选择的随机值(前4个字节仍然代表日期和时间)。之后的0x20代表会话ID长度为32个字节,后面的32个字节表示会话ID。

```
49 47 77 14 42 53 e0 5e    bd 17 6a e9 35 31 06 f2
d2 30 28 af 46 19 d1 d2    e4 49 0a 0c cd 90 66 20
```

注意,如果稍后(在会话过期之前)客户端需要恢复这个会话,则需要用到这个会话ID。在会话ID之后,0x0005 表示选择的密码套件(TLS_RSA_WITH_RC4_128_SHA),0x00表示选择的压缩方法(空值压缩)。

Certificate消息包括服务器端的公钥证书,该消息较为复杂,其起始部分为下面的比特序列:

0b 00 0a 0d 00 0a0a

其中0x0b代表第11类型的TLS握手协议消息(即CERTIFICATE消息),0x000a0d表示消息长度为2573个字节,0x000a0a代表证书链的长度。注意,证书链长度的值必须比消息长度的值小3。后面的2570个字节是验证服务器端的公钥证书所需的证书链(未示出)。

最后,TLS记录还包括ServerHelloDone消息,该消息非常简单,仅由4个字节构成:

0e 00 00 00

0x0e表示第14类型的TLS握手协议消息(即ServerHelloDone消息),0x000000表示消息长度为0个字节。

由客户端收到ServerHelloDone消息后会向服务器端发送一系列消息,在本示例中包括1个ClientKeyExchange消息,1个ChangeCipherSpec消息和1个Finished消息。每个消息分别通过1个TLS记录发送,但3个记录都可以通过1个TCP段发送给服务器端。描述如下:

ClientKeyExchange消息在第一个TLS记录中发送。在本示例中,该记录如下所示:

```
16 03 01 00 86 10 00 00    82 00 80 ac 18 48 2e 50
32 32 bb 5d 2b 35 39 f2    3d 32 cd 19 86 b4 57 e9
c8 a5 5b ad da 29 24 22    90 bc d7 3d cd f8 94 8a
4f 95 72 0c 13 52 52 82    e4 b0 25 f4 b8 b6 e1 7d
2e d9 65 ce 6f 7c 33 70    12 41 63 87 b4 8b 35 71
07 d1 0f 52 9d 3a ce 65    96 bc 42 af 2f 7b 13 78
67 49 3e 36 6e d1 ed e2    1b b2 54 2e 35 bd cc 2c
88 b2 2d 0c 5c bb 20 9a    d4 c3 97 e9 81 a7 a8 39
05 1a 5d f8 06 af e4 ef    17 07 30
```

在TLS记录头中,0x16代表SSL握手协议,0x0301代表TLS 1.0,0x0086代表TLS记录的长度(134个字节)。在记录头之后,0x10代表第16类握手协议消息(即ClientKeyExchange消息),其后的3个字节0x000082代表消息长度(130字节),后面的130个字节为使用服务器端的公开RSA密钥加密的(由客户端选择的)预主密钥。RSA加密符合PKCS #1标准。

ChangeCipherSpec消息通过第2个TLS记录发送。该记录非常简单,只包括下面6个字节:

14 03 01 00 01 01

在TLS记录头中,0x14(十进制值为20)代表改变密码标准协议,0x0301代表TLS 1.0,0x0001代表消息长度为1个字节,因而后面的1个字节0x01就是记录的最后一个字节。

Finished消息是第一条使用协商得到的算法和密钥进行保护的消息,该消息通过1条TLS记录发送,如下所示:

```
16 03 01 00 24 fb 94 5f    ea 62 ec 90 04 36 5a f6
c7 c9 1e ae 5d da 70 31    cc 63 2f 81 87 97 60 46
d0 43 fa 6e 29 94 6c cd    17
```

在TLS记录头中,0x16表示SSL握手协议,0x0301表示TLS 1.0,0x0024表示TLS记录的长度(36个字节)。这36个字节是加密的,对于不知道对应解密密钥的人来说毫无意义。

在收到ChangeCipherSpec消息和Finished消息后,服务器端必须对应返回同类型的消息(此处省略)。之后,就可以通过如下所示的TLS记录交换应用数据:

17 03 01 02 13

这里的0x17(十进制值为23)表示应用数据协议,0x0301表示TLS 1.0,0x0213(十进制值为531)表示加密数据分片的长度。客户端和服务器端之间可以交换任意数量的TLS记录,因此应用数据数量可以非常庞大。

3.8 安全分析与攻击

由于SSL和TLS协议历史悠久,因此相关的安全性分析相对较多(参见第2.4节)。文献[59-61]提供了更为近期的理论结果,文献[62]则说明了与TLS相关的实现问题。另外,文献[3]的附录F针对TLS 1.2协议进行了非正式安全性分析。其中一些分析使TLS 1.1协议进行了对应修改。例如,Vaudenay提出的填充提示攻击[7,8]、在BEAST工具中使用的、由Bard提出的分块选择明文攻击[9-11](参见第2.4和3.3.1节)等。还有一些分析和不同见解需要使用更高版本的TLS协议做出对应修改。

除了上述分析工作之外,许多研究人员还试图找到攻击TLS协议及某些实现的替代方法,文献[63,64]按照时间顺序对相关工作进行了综述,信息类RFC 7457[65]①则进行了粗略总结。本书仅讨论最重要的攻击,这些攻击有时非常微妙和棘手。第6章将进一步介绍针对证书使用的攻击。此外,需要再次强调的是,针对OpenSSL的最为严重攻击(即"心脏出血"攻击)仅利用了一个相当细微的执行漏洞,这类漏洞将来可能会再次出现。因此,从技术角度来看,对实现进行及时的升级和维护极为重要。这就是补丁管理对于确保执行的实际安全性至关重要。

下面将重点介绍由TLS协议固有的漏洞和问题引起的攻击(而不是由于执行错误引起的攻击),介绍顺序大致按照攻击出现的时间进行。

3.8.1 重协商攻击

2009年,Marsh Ray和Steve Dispensa发表了一篇论文②,文中描述了针对TLS协议的一种中间人攻击,该攻击利用的是TLS中一项可选但强烈推荐使用的特性功能,即重协商会话特性(参见CVE-2009-3555)。第2.2.2节中讨论了重协商会话特性的必要性,简而言之,进行会话重协商可能出于更改密码密钥、增加密码套件或提高认证级别、(最重要的是)服务器需要基于证书的客户端认证等方面的需求。会话重协商与会话恢复不同,会话重协商中会建立具有新会话ID的新会话,

---

① 与本书中引用的大多数RFC文档不同,这一RFC文档并不是由IEIF安全领域的TLS工作组提供的,而是由应用领域的Using TLS in Applications (UTA)工作组提供的(https://datatracker.ietf.org/wg/uta/)。后者成立于2013年11月。

② 这篇论文发表时,Ray和Dispensa正在PhoneFactor公司工作,PhoneFactor是当时活跃在多因素身份验证领域的一家顶尖公司,这篇论文实际上是该公司的技术报告。2012年,PhoneFactor公司被Microsoft收购,因此PhoneFactor公司的技术报告不再直接在互联网上公布。但仍有许多网络资料库会发布这些报告,使用搜索引擎可以找到这篇题为《重协商TLS》文章。

会话恢复则重新使用已经存在且之前建立的会话。

从技术上讲,可以由客户端向服务器发送一条新的 ClientHello 消息来启动由客户端发起的重协商,也可以由服务器向客户端发送一条新的 HelloRequest 消息来启动由服务器发起的重协商。消息接收方可以选择接受或拒绝重协商请求,仅在接受重协商请求时才会启动新的 TLS 握手,请求被拒绝时则仅返回一条 no_renegotiation 警告消息(代码为100)。

由 Ray 和 Dispensa 提出的 TLS 重协商攻击还可用于许多 SSL/TLS 应用场景,例如 HTTP 和 HTTPS 占主导的 Web 场景。图 3.10 给出了此类场景下的 TLS 重协商攻击。攻击方(中间人)处于客户端(左侧)和服务器(右侧)之间。攻击方等待客户端向服务器发送 ClientHello 消息以启动重协商。如果重协商是服务器发起的,则在客户端向服务器发送 ClientHello 消息之前,服务器已向客户端发送了 HelloRequest 消息,但这不会影响攻击的过程。攻击方捕获并延后传输 ClientHello 消息。在延后期间,攻击方与服务器之间建立第一个 TLS 连接(图 3.10 中标记为 TLS 连接 1),使用该连接向服务器发送第一条 HTTP 请求消息(HTTP 请求 1)。假设 HTTP 请求 1 包含以下两个标头行(其中只有第一行以换行符结尾):

GET/orderProduct?deliverTo=Address-1

X-Ignore-This:

标头行的含义在后面进行解释。这时需要注意,许多 SSL/TLS 实现并没有在解密数据后立即将其发送给相应的应用程序,而是等待收到其他数据之后再整体发送。这一攻击方式便是利用了这种行为模式。具体而言,攻击方将先捕获并延迟发送的 ClientHello 消息转发给服务器,借此启动会话重协商。如果会话重协商过程进行顺利,则会建立第二个 TLS 连接(图 3.10 中的 TLS 连接 2),由于 TLS 连接 2 是端到端加密的,因此攻击者无法破坏通过这一连接发送的数据。但当客户端使用 TLS 连接 2 向服务器发送另一个 HTTP 请求消息(HTTP 请求 2)时,则会出现下面的情况:两个请求消息会被级联起来一起发送给应用程序。从应用程序的角度来看,不可能区分两个消息的内容,因为消息的标称来源相同。假设 HTTP 请求 2 的开头为以下两个标头行:

GET /orderProduct?deliverTo=Address-2

Cookie: 7892AB9854

则将两个请求消息级联后得到的消息为:

GET /orderProduct?deliverTo=Address-1

X-Ignore-This: GET /orderProduct?deliverTo=Address-2

Cookie: 7892AB9854

X-Ignore-This: 标头是无效的 HTTP 标头,因此被大多数实现忽略;由于 HTTP 请求 1 没有以换行符结尾,因此会将其与 HTTP 请求 2 的第一行连接起来。因此级联后的消息的这一行将被忽略,因此消息将被发送到 Address-1 而不是

Address-2。注意到,由于会话cookie由客户端提供,因此是有效的,所以没有理由不处理这一消息。另请注意,利用重协商漏洞发起相应攻击的方式可能有很多种,不仅是Ray和Dispensa的报告和商业新闻描述的许多内容,仅在Ray和Dispensa的报告发布后一周,一个帖子中就给出了另外的攻击方式[①]。这类攻击可用于SSL/TLS协议的服务器单向认证和双向认证模式,使用客户端证书也无法实现防御。

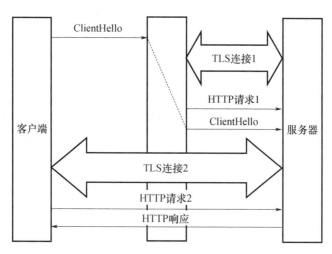

图3.10 TLS重协商攻击(概览)

重协商攻击从概念上讲类似于跨站请求伪造(CSRF)攻击,因此,针对CSRF攻击的保护机制通常有助于抵御重协商攻击。另外,由于重协商特性是可选的(如前文所述),所以,防止重协商攻击的最直接的方式是禁用该特性,默认不支持重协商。不太严格地讲,仅需禁用客户端启动的重协商可能便已足以防御重协商攻击,同时还能保护服务器免受某些DoS攻击。但是由于有时不太可能禁用重协商,因此还提出了其他保护机制。最重要的是,IETF TLS WG已开发出一种握手识别机制,使在进行重协商之时必须确认双方对于之前的握手认知一致。3.4.1节介绍的TLS扩展renegotiation_info扩展可用于实现这一目的,并在标准跟踪RFC5746[30]正式指定。使用这一机制,客户端和服务器在各自的ClientHello和ServerHello消息中包含renegotiation_info扩展。如果一方希望发出支持安全重协商的信号,则将发送renegotiation_info扩展(值为空字符串)。只有一方希望进行重协商之时,扩展中才会包含确认先前握手的数据。如第3.2.4节所述,客户端发出客户侧的verify_data,而服务器则串联发送先前握手中的Finished消息的客户侧的verify_data消息和服务器侧的verify_data(SSL/TLS协议版本不同,细节有所不同)。直观地讲,利用先前握手的验证数据,双方可以确保其对于先前握手的认知一致,

---

① http://www.securegoose.org/2009/11/tls-renegotiation-vulnerability-cve.html。

进而重新协商正确连接。

但这里需要提到一个互操作性问题:由于某些 SSL 3.0、TLS 1.0 和 TLS 1.1 实现会忽略 hello 消息末尾的空扩展,故此,提出了另一种由客户端向服务器表明希望进行安全重协商的方法,即客户端不在 ClientHello 消息中包含一个没有数据的 renegotiation_info 扩展,而是在其支持的密码套件列表中包含一个特殊的信令密码套件,即 TLS_EMPTY_RENEGOTIATION_INFO_SCSV(代码为 0x00FF)。这种方式也能向服务器表明客户端希望且支持安全重协商。此后的安全重协商过程维持不变(因此,双方仍然需要支持安全重协商扩展)。

通过将重协商的连接关联到先前连接的握手过程,安全重协商机制似乎可以有效地阻止重协商攻击及大部分变种攻击。客户端不知道自己启动了重协商,因此不会提供前一次握手的 verify_data。同样,如果攻击者修改了 ClientHello 消息以提供前一次握手的 verify_data,则 TLS 会相应检测到消息修改和完整性缺失。但这种防护措施并非万无一失。2014 年,人们发现即使采用了安全重协商机制,仍然可以发起重协商攻击[66]。这种中间人攻击使用了三次握手过程,因此称为三重握手攻击。这一攻击利用了以下两个漏洞:

第一个漏洞是,一个中间人可以建立两个 TLS 连接相关,这两个连接分别位于客户端与中间人之间,以及中间人与服务器之间,使用相同的主密钥和会话 ID。如果使用 RSA 进行密钥交换,那么中间人可以仅来来回回地转发握手消息。这些消息包括预主密钥和用于生成主密钥的随机值。同样,会话 ID 由服务器选择,并由中间人简单地转发到客户端。这种未知密钥共享攻击的可行性已经提出了一段时间,但普遍认为其不会造成真正问题[67]。

第二个漏洞是,如果在未知密钥共享攻击之后进行连接恢复,会出现以下情况:两个连接不仅使用相同的主密钥和会话 ID,而且在各自的 Finished 消息中还包含相同的 verify_data。

利用这两个漏洞,三重握手攻击实际上分为三个步骤,每个步骤为一次握手:

第一步,中间人发起未知密钥共享攻击,建立两个使用相同主密钥和会话 ID 的 TLS 连接。和通常的中间人攻击一样,第一个连接建立在客户端与中间人之间,第二个连接建立在中间人与服务器之间。

第二步,中间人等待客户端启动会话恢复。恢复会话只需要会话 ID 和主密钥(而重协商需要来自先前握手的 Finished 消息中的 verify_data),因此中间人只需要来回转发握手消息。这样就获得了两个完全同步且使用相同 verify_data 的连接。

第三步,中间人开始攻击动作。与"正常"的重协商攻击一样,攻击方向服务器发送 HTTP 请求 1,并触发要求使用证书进行客户端侧认证的重协商过程。尽管使用了安全重协商机制,但是中间人能够启动重协商,因为其获得了当前所需的正确的 verify_data 数据。

客户端通过认证之后,服务器端将把 HTTP 请求 1 和来自同一客户端的其他

HTTP请求串联,然后发送给应用程序,即认为HTTP请求1由这一客户端发送并进行相应的处理。这样就绕开了安全重协商机制,仍然发起了重协商攻击。

自从三重握手攻击发布以来,IETF TLS WG一直在努力战胜这种攻击,争取提出一种真正安全的重协商机制①。防范三重握手攻击最安全的方式是在重协商期间拒绝任何证书更改。此外还可以确保无法进行未知密钥共享,例如当所有TLS连接都使用不同且唯一的主密钥时,就可以采用这一方式。因此,如果主密码不仅取决于预主密钥、"主密码"标签以及客户端和服务器的随机值,而是还考虑了服务器证书等的其他参数,那么生成的主密钥(称之为扩展主密钥)很可能是唯一的。这样在连接不同服务器时就可以使用不同的扩展主密钥,而在中间人攻击场景中,客户端和中间人之间连接和中间人和服务器之间连接就可以使用不同的扩展主密钥,因此可以抵御未知密钥共享攻击,进而能够抵御三重握手攻击——至少是上述形式的三重握手攻击。

实际上,有一个互联网草案②定义了扩展主密钥的生成方式及其在TLS环境中的使用方式。根据第3.4.1节中讨论的内容,此处可以使用一个特殊的TLS扩展extended_master_secret,即客户端在其ClientHello消息中发送该扩展,而服务器在ServerHello消息中也包含此扩展。第3.1.1节给出的主密钥,其通常的生成方式为

master_secret =
    PRF(pre_master_secret,"master secret",
        client_random + server_random)

但如果在TLS会话中协商了extended_master_secret扩展,则主密钥的生成方式为

master_secret =
    PRF(pre_master_secret,"extended master secret",
        session_hash)

需要注意的是,上述构造使用了另一个标签,而且客户端和服务器的随机值被替代为会话哈希值。该哈希值根据已发送/接收的所有握手消息(包括其类型和长度字段)计算。握手消息从ClientHello消息开始,且包括ClientKeyExchange消息。客户端和服务器的随机值等也包含在内。从TLS 1.2开始,此处采用的哈希函数都相同,并且该函数还被用于计算Finished消息。但TLS 1.2之前的版本中,哈希函数采用的是MD5和SHA-1函数的串联。

如果TLS会话受到扩展主密钥的保护,就认为其可以抵御所有类型的重协商攻击。但是这只是一个假设,并没有经过密码学界的验证(例如文献[68])。

---

① https://secure-resumption.com.
② https://tools.ietf.org/html/draft-ietf-tls-session-hash-03.

3.8.2 与压缩相关的攻击

过去几年出现了一些结合利用压缩和加密算法的针对TLS协议的攻击。John Kelsey在2002年的研究报告中首先发现并指出了相应的漏洞[69]。进行压缩的问题在于：压缩会以某种方式缩短明文的长度，而这种长度变化可能会揭示一些被压缩明文的信息，尤其是在无损压缩的情况下。在某些情况下，根据这种方式得到的信息足以恢复出一些敏感数据，如会话cookie等。使用流密码时这种可能性更大，但使用块密码也同样存在可能(尽管需要额外进行对齐块长度的工作)。本节将按出现的先后次序讨论与压缩相关的攻击。

1. CRIME攻击

在"野兽攻击"工具发布一年之后(参见第3.3.1节)，Rizzo和Duong在2012年的Ekoparty安全会议上提出了另一种攻击工具，即"压缩比信息泄露一点通"(CRIME)①。CVE-2012-4929记录了相应漏洞。实际上，他们提出了一种将Kelsey发现的漏洞转变为一种旁路攻击的方式，攻击对象是结合使用加密和压缩的安全协议，如SSL/TLS协议、SPDY等。CRIME攻击针对的是SSL/TLS协议级别的压缩(根据上文所述，可以是空值缩或DEFLATE压缩②)，而相应的客户端和服务器端必须支持这种压缩类型。与HTTP级别的压缩相比，SSL/TLS级别的压缩很少使用，并且很容易停用(以防止CRIME攻击)。为了信息完整性起见需要指出，Rizzo和Duong在Ekoparty大会中就已经指出，针对HTTP级别的压缩也可以发起类似于CRIME的同类型攻击③，不过这类攻击在当时尚未出现。

当客户端将HTTP请求消息发送到服务器时，可能会在Cookie:头中发送一个会话令牌，并发送相应的值，例如：

Cookie: SessionToken=ws32456fg

这样就为会话令牌(SessionToken)指定了一个短值ws32456fg。CRIME攻击以该数值为目标，尝试窃取令牌以劫持会话。发动攻击需要以下两个条件：

第一，攻击方能够窃听客户端和服务器之间的网络流量。

第二，攻击方能够对客户端的浏览器进行某种程度的控制，实现这类控制的方式包括，通过恶意站点(利用某种偷渡式感染)注入JavaScript代码等。

这种攻击的概念简单明了：对于cookie的每个字符，攻击方对应向服务器发送一系列具有不同单字符路径参数的HTTP请求消息，以便确定正确的字符。在本书给出的示例中，攻击方让客户端发出一条HTTP请求消息，其中path参数设置为GET / SessionToken = a。如此一来，攻击方可以确定cookie的第一个字符是否为"a"。如果是，那么DEFLATE压缩的LZ77算法将能够压缩后续的消息。(注意，

---

① https://www.imperialviolet.org/2012/09/21/crime.html.

② Zlib和gzip也是基于DEFLATE压缩。

③ 可参见其演讲ppt的第7页。搜索"CRIME攻击"和"Google文档"可从Google文档获得该ppt。

Cookie:头和相应值在每个HTTP请求消息中均会发送。)显然,本示例中第一个字符不是"a",因此攻击方会继续发送第二条HTTP请求消息,其中path参数设置为GET / SessionToken = b。类似地,此时也无法压缩后续的消息。因此攻击方将重复发送HTTP请求消息,直到其中path参数设置为GET / SessionToken = w时,相应的HTTP请求消息可以被压缩。此时攻击者能够检测到消息长度变短,从而确定cookie的第一个字符为w。重复这一过程,攻击方就能还原出整个cookie。对于每个字符,攻击方最多只需尝试256次(或平均128次),因此这类攻击所需的工作量主要取决于cookie的字符数量。

这种攻击从理论上讲非常有效,然而实际情况要稍微复杂一些。最重要的是,DEFLATE压缩方法不仅包含LZ77,还包括霍夫曼编码(在某种程度上起到混淆LZ77的效果)。霍夫曼编码对频繁出现的字符采用更强的压缩,这样错误但频繁出现的字符所对应的压缩消息,其长度可能和正确猜想的字符对应的压缩消息的长度相当甚至更短,使攻击难以发动。Duong和Rizzo提出使用"两次尝试法"来解决这一问题:攻击方针对每个字符发送两个(而不是1个)HTTP请求消息。两个请求消息都加入了填充,填充由一组字符组成,这些字符取自目标字符的字母补码①。在一条请求消息中,填充添加在猜测值的前面,而在另一条消息中,填充则添加在猜测值的后面。本示例中,第一次猜测的两条请求消息为GET / SessionToken = a {}和GET / SessionToken = {} a。如果猜测不正确,则两条消息压缩后的大小应当相同。如果猜测正确,则第一个消息由于有更长的重复子字符串,其压缩程度将更高,即SessionToken=w{}对应的压缩比略大于SessionToken={}w。

自Kelsey的论文发表以来,尤其是在CRIME工具演之后,人们认识到结合使用加密和压缩方法时可能会导致微妙的安全问题。解决这些安全问题的一种直接方法是禁用(并且不使用)TLS级别的压缩。与第3.8.2节中讨论的禁用HTTP级别压缩相反,这种方法在这里有效且不会造成大的负面影响。此外提出了较为间接的方法,包括使用填充来隐藏加密消息的真实长度等。但这类间接的方法并不能阻止攻击,而只能使攻击速度变慢。通过重复发送消息,计算出消息长度的平均值,攻击方仍然可以得知消息的真实长度(如文献[70])。但是IETF中仍然有按照这一思路开展的研究工作②。CRIME攻击发布之后的第二年,又发布了其两个变体,即TIME攻击和BREACH攻击。TIME攻击和BREACH攻击都没有利用TLS级别的压缩,而是利用了应用程序级别(即HTTP级别)的压缩。许多Web服务器通常在HTTP响应消息的消息体中发送机密数据(如访问令牌),而随后可能对这些HTTP响应消息进行压缩。如果向服务器发送一个请求信息,其中包含了与密钥某部分匹配的子字符串,那么相应的HTTP响应消息的压缩率就会更高。在这一情况下,可以检测到该消

---

① 举例来说,当机密数据由十六进制数字构成时,则填充选用"{}"。
② https://tools.ietf.org/html/draft-pironti-tls-length-hiding-02。

息长度较短(BREACH攻击)，或者检测到该消息的传输时间较短(TIME攻击)。Rizzo和Duong之前就已经提到了利用HTTP级压缩中漏洞的可能性，这大大增加了此类攻击出现的可能性。由于HTTP压缩在实际中非常重要，因此无法单纯通过禁用压缩来抵御攻击，而是需要修改一些应用程序代码来实现这一目的。但对于某些应用程序来说，其应用环境决定了很难甚至无法进行代码修改。

2. TIME攻击

在2013年3月举办的欧洲黑帽安全大会上[①]，Amichai Shulman和Tal Be'ery提出了CRIME攻击的一种变体，称为时间信息泄漏一点通(TIME)攻击。TIME攻击针对的是HTTP级别的压缩(而不是TLS级别的压缩)，通过测量消息的时序(而不是消息长度)获取攻击所需的信息。因此，TIME攻击是针对HTTP级别压缩的时序攻击。尽管TIME攻击是CRIME攻击的一种有趣的变体，但是其在实际中很少发生。

3. BREACH攻击

在Shulman和Be'ery提出CRIME攻击的几个月后，Angelo Prado、Neal Harris和Yoel Gluck又在2013年8月拉斯维加斯举行的黑帽大会上发布了类似的攻击，即超文本自适应压缩浏览器勘测与渗透(BREACH)攻击[②]。与TIME攻击一样，BREACH攻击也针对HTTP响应消息中的压缩。但与TIME攻击不同的是，BREACH攻击不是时序攻击，而是采用了与CRIME攻击类似的方式，即测量HTTP消息的长度。与TIME攻击不同，BREACH攻击引起了媒体的大量关注。

一切与压缩相关的攻击都需要大量资源才能实现。但如果攻击方有充分的动机和足够的能力，那么就能够实施攻击并造成灾难性的后果。因此，防御攻击及降低风险的合理对策是不使用TLS级别的压缩，以及谨慎地使用HTTP级别的压缩，但不使用HTTP级压缩将对性能产生相当严重的影响，故此这一对策也不是长期性的。如前文所述，任何试图隐藏消息真实长度的防御策略也是如此：这些策略都不是万无一失的，只能降低攻击速度。除了这些收效甚微的方法之外，还有一些可能在实践中行之有效的方法。

方法一是对用户输入使用不同于应用程序数据(包括目标机密数据)的压缩设置，但这种方法通常需要对应用程序进行重大修改。

方法二是确保请求消息中作为攻击目标的机密数据不相同。对于机密数据S生成一次性填充P，用$P\|(P\oplus S)$代替S。这种方式的解码简单，同时能够确保两个请求消息的机密数据不相同。这种方法虽然可以抵御攻击，但仍需要对应用程序进行重大修改，而且因为机密数据的长度加倍且不可压缩，这种方法还会造成一定的性能损失。

---

① https://media.blackhat.com/eu-13/briefings/Beery/b h-eu-13-a-perfect-crime-beery-wp.pdf.

② http://breachattack.com.

方法三是监视每个用户的数据流量,探测用户在相对较短的时间内请求大量资源的情况。

上述方法相互独立且不互相排斥,因此可以根据需要将其组合使用。目前在实践中没有发现类似的实现和部署方式,这意味着日常生活中使用的许多应用程序仍然容易受到压缩相关攻击的影响。

3.8.3 近期的填充提示攻击

第3.3节介绍了,TLS 1.1协议引入了一些机制,以使TLS实现免受Vaudenay等填充提示攻击。最重要的是,无论填充是否正确,协议实现都必须确保记录处理时间基本相同。实现这一目的(避免出现相应的时序通道)的最好方式是,在填充不正确时也进行MAC计算,然后再拒绝该数据包。这种方式看起来简单明了,但事实并非如此,因为当填充不正确时无法确定MAC计算所需的数据,其原因是没有定义填充的长度,因此填充是可长可短的。为解决这一问题,TLS 1.1和1.2规范在填充错误时假定填充长度为零并进行MAC计算。相应的RFC文档[2,3]指出"由于MAC计算的速度一定程度上取决于数据分片的大小,因此这种方式也会产生一个很小的时序通道",但认为这一时序通道"不足以被利用,因为MAC块很庞大,因此相对来说时序通道很小。"这一论点在2013年Nadhem J. AlFardan和Kenneth G. Paterson所做的验证之前[71]都被安全界普遍接受。这一验证证明了,即使采用RFC文档给出的防御策略,填充提示攻击仍然可行。这一结论适用于DTLS,但在某些条件限制下也适用于TLS。这类填充提示攻击被称为"Lucky Thirteen"攻击,或简称"Lucky 13"攻击,记录在CVE-2013-0169中。

要了解Lucky 13攻击的工作原理和作用方式,首先要回到第3.2.1节中介绍的HMAC构造。这种构造的目的是消息认证,首先对作为MAC的HMAC值进行计算,然后遵循AtE方式,将计算结果附加到消息中再进行加密。经过认证的消息包括TLSCompressed结构的分片字段和13个字节的附加数据。具体而言,这13个字节包括一个8字节的序列号字段和TLSCompressed结构的5字节的消息头(包括类型、版本和长度字段)。这13个字节是在消息认证之前添加到消息中的,是根据相应的HMAC值计算和附加的。通过分析这些攻击可以发现,攻击方确定附加数据时需要碰运气,因此该攻击被命名为Lucky 13。

无论如何,HMAC值的长度取决于使用的加密哈希函数。如果使用MD5,HMAC值的长度为16字节(128位),如果使用SHA-1则为20字节(160位),使用SHA-2函数时HMAC值更长。尽管长度不同,但是目前几乎所有加密哈希函数(SHA-3算法中最近标准化的函数除外)都遵循Ralph C. Merkle和Ivan B.Damgård在20世纪80年代后期文献[72,73]提出的结构①。这一结构使用的压缩函数顺序

---

① 两篇文章都发表在1989年的美洲密码年会(CRYPTO'89)会议刊物中。

获取消息中的长度为64字节的数据块,并对其进行迭代的压缩,即每次压缩的输出都作为下一次压缩的输入。该结构还采用了一个称为Merkle-Damgård强化的编码步骤,计算哈希值数据并对消息进行填充,使消息长度为64字节的整数倍。填充由8字节的长度字段和至少1字节的填充组成,因此Merkle-Damgård结构中的最小填充长度为9字节。

使用迭代哈希函数(Merkle-Damgård结构)计算HMAC值时,相应的实现将具有独特的时序表现:如果消息长度不超过55字节(64-9)的消息可以编码为一个64字节的块,计算相应的HMAC值需要使用4次压缩函数;如果消息长度为56~119(55+64)字节,则需要使用5次压缩函数。推而广之,每增加一个64字节的数据块都需要多使用1次压缩函数。设消息的字节长度为n,则需要$\frac{(n-55)}{64}$+4次压缩函数评估。根据实现的不同,计算HMAC值所需的计算时间可能会泄漏有关(未填充的)消息长度的信息,分辨率可能高达64字节。这就是Lucky 13攻击中利用的之前提到的很小的时序通道。因此,Lucky 13攻击是时序攻击,攻击方作为中间人读取和添加自编的密文消息。从密码分析的角度看,Lucky 13攻击属于一种CCA攻击。

第一次Lucky 13攻击的概念很简单,对CBC加密采用了区分攻击。在这一攻击中,攻击方选择了一对等长的明文消息(P_0, P_1),并根据TLS记录处理规则对其中一条消息进行加密(意味着该消息经过了认证、填充和CBC加密)。对于生成的密文C_d,攻击方判断d的比特值,确定C_d是P_0还是P_1的加密结果,这一过程的正确概率远高于50%[①]。举例来说,攻击方选择以下两个明文消息发起攻击:P_0包含32个任意字节(AB),后接256个0xFF;P_1包含287个任意字节,后接0x00。

这两个明文消息可以表示为以下形式

$$P_0 = \underbrace{AB\ AB \cdots AB}_{32}\ \underbrace{0xFF\ 0xFF \cdots\cdots 0xFF}_{256}$$

$$P_1 = \underbrace{AB\ AB \cdots\cdots\cdots\cdots\cdots\cdots\cdots\cdots AB}_{287}\ 0x00$$

两个消息长度都为288字节,可以分成18个明文块(对应于128位或16字节的块密码,如AES)。攻击方提交(P_0, P_1)进行加密,获得了一条由消息头和密文C_d组成的TLS记录,其中C_d代表经CBC加密的P_d(可能为P_0或P_1)。编码步骤会在消息中添加MAC和一些填充数据。由于P_d与块边界对齐,附加的MAC和填充字节在与P_d不同的块中加密。这样攻击方可以构建一个新的密文块C_d',其消息头相同但不包括附加MAC和填充字节(这意味着C_d被截断为288字节),然后将这个新的密文块C_d'提交解密。需要考虑以下两种情况:

如果$d=0$,则C_d'代表P_0,可知对应的明文消息的填充较长(即256 0xFF字节),

[①] 随机猜测d的值(为0还是1)的成功概率为一半,攻击方可以在此基础上进一步提高猜测成功率,能使其显著高于50%。

实际消息较短。以使用MD5函数(生成16字节哈希值)为例,消息长度仅为16字节(288-256-16=16)。

如果$d=1$,则C_d'代表P_1,可知对应的明文消息的填充较短,实际消息较长。使用SHA-1函数,相应消息的长度为271字节(288-16 =271)。

无论d的取值如何,都需要计算和验证MAC。由于MAC无效的可能性非常大,很可能收到对应返回的错误消息。如果收到错误消息的时间间隔相对较短,则对应的消息可能较短,即对应于P_0的情况;反之,如果间隔时间较长,则更可能对应于P_1的情况。可以看到,实现的时序行为可能会提供一些底层明文的相关信息(即间隔时间越长,填充越短),利用这一信息进行区分攻击是完全可行的。

区分攻击在理论上很有趣,但实践中更重要的问题是能否将区分攻击转换为明文恢复攻击。文献[71]表明了可以基于区分攻击恢复部分甚至全部明文,因此对上述问题的回答是肯定的。明文恢复攻击利用了这样一个事实,即处理一条TLS记录密文的时间(以及错误消息的出现时间)取决于接收方认定的明文的填充长度。攻击方将目标密文块放在加密记录的末尾,可以调整被认定为填充的明文块,进而从消息处理时间中获得明文字节的相关信息。由于泄露的信息量相对较小,因此实际中需要大量填充才能产生明显的时序差异,一般来说,发起明文恢复攻击相当复杂。

设C^*为密文块,攻击方想要从中恢复出对应明文块P。C'表示C^*的前一个密文块,C'可能是显式IV或前一个密文的最后一个块。根据CBC解密方式可以知道

$$P^* = D_K(C^*) \oplus C'$$

这就是攻击方的目标。仍然假定攻击方能够监听通信,并能将选择的消息注入网络。假设使用带显式IV(参见对TLS 1.1的介绍)和块长度为16字节的块密码(如AES)。此外,假设使用加密哈希函数生成的哈希值长度为20字节,MAC结构为HMAC-SHA-1。其他参数的设置在不同版本的攻击中略有不同,此处不再赘述。

为了发起针对C^*和C'的明文恢复攻击,攻击方会编辑一系列TLS记录$\overline{C(\Delta)}$,并发送给被攻击方解密。每条记录都依赖于一个随机选择(因此截然不同)的16字节块,但其构建方式都为

$$\overline{C(\Delta)} = \text{HDR} \| C_0 \| C_1 \| C_2 \| C' \oplus \Delta \| C^*$$

HDR指的是TLS记录的记录头,而C_0、C_1、C_2、C'和C^*指的是5个16字节的块,共同代表TLS记录的分片字段。C_0为IV,其余块为非IV密文块。在$\overline{C(\Delta)}$中,C_0、C_1和C_2是任意值,可以随意选定。如果将$\overline{C(\Delta)}$发送给被攻击方,则TLS记录头将被静默丢弃,生成64字节明文信息P。P由4个块组成

$$P = P_1 \| P_2 \| P_3 \| P_4$$

攻击方仅对P_4感兴趣,根据CBC解密方式可知

$$P_4 = D_K(C^*) \oplus (C' \oplus \Delta)$$
$$= P^* \oplus \Delta$$

这意味着 P_4 与目标明文块 P 之间有某种方式的关联。这一关联不仅适用于块级别,也适用于字节级,即对于每个字节 $i=0,1,\cdots,15, P_4[i] = P^*[i] \oplus \Delta[i]$)。如果 P_4 以两个 0x01 字节结尾,则明文块以两个字节的有效填充结尾。在这种情况下,攻击方删除两个字节,使后面的 20 个字节被认定为 MAC。这样就产生了一个长度不大于 42(64-2-20=42) 字节的记录,从而 MAC 验证的消息长度不超过 55(42+13=55) 字节(MAC 验证前附加了 5 字节的消息头和 8 字节的序列号)。在所有其他情况下(即 P_4 的结尾为 0x00 字节或任何其他字节,包括无效字节),MAC 验证的消息长度都不小于 56 字节。

因此,在一种情况下消息最大长度为 55 字节,在所有其他情况下消息长度不小于 56 字节。如前所述,如果一条消息长度不超过 55 字节,则只需使用 4 次压缩函数就可计算出 HMAC 值;当消息超过这一长度时,就需要使用 5 次。这种差异会导致不同的运行时间行为,据此可以确定 $\overline{C(\triangle)}$ 最后两个字节的值,即消息块 P_4 的最后两个字节均为 0x01。最多通过 2^{16} 次尝试,攻击方就可以发现触发这一情况的 $\overline{C(\triangle)}$ 值。P 的最后两个字节的计算方式为

$$P^*[15] = P_4[15] \oplus \Delta[15]$$
$$P^*[14] = P_4[14] \oplus \Delta[14]$$

一旦恢复了 P 的最后两个字节,攻击方就可以利用类似 Vaudenay 攻击的方式恢复 P 的剩余字节(参见附录 B.2)。例如,要恢复倒数第 3 个字节 $P^*[13]$,攻击方可以利用获得的 P 最后两个字节来设置 $\Delta[15]$ 和 $\Delta[14]$,以令 P_4 的结尾为两个 0x02 字节。此后攻击方可以仅修改 $\Delta[13]$ 并生成候选 $C[\Delta]$,最多通过 2^8 次尝试就可以找到满足的 $\Delta[13]$ 值,符合 $P_4[13]=P^*[13] \oplus \Delta[13]=0x02$,进而将 $P^*[13]$ 恢复为 $P^*[13]=\Delta[13] \oplus 0x02$。之后恢复 P 中一个字节都最多需要 2^8 次尝试,因此攻击方总共最多需要 $2^{16}+14 \cdot 2^8$ 次尝试。但请注意,如果假设可以使用有限长度的马尔可夫链对明文进行语言建模,则可以大大降低攻击的复杂性。对于自然语言,这一假设完全合理,但对于随机生成的文本而言并非如此。

这种攻击从理论上讲是有效的,但要实现这类攻击至少要解决两个难题:

首先,一旦攻击方提交了第一个密文,TLS 会话便会被破坏,而攻击方必须成功提交多个密文,最多可达 $2^{16}+14 \cdot 2^8$ 个。其次,时序差异很小,甚至可能被网络抖动所掩盖。

第一个问题可以通过发起多会话攻击来解决,在多个同时会话的相同位置发送相同的明文(最初在文献[9]中提出)。第二个问题同样可以通过多会话攻击解决,针对每个值重复发起攻击并记录对应的时间信息,对记录的时间信息进行统计处理,从而估计出可能性最高的值。

攻击的总体可行性取决于许多实现细节。同样,由于 DTLS 的容错能力以及

可以采用时序放大技术[74],攻击DTLS可行性比攻击TLS更高,第4章介绍DTLS时将再次讨论此话题。

总的来说,Lucky 13攻击代表了最近的针对TLS的填充提示攻击。Lucky 13攻击再次证明,AtE容易遭到填充提示攻击,而EtA是更好的选择(至少从安全角度而言)。正如前文多次提到的,这一认知引发了修改协议的需求,至少是增设对应TLS扩展机制的需求(参见第3.4.1节)。使用对应扩展机制可以防御对TLS的Lucky 13攻击,以及所有其他填充提示攻击。但该机制的实施和广泛部署尚需时日。同时建议使用包括认证加密的密码套件以防御填充提示攻击,TLS 1.3协议对此进行了强制要求。

3.8.4 密钥交换降级攻击

第2.2.1节介绍了FREAK攻击[75]和Logjam攻击[76]。这两种攻击都是中间人攻击,攻击方充当中间人,尝试将使用的密钥交换方法降级为出口级,从而可对齐进行破解。这两种攻击清楚地表明,继续支持出口级密码套件以及所有包含过时密码的密码套件都是危险的,因此应当避免。这一法则适用于所有版本的SSL/TLS协议。

3.8.5 FREAK攻击

FREAK攻击①于2015年3月发布,针对RSA密钥交换,利用了一个实现过程中的错误。具体而言,某些浏览器即使在设置为不接受出口级密码的情况下,仍可能支持和接受出口级密码,FREAK攻击利用了这一实现错误②。FREAK攻击利用的漏洞记录在CVE-2015-0204(针对OpenSSL)、CVE-2015-1637(针对Microsoft的SChannel)和CVE-2015-1067(针对Apple的Secure Transport)中。攻击开始时,客户端向服务器发送ClientHello消息,请求"正常的"(即非出口级的)密码套件。中间人捕获此消息,将其改为请求出口级密码套件,这类密码套件通常使用临时RSA密钥交换。在这种密钥交换中,通常使用更长的密钥(如1,024位RSA密钥)对密钥交换所用的512位RSA密钥进行数字签名,然后通过ServerKeyExchange消息发回给客户端,第2.2.2节对此有更为全面的介绍。客户端此时通常会中止协议,因为服务器选择的密码套件不属于客户端支持的密码套件。但由于实现错误,客户端仍然接受了出口级密码套件并继续执行协议。客户端将用伪随机的方式选择一个预主密钥,并使用用于密钥交换的512位RSA密钥对其进行加密。然后,客户端将生成的密文通过ClientKeyExchange消息发送给服务器。如果中间人设法在合

---

① https://www.smacktls.com。

② 1998年10月10日的IETF TLS WG邮件列表中,Bodo Möller在"针对SSL 3.0 / TLS 1.0的EXPORT-PKC攻击"中提到了实施"降级为出口级"攻击的可能性,但未提及具体的实现错误。Mölle正是在17年之后最终揭露FREAK攻击的研究员之一。

理的时间内(通过分解512位模数)破解了这个RSA密钥,就可以解密预主密钥并使用该机密数据重建所有密钥。这些密钥可用来解密所有消息,甚至能够以客户端的名义生成新消息①。要发动FREAK攻击,中间人必须能近实时地分解512位整数。由于这个整数代表与每个用户唯一对应的RSA模数,因此对于每个RSA密钥都需要进行这一计算。因此与Logjam攻击相反,FREAK攻击几乎不能利用预计算来加快攻击速度。

3.8.6　Logjam攻击

Logjam攻击②与FREAK攻击相似,但在许多细节上仍然有差异。例如(如前文所述),Logjam攻击针对的是DHE密钥交换(而不是RSA),并且不依赖于实现错误。攻击方作为中间人,等待客户端向服务器发送ClientHello消息,消息中包括客户端建议的基于DHE的密码套件(而不是其他密码套件)。然后攻击方使用一个出口级的基于DHE的密码套件替换整个密码套件列表,并将修改后的消息转发给服务器。如果服务器支持出口级DHE,则会向客户端发送一条相应的ServerHello消息。中间人实时修改此消息,将出口级DHE替换为最开始支持的DHE。因此客户端完全不知道其只使用了一种出口级DHE的情况(由于这两种情况下的协议相同,因此客户端没有理由在此时停止执行协议)。在随后的Certificate和ServerKeyExchange消息中,服务器为其签名密钥及使用此密钥签名的DH参数提供证书。同样,客户端在相应的ClientKeyExchange消息中提供其DH参数(针对相同的质数p)。如果中间人已经完成了对于p的预计算,则可以轻松计算出破解DHE密钥交换所需的离散对数。如果计算成功,攻击方就能够获取预主密钥(即密钥交换的结果)。这之后的过程便与FREAK攻击类似了。

3.9　小　　结

本章概述、讨论并详细介绍了TLS协议的各种版本(即TLS 1.0、TLS1.1、TLS1.2和TLS1.3)。加入最新修订和拓展后,TLS协议变得相当复杂,已经不再是过去那种简单明了的密码安全协议。实际上,近期的TLS协议(即TLS 1.2和TLS 1.3)涉及并引入了很多功能,从而有助于TLS协议在许多(也许非标准化的)情况下得到更加灵活的利用。例如,一些情况下SSL/TLS的使用是可选的,即客户端根据特定情况,随机决定是将SSL/TLS用于特定的、未经认证的服务器,还是建立不加密的连

---

① 请注意,SSL提供了一些防止修改ClientHello消息的机制,因此可以在一定程度上防止FREAK攻击。实际上,修改ClientHello消息会导致FINISHED对应变化(因为ClientHello消息与客户端和服务器之间交换的所有其他握手消息一起被哈希处理)。但由于攻击方知道所有密钥,因此可以对应修改需要在客户端和服务器之间交换的FINISHED消息,使其无法检测到攻击。

② https://weakdh.org。

接,这种做法有时,称为机会安全。信息性RFC 7435指出,"基于机会安全的协议设计即使在无法获得认证时也要使用加密,应尽可能使用认证,从而消除在互联网上广泛利用加密的障碍"[77]。如果只能在没有安全和机会安全两个选项,那么后者可能是一个不错的选择。但请记住,机会安全也可能很危险:如果人们知道采取了安全措施,有时会忽略这种安全措施只是机会性的这个事实,而像数据受到完全保护一样地行事,这可能会导致错误的用户行为。因此机会安全是一把双刃剑。

目前调整TLS协议的协议形式能够支持加密界提出过的所有技术。例如,TLS协议适用于AES(及其可能的新运行模式)、ECC、HMAC和SHA-2。每当提出一种新的加密技术或技巧时,便有强烈的动机编写对应的RFC文档,以定义如何将该技术或技巧整合到TLS协议中(相应的RFC文档可以是实验性、信息性的,甚至可以提交到互联网标准跟踪)。例如,SRP协议(参见第3.4.1和文献[20])和名为ARIA的韩国块密码的使用[78,79]。甚至还有一份信息性RFC[80]文档,定义了关于如何完全遵照美国国家安全局的Suite B密码[81]使用TLS 1.2及其之后的版本①。如今,由于认为NSA的参与颇为可疑,因此该RFC文件鲜有人知,也没有在实践中使用。最后一点,甚至有人提出将支持量子密码的密码套件添加到TLS协议中。这里并非推荐这一做法,而是想说明任何加密技术或技巧都可以提议与TLS配合使用。另外,TLS协议的灵活性和丰富功能为实现互操作性带来了困难。实际上,协议规范越灵活、功能越丰富,构建提供互操作性的实现就越困难。这个通用法则适用于任何(安全)协议,不仅仅是TLS协议。在IPsec领域就有这样的例子。

正如前面多次提到的(最近一次是在简要介绍Lucky 13攻击时),SSL/TLS协议使用的AtE法存在问题,会引发许多复杂的攻击,例如填充提示攻击。要加强SSL/TLS抵抗这种攻击能力,最简单直接的办法是更改认证和加密运算的顺序,即遵循EtA方式。如果在认证SSL/TLS记录之前先进行加密,那么之前提到的填充提示攻击便无法实施。一些理论研究使人们确信,EtA过程产生的结构确实在本质上更加安全。但修改认证和加密运算的顺序说起来容易,做起来难,因为这需要对各个实现进行重大更改。第3.4.1节讨论了可以将AtE替换为EtA的TLS扩展。只要密码套件还在使用CBC模式的块密码,这个扩展就很重要,但TLS 1.3中这一情况已经改变,因此这一问题将会消失并被人们所遗忘。

参 考 文 献

[1] Dierks, T., and C. Allen, "The TLS Protocol Version 1.0," Standards Track RFC 2246, January 1999.
[2] Dierks, T., and E. Rescorla, "The Transport Layer Security (TLS) Protocol Version 1.1," Standards Track RFC

---

① 本质上,suite B加密包括用于加密的AES-128和AES-256,用于数字签名的ECDSA(使用256位和384位素数模数的曲线),以及用于密钥交换的ECDH(使用同样长度素数模数)。

4346, April 2006. 63 In essence, suite B cryptography includes AES-128 and AES-256 for encryption, ECDSA (using curves with 256- and 384-bit prime moduli) for digital signatures, and ECDH (using equally long prime moduli) for key exchange.

[3] Dierks, T., and E. Rescorla, "The Transport Layer Security (TLS) Protocol Version 1.2," Standards Track RFC 5246, August 2008.

[4] Rescorla, E., The Transport Layer Security (TLS) Protocol Version 1.3," Internet-Draft, October 2015.

[5] Rescorla, E., "Keying Material Exporters for Transport Layer Security (TLS)," Standards Track RFC 5705, March 2010.

[6] Kato, A., M. Kanda, and S. Kanno, "Camellia Cipher Suites for TLS," Standards Track RFC 5932, June 2010.

[7] Narten, T., and H. Alvestrand, "Guidelines forWriting an IANA Considerations Section in RFCs," RFC 2434 (BCP 26), October 1998.

[8] Vaudenay, S., "Security Flaws Induced by CBC Padding—Applications to SSL, IPSEC, WTLS...," *Proceedings of EUROCRYPT '02*, Amsterdam, the Netherlands, Springer-Verlag, LNCS 2332, 2002, pp. 534 – 545.

[9] Canvel, B., et al., "Password Interception in a SSL/TLS Channel," *Proceedings of CRYPTO '03*, Springer-Verlag, LNCS 2729, 2003, pp. 583 – 599.

[10] Bard, G.V., "Vulnerability of SSL to Chosen-Plaintext Attack," Cryptology ePrint Archive, Report 2004/111, 2004.

[11] Bard, G.V., "A Challenging But Feasible Blockwise-Adaptive Chosen-Plaintext Attack on SSL," Cryptology ePrint Archive, Report 2006/136, 2006.

[12] Bard, G.V., "Blockwise-Adaptive Chosen-Plaintext Attack and Online Modes of Encryption," *Proceedings of the 11th IMA International Conference on Cryptography and Coding '07*, Springer-Verlag, LNCS 4887, 2007, pp. 129 – 151.

[13] Medvinsky, A., and M. Hur, "Addition of Kerberos Cipher Suites to Transport Layer Security (TLS)," Standards Track RFC 2712, October 1999.

[14] Chown, P., "Advanced Encryption Standard (AES) Ciphersuites for Transport Layer Security (TLS)," Standards Track RFC 3268, June 2002.

[15] Eastlake, D., "Transport Layer Security (TLS) Extensions: Extension Definitions," Standards Track RFC 6066, January 2011.

[16] Santesson, S., A. Medvinsky, and J. Ball, "TLS User Mapping Extension," Standards Track RFC 4681, October 2006.

[17] Brown, M., and R. Housley, "Transport Layer Security (TLS) Authorization Extensions," Experimental RFC 5878, May 2010.

[18] Mavrogiannopoulos, N., and D. Gillmor, "Using OpenPGP Keys for Transport Layer Security (TLS) Authentication," Informational RFC 6091, February 2011.

[19] Blake-Wilson, S., et al., "Elliptic Curve Cryptography (ECC) Cipher Suites for Transport Layer Security (TLS)," Informational RFC 4492, May 2006.

[20] Taylor, D., et al., "Using the Secure Remote Password (SRP) Protocol for TLS Authentication," Informational RFC 5054, November 2007.

[21] McGrew, D., and E. Rescorla, "Datagram Transport Layer Security (DTLS) Extension to Establish Keys for the Secure Real-time Transport Protocol (SRTP)," Standards Track RFC 5764, May 2010.

[22] Seggelmann, R., M. Tuexen, and M. Williams, "Transport Layer Security (TLS) and Datagram Transport Layer Security (DTLS) Heartbeat Extension," Standards Track RFC 6520, February 2012.

[23] Friedl, S., et al., "Transport Layer Security (TLS) Application-Layer Protocol Negotiation Extension," Standards Track RFC 7301, July 2014.

[24] Pettersen, Y., "The Transport Layer Security (TLS) Multiple Certificate Status Request Extension," Standards Track RFC 6961, June 2013.

[25] Laurie, B., A. Langley, and E. Kasper, "Certificate Transparency," Experimental RFC 6962, June 2013.

[26] Wouters, P. (ed.), et al., "Using Raw Public Keys in Transport Layer Security (TLS) and Datagram Transport Layer Security (DTLS)," Standards Track RFC 7250, June 2014.

[27] Gutmann, P., "Encrypt-then-MAC for Transport Layer Security (TLS) and Datagram Transport Layer Security (DTLS)," Standards Track RFC 7366, September 2014.

[28] Bhargavan, K. (ed.), et al., "Transport Layer Security (TLS) Session Hash and Extended Master Secret Extension," Standards Track RFC 7627, September 2015.

[29] Salowey, Y., et al., "Transport Layer Security (TLS) Session Resumption without Server-Side State," Standards Track RFC 5077, January 2008.

[30] Rescorla, E., S. Dispensa, and N. Oskov, "Transport Layer Security (TLS) Renegotiation Indication Extension," Standards Track RFC 5746, February 2010.

[31] Paterson, K., T. Ristenpart, and T. Shrimpton, "Tag Size Does Matter: Attacks and Proofs for the TLS Record Protocol," *Proceedings of ASIACRYPT 2011*, Springer-Verlag, LNCS 7073, 2011, pp. 372–389.

[32] Santesson, S., "TLS Handshake Message for Supplemental Data," Standards Track RFC 4680, September 2006.

[33] Farrell, S., R. Housley, and S. Turner, "An Internet Attribute Certificate Profile for Authorization," Standards Track RFC 5755, January 2010.

[34] OASIS Security Services Technical Committee, "Security Assertion Markup Language (SAML) Version 2.0 Specification Set," March 2005.

[35] Standards for Efficient Cryptography, "SEC 2: Recommended Elliptic Curve Domain Parameters," Version 1.0, September 2000.

[36] Merkle, J., and M. Lochter, "Elliptic Curve Cryptography (ECC) Brainpool Curves for Transport Layer Security (TLS)," Informational RFC 7027, October 2013.

[37] Bellovin, S.M., and M. Merritt, "Encrypted Key Exchange: Password-Based Protocols Secure Against Dictionary Attacks," *Proceedings of the IEEE Symposium on Security and Privacy*, IEEE Computer Society, 1992, p. 72.

[38] Bellovin, S.M., and M. Merritt, "Augmented Encrypted Key Exchange: A Password-based Protocol Secure Against Dictionary Attacks and Password File Compromise," *Proceedings of 1st ACM Conference on Computer and Communications Security*, Fairfax, VA, November 1993, pp. 244–250.

[39] Wu, T., "The Secure Remote Password Protocol," *Proceedings of the 1998 Internet Society Network and Distributed System Security Symposium*, San Diego, CA, March 1998, pp. 97–111.

[40] Wu, T., "The SRP Authentication and Key Exchange System," Standards Track RFC 2945, September 2000.

[41] Aura, T., and P. Nikander, "Stateless Connections," *Proceedings of the First International Conference on Information and Communication Security (ICICS 97)*, Springer-Verlag, LNCS 1334, 1997, pp. 87–97.

[42] Shacham, H., D. Boneh, and E. Rescorla, "Client-side caching for TLS," *Transactions on Information and System Security (TISSEC)*, Vol. 7, No. 4, 2004, pp. 553–575.

[43] Park, J.S., and R. Sandhu, "Secure Cookies on the Web," *IEEE Internet Computing*, Vol. 4, No. 4, 2000, pp. 36–44.

[44] McGrew, D., "An Interface and Algorithms for Authenticated Encryption," Standards Track RFC 5116, January

2008.

[45] Dworkin, M., *Recommendation for Block Cipher Modes of Operation: The CCM Mode for Authentication and Confidentiality*, NIST Special Publication 800-38C, May 2004.

[46] Dworkin, M., *Recommendation for Block Cipher Modes of Operation: Galois/Counter Mode (GCM) and GMAC*, NIST Special Publication 800-38D, November 2007.

[47] McGrew, D., and D. Bailey, "AES-CCM Cipher Suites for Transport Layer Security (TLS)," Standards Track RFC 6655, July 2012.

[48] Salowey, J., A. Choudhury, and D. McGrew, "AES Galois Counter Mode (GCM) Cipher Suites for TLS," Standards Track RFC 5288, August 2008.

[49] Rescorla, E., "TLS Elliptic Curve Cipher Suites with SHA-256/384 and AES Galois Counter Mode (GCM)," Informational RFC 5289, August 2008.

[50] Eronen, P., and H. Tschofenig (eds.), "Pre-Shared Key Ciphersuites for Transport Layer Security (TLS)," Standards Track RFC 4279, December 2005.

[51] Badra, M., "Pre-Shared Key Cipher Suites for TLS with SHA-256/384 and AES Galois Counter Mode," Informational RFC 5489, March 2009.

[52] Badra, M., and I. Hajjeh, "ECDHE PSK Cipher Suites for Transport Layer Security (TLS)," Standards Track RFC 5487, March 2009.

[53] Blumenthal, U., and P. Goel, "Pre-Shared Key (PSK) Ciphersuites with NULL Encryption for Transport Layer Security (TLS)," Standards Track RFC 4785, January 2007.

[54] Hollenbeck, S., "Transport Layer Security Protocol Compression Methods," Standards Track RFC 3749, May 2004.

[55] Deutsch, P., "DEFLATE Compressed Data Format Specification version 1.3," Informational RFC 1951, May 1996.

[56] Jackson, C., and A. Barth, "ForceHTTPS: Protecting High-Security Web Sites from Network Attacks," *Proceedings of the 17th International World Wide Web Conference (WWW2008)*, 2008.

[57] Hodges, J., C. Jackson, and A. Barth, "HTTP Strict Transport Security," Standards Track RFC 6797, November 2012.

[58] Garron, L., A. Bortz, and D. Boneh, "The State of HSTS Deployment: A Survey and Common Pitfalls," 2013, https://garron.net/crypto/hsts/hsts-2013.pdf.

[59] Jager, T., et al., "On the Security of TLS-DHE in the Standard Model," *Proceedings of CRYPTO 2012*, Springer-Verlag, LNCS 7417, 2012, pp. 273–293.

[60] Krawczyk, H., K.G. Paterson, and H. Wee, "On the Security of the TLS Protocol: A Systematic Analysis," *Proceedings of CRYPTO 2013*, Springer-Verlag, LNCS 8042, 2013, pp. 429–448.

[61] Morrissey, P., N.P. Smart, and B. Warinschi, "The TLS Handshake Protocol: A Modular Analysis," *Journal of Cryptology*, Vol. 23, No. 2, April 2010, pp. 187–223.

[62] Bhargavan, K., et al., "Verified Cryptographic Implementations for TLS," *ACM Transactions on Information and System Security (TISSEC)*, Vol. 15, No. 1, March 2012, pp. 1–32.

[63] Meyer, C., and J. Schwenk, *Lessons Learned From Previous SSL/TLS Attacks—A Brief Chronology Of Attacks And Weaknesses*, Cryptology ePrint Archive, Report 2013/049, January 2013.

[64] Meyer, C., *20 Years of SSL/TLS Research—An Analysis of the Internet's Security Foundation*, Ph.D. Thesis, Ruhr-University Bochum, February 2014.

[65] Sheffer, Y., R. Holz, and P. Saint-Andre, "Summarizing Known Attacks on Transport Layer Security (TLS) and

Datagram TLS (DTLS)," Informational RFC 7457, February 2015.

[66] Bhargavan, K., et al., "Triple Handshakes and Cookie Cutters: Breaking and Fixing Authentication over TLS," *Proceedings of the 2014 IEEE Symposium on Security and Privacy*, IEEE Computer Society, 2014, pp. 98–113.

[67] Blake-Wilson, S., and A. Menezes, "Unknown Key-Share Attacks on the Station-to-Station (STS) Protocol," *Proceedings of the Second International Workshop on Practice and Theory in Public Key Cryptography (PKC '99)*, Springer, LNCS 1560, 1999, pp. 154–170.

[68] Giesen, F., F. Kohlar, and D. Stebila, "On the Security of TLS Renegotiation," *Proceedings of 20th ACM Conference on Computer and Communications Security (CCS 2013)*, ACM Press, New York, NY, 2013, pp. 387–398.

[69] Kelsey, J., "Compression and Information Leakage of Plaintext," *Proceedings of the 9th International Workshop on Fast Software Encryption (FSE 2002)*, Springer, LNCS 2365, 2002, pp. 263–276.

[70] Tezcan, C., and S. Vaudenay, "On Hiding a Plaintext Length by Preencryption," *Proceedings of the 9th International Conference on Applied Cryptography and Network Security (ACNS 2011)*, Springer, LNCS 6715, 2011, pp. 345–358.

[71] AlFardan, N.J., and K.G. Paterson, "Lucky Thirteen: Breaking the TLS and DTLS Record Protocols," *Proceedings of the IEEE Symposium on Security and Privacy*, May 2013, pp. 526–540.

[72] Merkle, R.C., "One Way Hash Functions and DES," *Proceedings of CRYPTO '89*, Springer-Verlag, LNCS 435, 1989, pp. 428–446.

[73] Damgård, I.B., "A Design Principle for Hash Functions," *Proceedings of CRYPTO '89*, Springer-Verlag, LNCS 435, 1989, pp. 416–427.

[74] AlFardan, N.J., and K.G. Paterson, "Plaintext-Recovery Attacks against Datagram TLS," *Proceedings of the 19th Annual Network and Distributed System Security Symposium (NDSS 2012)*, February 2012.

[75] Beurdouch, B., et al, "A Messy State of the Union: Taming the Composite State Machines of TLS," *Proceedings of the 36th IEEE Symposium on Security and Privacy*, 2015.

[76] Adrian, D., et al., "Imperfect Forward Secrecy: How Diffie-Hellman Fails in Practice," *Proceedings of the ACM Conference in Computer and Communications Security*, ACM Press, New York, NY, 2015, pp. 5–17.

[77] Dukhovni, V., "Opportunistic Security: Some Protection Most of the Time," Informational RFC 7435, December 2014.

[78] Lee, J., et al., "A Description of the ARIA Encryption Algorithm," Informational RFC 5794, March 2010.

[79] Kim, W., et al., "Addition of the ARIA Cipher Suites to Transport Layer Security (TLS)," Informational RFC 6209, April 2011.

[80] Salter, M., and R. Housley, "Suite B Profile for Transport Layer Security (TLS)," Informational RFC 6460, January 2012.

[81] NSA, "Fact Sheet Suite B Cryptography," November 2010, http://www.nsa.gov/ia/programs/suiteb cryptography/.

第4章　DTLS协议

本章详细介绍了DTLS协议，即TLS协议的UDP版本，可以保护基于UDP的应用程序及相应的应用程序协议。具体而言，第4.1节是本章简介，第4.2节阐述DTLS协议的基本特性和区别特征，第4.3节简要分析DTLS协议的安全性，第4.4节为本章小结。本章没有从头开始解释DTLS协议，而是假设读者已经熟悉SSL/TLS协议，且主要关注的是DTLS协议和SSL/TLS协议之间的区别。本章的内容不是独立的，而是建立第2章和第3章内容的基础上，这也十分符合学习DTLS协议的习惯和要求。

4.1　简　　介

前面多次提到，SSL/TLS协议堆叠在面向连接和可靠的传输层协议之上，例如，TCP/IP协议组中的TCP，因此只能用来保护基于TCP的应用程序。然而，越来越多的应用程序和应用程序协议不是基于TCP的，而是使用UDP作为传输层协议，包括媒体流、实时通信（如互联网电话和视频会议）、多播通信、在线游戏，以及很多用于物联网（IoT）的重要应用层协议。

与TCP不同，UDP只提供无连接且不可靠的一种"尽力而为"的数据报传递服务。因此，SSL协议和各版本TLS协议都不适用于基于UDP的应用程序和相应协议。不仅是UDP，对于其他无连接传输层协议来说也是如此，例如数据包拥塞控制协议（DCCP）[1]、流控制传输协议（SCTP）[2]等。这两种协议与UDP有一个共同特点，即应用程序和其应用程序协议不能直接调用SSL/TLS。对于这个问题，通常在设计和开发协议时可以选择以下解决方式：

（1）修改应用程序协议，使其运行在TCP（而不是UDP、DCCP或SCTP）之上。但这种方式并不总是可行，而且许多应用程序协议在TCP上的性能很差。例如，对延迟和抖动有严格要求的应用程序协议无法接受TCP的丢包和拥塞校正算法造成的延迟。

（2）使用互联网层的安全协议，如IPsec/IKE，并确保其对所有应用层协议透明（无论使用何种传输层协议）。但互联网层安全协议普遍存在很多缺陷，IPsec/IKE协议尤其如此，造成其难以实际部署和使用。（文献[3]讨论了造成这一情况的原因。）

（3）在（新的）应用程序协议的设计阶段就加入安全特性，这样可以不受传输层协议类型的影响。但一个新的协议从其设计、实现到部署阶段都非常困难而且容易出错,因此这种方式成功的可能性也不高,至少从长远来看是不会成功的。

由于上面3种(理论上的)方式都有严重的缺陷,因此在实践中不能发挥很大作用。保护应用程序协议的最理想的方法仍然是使用SSL/TLS或类似的技术,简单高效、仅运行于与应用程序相关的空间,不需要修改协议的核心内容。对此业界进行过一些尝试,如微软的STLP(参见第1.2节)、无线应用通信协议(WAP)论坛的无线安全传输层(WTLS)协议等,但由于其效果不理想而逐渐被遗忘了。

21世纪初,IETF TLS工作组意识到了这个问题,于是开始调整TLS协议以保护基于UDP的应用程序。DTLS(即数据报TLS)一词最早是由一篇2004年发表的论文[4]作为"待定义"协议而提出的,后来被IETF TLS工作组采用。DTLS实际上是一个TLS版本,在尽可能保持与TLS一致的前提下,提供在UDP(而不是TCP)之上运行的能力。

由于DTLS尽可能减少了与TLS的区别,因此,二者的结构以及在TCP/IP协议栈中的位置都非常相似。如图4.1所示,与图2.1相比的区别仅在于协议名称和作为基础的传输层协议。这也意味着DTLS协议必须处理以不可靠方式传输的数据报,即数据报可能出现丢失,或者被重新排序及回放。请注意,TLS协议本身没有设置处理传输不可靠性的机制,因此如果在UDP上运行TLS实现会出现中断。DTLS则应当解决这一问题,同时还应该尽可能与TLS,以便减少设计全新安全机制的需求,最大限度地实现代码和基础设施的复用。基于这一理念,设计出了DTLS协议,可以为基于UDP、DCCP和SCTP的应用程序提供解决方案(文献[5]和[6]讨论了如何使用DTLS确保基于DCCP和SCTP的应用程序的安全)。有理由相信,未来许多应用程序将使用DTLS。DTLS没有使用统一的UDP端口号,因为与SSL/TLS协议类似,协议使用的端口号取决于UDP(和DTLS)之上的应用程序协议。例如,对于OpenSSL来说用于原始DTLS协议的默认端口是4433。

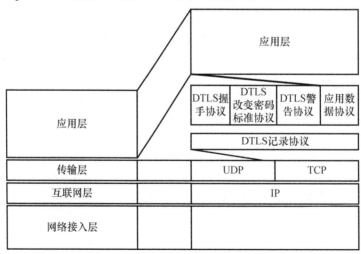

图4.1 DTLS协议在TCP/IP协议栈中的位置

到目前为止，DTLS协议已经有两个版本，一个是RFC 4347[7]定义的DTLS1.0，该版本于2006年正式发布，并提交至互联网标准跟踪；另一个是RFC 6347[8]定义的DTLS1.2，该版本于2012年正式发布。请注意，DTLS1.1没有对应的文档，发布DTLS1.2是为了使DTLS与TLS的标准化保持一致。这意味着前面关于TLS1.2大部分内容也适用于DTLS1.2。特别是，IANA为TLS注册的所有密码套件原则上也适用于DTLS，只有少数几个例外情况，如组成流密码RC4的密码套件族（详细介绍请参阅附录A）。

鉴于读者已经熟悉了SSL/TLS协议，本章不再从头开始解释DTLS协议，而将关注点放在DTLS协议的基本属性和区别特征，这也是官方定义DTLS协议时所采用的方式。

4.2 基本属性和区别特征

为了理解DTLS协议和SSL/TLS协议间的关键区别，有必要首先研究两个DTLS协议必须解决的特定问题。

第一，UDP提供了一个在传输层运行的无连接的"尽力而为"的数据报传输服务，UDP数据报的传输和处理需要独立于所有其他数据报。因此，DTLS协议在进行DTLS记录的加密和解密时也需要与迄今为止的所有其他数据报分离进行。这一要求大大限制了可用的加密操作的有状态性。请注意，TLS记录有时不是独立处理的，并且记录间至少有以下两种类型的依赖关系。

（1）在某些密码套件中，TLS记录的加密是相互关联的。例如，使用CBC模式的块密码时，SSL3.0和TLS1.0要求最后一个密文块是IV，用于加密下一个明文块；而使用流密码时发送方和接收方需要进行密钥流同步，这时密钥流索引就代表着记录之间的依赖关系。

（2）如第3.2节所述，TLS协议在记录中使用了隐含包括序列号信息的MAC，以防御重放攻击和重排消息攻击。TLS记录的序列号是递增的，这也会使记录之间产生依赖关系。

DTLS要实现独立的记录处理过程，就必须避免记录之间出现依赖关系，可以通过避免使用某些加密机制或在记录中增加显式状态来实现这一点。例如，如果DTLS不使用流密码，就不需要保持流密码密钥状态，这就是DTLS协议没有采用基于RC4的密码套件的原因①。此外，TLS 1.1已经在TLS记录中增加了显式CBC状态（参见第3.3节），因此，DTLS记录格式也对应增加了一个（由两个字段组成的）显式序列号。

---

① 论证上说，DTLS可以采用基于RC4的密码套件，但RC4密钥流的前512字节需要丢弃，因此，这种做法效率太低。

第二,TLS握手协议需要一个可靠的传输信道进行消息传输,在此基础上实现的TLS握手协议相对简单。当使用UDP代替TCP时,DTLS握手协议就必须做出相应调整,以适应UDP不可靠传输的特点。事实上,DTLS握手协议必须处理消息丢失、重放或重排序的情况,这使协议变得更加复杂。

这两个问题使DTLS的记录协议和握手协议发生了根本性的变化,下面将分别进行介绍。

4.2.1 记录协议

为了解决上面所述的第一个问题,DTLS记录在类型、版本、长度和分片字段的基础上增加了一个显式的序列号。为了确保DTLS记录中序列号的唯一性,序列号的值由两个字段组成:

(1) 16位的轮次(epoch)字段,包括一个计数器值,当密码状态变化时计数器值递增。

(2) 48位的序列号(sequence number)字段,包含一个显式序列号,当在某个密码状态下发送DTLS记录时,序列号的值递增。

轮次字段的初始值为零,每发送一条ChangeCipherSpec消息其值递增。序列号字段适用于特定的轮次,在一个轮次内每发送一条记录序列号值就相应递增,而每次发送ChangeCipherSpec消息时,序列号重置为零。DTLS记录编号方案如图4.2所示。

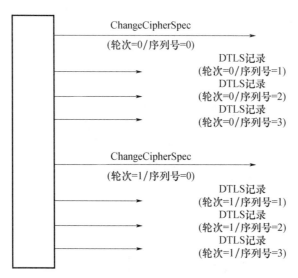

图4.2 DTLS记录编号方案

DTLS记录格式如图4.3所示,与图2.4比较可以发现,DTLS记录和SSL/TLS记录在格式上的唯一区别是DTLS记录增加了上述两个字段。

类型	版本	轮次	序列号	分片

图 4.3　DTLS 记录的结构

关于消息认证,可以发现 TLS 使用的 HMAC 构造也使用了序列号 seq_number(见第 3.2 节),但是序列号的值是隐含的,意味着必须由通信参与方来确定序列号的值。而 DTLS 的序列号是显式的,是 DTLS 记录的一部分。如果将轮次字段值和序列号字段值串联作为新的 64 位的 seq_number 值,那么 DTLS 1.0 和 TLS 的 MAC 计算公式就完全相同,可以表示为

$$HMAC_K = (DTLSCompressed) = \\ h(K)\|opad\|h(K\|ipad\|epoch\|sequence\ number\| \\ type\|version\|length\|fragment))$$

再次注意,DTLS 中的位字符串 epoch‖sequence number 对应于 TLS 中的 seq_number,二者的长度都是 64 位。DTLS 和 TLS 的一个重要区别是:在 TLS 中 MAC 错误必将导致连接终止;而在 DTLS 中则并非如此,接收消息的 DTLS 实现应该丢弃出错的记录并继续当前传输。这样做是可行的,因为 DTLS 记录是彼此独立的。只有当 DTLS 实现选择对于收到的包含无效 MAC 的消息发出警告时,才会生成级别为"致命"的 bad_record_MAC 警告消息(代码 20)并终止连接。

最后也是最重要的一点是,DTLS 和 TLS 记录格式在版本字段上有细微的差别。DTLS 记录的版本字段的值是当前版本值的补码,即如果当前 DTLS 版本是 1.0,版本字段值就是 1、0 的补码,即 254255(或 0xFEFF),而对于 DTLS 1.2,其版本字段值为 1、2 的补码,即 254253。所以随着版本号的增加,DTLS 的版本字段值是递减的。这样可以尽量增大 DTLS 和 TLS 版本字段值之间的差别,使其更容易区分。

4.2.2 握手协议

与 TLS 握手消息类似,DTLS 握手消息可能非常大(即最多 $2^{24}-1$ 字节)。但是为了避免出现 IP 分片的情况,通常将 DTLS 记录的长度设置为于最大传输单元(MTU)或路径最大传输单元 MTU(PMTU)。例如,在以太网段中,标准的 MTU 为 1500 字节,任何大于这个长度的握手消息都必须通过多个 DTLS 记录传输。由于 UDP 不可靠,这些记录可能出现丢失、乱序或重放等情况。对此,DTLS 握手协议进行了相应的调整:一方面在消息头中增加了一些字段,另一方面提供对消息重传的支持。接下来将讨论 DTLS 协议在这两方面的区别,随后还将介绍 DLTS 采用无状态 cookie 交换以避免拒绝访问(DoS)攻击的做法。

1. 消息头格式

当 DTLS 握手消息过长无法容纳在单个 DTLS 记录中时,可能通过多个记录发

送,这时就需要对消息进行分片和重组。为了支持分片和重组,每个DTLS握手消息头需要在"常规"的类型和长度字段的基础上,新增以下3个字段:

(1) 16位的消息序列号字段,包括所发送消息的序列号。通信参与方在握手过程中发出的第一条消息的序列号为0,每发送一条消息则序列号加1,重传消息时不改变序列号。从DTLS记录层的角度来看,需要使用一个新的记录进行消息的重传,因此DTLS记录的序列号(如前文所述)将更新。

(2) 24位的分片偏移字段,包括前面分片中包含的字节数。

(3) 24位的分片长度字段,包括分片的长度值。

举例来说,第一条握手消息的消息序列号字段值为0,分片偏移字段值为0,长度字段值根据分片长度确定。设第一条消息的长度字段值为n_1,则第二条握手消息的消息序列号字段值为1,分片偏移字段值为n_1,分片长度字段值为n_2。第三条握手消息的消息序列号字段值为2,分片偏移字段值为n_1+n_2,分片长度字段值为n_3。以此类推,直到最后一条握手消息。

2. 消息重传

DTLS协议是运行在UDP之上的,其握手消息可能出现丢失,因此DTLS协议必须做出相应的调整。常见的处理方式包括消息接收回执,即发送方在发送消息时启动计时器,在未超时的期间等待接收确认消息。DTLS协议还设计了一种方法:客户端在向服务器端发送初始ClientHello消息时启动一个计时器,并在合理的时间内等待服务器端响应的HelloVerifyRequest消息(类型3)[①]。请注意,HelloVerifyRequest是DTLS中新定义的消息类型,目前为还没有在SSL/TLS使用(因为SSL/TLS不需要处理消息丢失的情况)。如果客户端在超时之前没有收到HelloVerifyRequest消息,就认为ClientHello或HelloVerifyRequest消息已丢失,重新向服务器发送ClientHello消息。服务器端也有一个类似的计时器,并在超时后重传消息。DTLS协议规范建议将计时器超时时间设为1s,使延迟满足实时应用程序的要求。

3. Cookie交换

由于DTLS握手协议建立在数据报传输服务的基础上,因此容易遭受至少两种DoS攻击(有时也称为资源阻塞攻击)。

第一种是标准资源阻塞攻击,这种攻击非常明显,攻击方发起握手过程,而这一握手过程对被攻击方的计算和通信资源造成阻塞。

第二种是放大攻击,这种攻击相对隐蔽,攻击方伪造一条从被攻击方发送给服务器端的ClientHello消息;收到这条消息后,服务器端可能会向被攻击方返回一个长得多的Certificate消息。

为了减少这些攻击,DTLS协议采用了cookie交换技术,其他网络安全协议中也采用了这一技术,如IKE协议的前身Photuris协议[9]。在开始握手过程之前,服务

---

① 请注意,HelloVerifyRequest消息不包括在CertificateVerify和Finished消息的MAC计算中。

器端需要通过HelloVerifyRequest消息提供无状态cookie,客户端必须在ClientHello消息中重放该cookie,以证明能够在声称的IP地址上接收数据包。对于cookie的生成方式,要求在对其进行验证时服务器端不需要保存各个客户端的状态。理想情况下,cookie是客户端特有参数的加密哈希值,如客户端IP地址。由于只有服务器端知道加密使用的密钥,因此不要求其必须通过复杂和安全的方式获得。DTLS 1.0最大支持32字节的cookie,DTLS 1.2则扩展到255字节。

DTLS握手协议使用的cookie交换机制如图4.4所示。首先,客户端向服务器端发送一个没有cookie的DTLS ClientHello消息。然后,服务器端为这个客户端生成一个cookie,通过HelloVerifyRequest消息(见上文)发送给客户端。最后,客户端重新发送ClientHello消息,其中包含刚从服务器端收到的cookie。服务器端可按如下方式对cookie进行验证:

(1)如果cookie有效,则启动DTLS握手协议,其过程与SSL/TLS协议中相同(DTLS 1.2之前),即继续发送从ServerHello消息开始的后续所有消息。

(2)如果cookie无效,则服务器端将ClientHello消息视为一开始就不包含cookie。

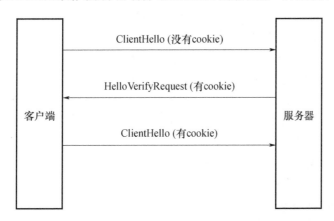

图4.4　DTLS握手协议使用的cookie交换机制

cookie交换的目的是强制客户端使用其能够进行数据接收的IP地址,只有当客户端在其声称的IP下收到一个有效的cookie时才能启动握手,使得利用虚假IP地址的DoS攻击难以实施。cookie交换不能防止来自合法的IP地址的DoS攻击。因此攻击方仍然可以从其合法的IP地址发起DoS攻击,或使用已知其有效cookie的虚假IP地址。所以cookie交换并不是万无一失的,只能提供防御简单DoS攻击的第一道防线。

DTLS协议规范中的cookie交换是可选的。通常建议将服务器端配置为在每次启动新握手时进行cookie交换(而在会话恢复时可以不进行cookie交换),而客户端必须在每次进行DTLS握手时做好cookie交换的准备。

4.3 安全性分析

由于 DTLS 协议的设计与 TLS 协议非常接近，因此，可以认为对 TLS 的安全分析至少在原理上也适用于 DTLS。从这一认知出发，会直觉地认为 DTLS 协议具有很好的安全性能，尤其是在使用 AEAD 密码套件的时候。然而这只是一种感觉，实际上业界对 DTLS 协议的安全性能知之甚少。

在针对 SSL/TLS 协议的所有攻击中（参见第 2.4 节和第 3.8 节），有些攻击对 DTLS 有效，有些则不然。如压缩相关的攻击和填充提示攻击通常对 DTLS 有效，而针对 RC4 的攻击则不起作用，因为 DTLS 不支持 RC4 加密算法。又如，对于填充提示攻击，DTLS 1.2 中也采用了 TLS 1.2 的内置保护机制，因此有理由相信 DTLS 1.2 能够抵御这类攻击。但情况并非总是如此，有一些专门设计的填充提示攻击可用于恢复明文。如 2012 年两个广泛使用的 DTLS 实现（即 OpenSSL 和 GnuTLS）遭到了填充提示攻击[10]①。在 DTLS 协议中，对于填充无效的 DTLS 记录不进行 MAC 验证，而是直接丢弃，也不会向消息发送方返回错误消息。这样攻击方既不能利用错误消息的类型，也不能利用其时序，这表明针对 SSL/TLS 的填充提示攻击不是必然能对 DTLS 起作用。但前面提到的填充提示攻击利用心跳消息来解决了 DTLS 没有错误消息的困难。如 3.4.1 节所述，Heartbeat 是一个 DTLS 和 TLS 都使用的扩展，并且在使用 DTLS 协议时具有非常重要的意义。利用这一点，攻击方不需要发送攻击消息然后分析错误消息的类型或时序，而是可以在攻击消息之后立即发送一个心跳请求消息，根据收到心跳响应消息的时间分析服务器端的计算量。填充无效时，服务器端不需要进行 MAC 验证，所需计算量很小；而填充有效时，服务器端需要解密记录并验证 MAC，所需计算量较大，耗费时间也更多。如果不是发送一个记录，而是依次发送多个相同的记录②，则服务器端的计算量将倍增，时间差也将扩大，攻击的可行性也随之提高。无论发送记录的数量多少，在 DTLS 协议中无效填充不会造成连接断开这一事实大大降低了实施攻击的难度。在对 SSL/TLS 协议发起攻击时，攻击方为了实施一次攻击必须同时建立大量连接；而在对 DTLS 协议发起攻击时则并非如此，可以使用连接根据需要发送任意数量的包括无效填充的 DTLS 记录。针对 DTLS 的填充提示攻击将如何演变和改进，是一个值得长期关注的话题。心跳消息只是一种实现和利用旁路的方式，可能还有更多的旁路等待攻击方的发掘。

也许关于 DTLS 协议安全性的最大担忧以及值得进一步研究的是，DTLS 运行

---

① 针对 OpenSSL 的填充提示攻击可以解密任意数量的密文，针对 GnuTLS 的填充提示攻击可以解密每个块最后一个字节的 4 个最高有效位。

② 描述该攻击的文章中使用"包队列"（train of packets）一词来指代依次发送的多个记录，本书则没有使用这一表述。

在UDP而不是TCP之上,并且基于这一事实可能出现全新的攻击。在网络安全方面,基于UDP的应用程序的安全风险比基于TCP的应用程序的安全风险更高,这一情况也可能适用于DTLS。随着DTLS的进一步部署,这一问题也很有可能被解决。而目前认定DTLS协议能够确保相当的安全性只是基于一种良好的感觉,是没有事实支持的,因此仍然需要对DTLS协议进行彻底的安全分析。

4.4 小　　结

本章详细介绍了作为UDP版本SSL/TLS协议的DTLS协议。二者的区别很小,主要是由于UDP的特性引起的。UDP是运行在传输层的无连接的尽力而为的数据报传输协议,因此需要相应调整DTLS记录和握手协议。DTLS的修改很小,很容易认为DTLS与SSL/TLS的安全性能相当。然而如第4.3节所述,对这一观点应持保留态度。DTLS协议将来可能会暴露出一些全新的安全隐患和问题。虽然任何事物都可能出现新的问题,但这对DTLS协议来说这一可能性更大,因为到目前为止DTLS协议的安全性尚未得到充分研究。

与SSL/TLS相比,DTLS仍然是一个相对较新的协议,尚未得到广泛应用。市场上有越来越多的DTLS实现,但是这些实现也是全新的,尚未进行彻底的分析和测试。缺乏实现经验的同时,对于优化DTLS部署方式的研究也很少。由于DTLS协议能更好地控制计时器和记录大小,因此值得进行深入分析,如确定最佳的计时器值和退避策略,这是除安全性之外另一个值得研究的领域。在撰写本书时,没有明确DTLS部署中的最优计时器值和退避策略值,也没有明确DTLS协议穿越防火墙的最佳方式。在第5章中将看到,许多防火墙技术非常适合基于TCP的应用程序和应用程序协议,但是却不太适合基于UDP的应用程序和应用程序协议。因此,DTLS协议的防火墙穿越方式是另一个值得关注的研究领域,对此将在第5章中介绍。

参 考 文 献

[1] Kohler, E., M. Handley, andS. Floyd, "DatagramCongestionControlProtocol(DCCP)," StandardsTrackRFC4340, March 2006.

[2] Stewart,R.(ed.),"StreamControlTransmissionProtocol," StandardsTrack RFC4960, September2007.

[3] Bellovin,S.,"GuidelinesforSpecifyingtheUseofIPsecVersion2,"RFC5406(BCP146), February 2009.

[4] Modadugu,N.,andE.Rescorla,"TheDesign andImplementationofDatagramTLS," *Proceedingsof the NetworkandDistributedSystem SecuritySymposium(NDSS),* InternetSociety, 2004.

[5] Phelan, T., "DatagramTransportLayerSecurity(DTLS)overtheDatagramCongestionControlProtocol(DCCP)," StandardsTrackRFC 5238,May2008.

[6] Tuexen, M., R. Seggelmann, andE. Rescorla, "DatagramTransportLayerSecurity(DTLS)forStream ControlTransmis-

sionProtocol(SCTP),"Standards TrackRFC6083,January 2011.
[7] Rescorla,E.,andN.Modadugu,"DatagramTransportLayerSecurity,"StandardsTrackRFC4347,April 2006.
[8] Rescorla,E.,andN.Modadugu,"DatagramTransportLayerSecurityVersion1.2,"StandardsTrackRFC6347,January2012.
[9] Karn,P.,andW.Simpson,"Photuris:SessionKeyManagementProtocol,"ExperimentalRFC2522,March 1999.
[10] AlFardan, N. J., andK. G. Paterson, "Plaintext−RecoveryAttacksagainstDatagramTLS," *Proceedingsofthe19th Annual Network andDistributedSystemSecuritySymposium(NDSS2012)*, February 2012.

第5章　防火墙穿越

尽管防火墙在今天无处不在,但如何处理防火墙和与SSL/TLS协议之间的相互影响仍然是一个棘手的问题,并且有时会出现相互矛盾的情况。一方面,SSL/TLS协议的作用是提供端到端的安全服务,因此需要建立安全的端到端连接;另一方面,防火墙的作用是限制或至少控制这类端到端连接。因此,SSL/TLS协议能否和如何有效地穿越防火墙不是一个显而易见的问题。本章就这一问题进行了讨论,第5.1节是本章概述,第5.2节和第5.3节详细介绍了SSL/TLS隧穿和代理,第5.4节是本章小结。关于如何在基于代理的防火墙中实现SSL/TLS协议已经进行过很多研究,研究内容不仅涉及包括HTTP,还包括许多其他的消息传输和流媒体协议(可参见文献[1]中对各项研究的概述)。本章仅进行了一些简单的讨论,因为与这一问题相关的用例和系统部署场景数量庞大,不可能一一涉及。

5.1　概　　述

互联网防火墙(防火墙)的定义方式有很多种。例如,RFC 4949[2]对防火墙的定义为"一种网络间网关,用于限制进出一个已连接的网络(称为"防火墙内"的网络)的数据通信流量,从而保护该网络的系统资源不受来自另一个网络(称为"防火墙外"的网络)的威胁"。这一定义比较宽泛且不是很精确。

在防火墙技术发展早期,William R.Cheswick和Steven M.Bellovin将防火墙(系统)定义为放置在两个网络之间的组件集合,该组件集合作为一个整体可提供以下3个属性[3]:

(1) 所有从内部到外部的流量,都必须通过防火墙,反之亦然。
(2) 仅允许由本地安全政策定义的授权流量通过防火墙。
(3) 防火墙本身不受网络渗透的影响。

上述这些属性都是设计目标,如果达不到某一项并不代表该组件集合不构成防火墙,而只是说明其安全性能不够好。可以看到,防火墙的安全性可以划分为不同的等级。如对于属性2提到的"授权流量"概念,必须有相应的安全策略来指定能够通过防火墙的流量,并且能够强制执行这一策略。事实上,安全策略的制定是防火墙部署是否成功的关键;换言之,没有明确指定安全策略的防火墙是没有实用性的,因为这种防火墙随着时间的推移往往会变得漏洞百出。

有许多技术可单独或联合地应用于实现防火墙,包括从静态包和动态包[①]过滤技术到应用在传输层或应用层的代理或网关等。一些文献将静态包和动态包过滤技术称为电路级网关,将传输层或应用层的代理或网关称为应用级网关[3]。在实际的防火墙配置中,这些技术的结合方式可能有很多,防火墙的运行方式可能是集中或分散的。事实上,越来越多的"个人防火墙"都是分散的,常常运行在台式机上。有很多书籍已经详细阐述了典型防火墙配置的设计和实现方式(如文献[4-6]),因此本书不对此进行深入介绍,而是假设已经有一个防火墙且至少包括一个HTTP代理服务器。因为如果防火墙不包括HTTP代理服务器,那么就只能使用包过滤器和/或电路级网关。这种防火墙通常不能非常有效地确保安全,至少对于HTTP来说是如此。[②]

如果使用了HTTP代理服务器,且客户端(或浏览器)希望使用HTTP连接到原始Web服务器,则客户端的HTTP请求将发送到HTTP代理服务器并进行转发。HTTP代理服务器充当HTTP连接的中介,即客户端和服务器都与代理服务器通信,并且都认为通信是直接进行的,因此,HTTP代理服务器是一个合法中间人。在某些情况下这是可行的(甚至是可取的),但在另一些情况下则不然,尤其是在用户不知道代理服务器存在的情况下会造成很大的麻烦。

一般来说,不同的应用协议对代理服务器有不同的要求。更抽象地来看,应用协议可以采用代理方式或隧穿方式通过代理服务器。

(1) 代理方式,是指代理服务器了解协议细节,能够理解在协议层面上进行的动作。因此,代理方式下代理服务器能够进行协议级过滤(如协议头异常检测等)、访问控制、账户和日志记录。许多"常规"网络应用程序中的协议采用了代理方式,如Telnet、FTP、SMTP,以及本书重点关注的HTTP。

(2) 隧穿方式,则是指代理服务器不了解协议细节,无法理解协议层面的动作,基本作用只是一个电路级网关。隧穿方式下的代理服务器只在客户端和服务器端之间提供数据中继,不一定能理解协议,因此,不能像代理方式下的代理服务器那样实现协议级过滤、访问控制、账户和日志记录。采用隧穿方式的协议包括专有协议、当前没有专用代理服务器的协议、受加密安全协议(如SSL/TLS)保护的协议等,HTTPS也在此列。

图5.1给出了SSL/TLS协议通过代理服务器的两种方式,其中图5.1(a)是隧穿方式,图5.1(b)是代理方式,两种方式中均使用代理服务器进行SSL/TLS连接的隧穿或代理。请注意,实际情况中可能会有两个代理服务器,即客户端代理服务器和服务器端代理服务器。客户端代理服务器由客户端所属的机构运行,服务器端代理服务器则由服务器端所属的机构运行,两个代理服务器独立运行,可以采用代理

---

① 动态包过滤也称为状态检测。

② 为了内容完整起见,这里需要提到有时防火墙一词用于表示包过滤器,而proxy和reverse proxy用于指代常说的防火墙概念。本书中的指代更加宽泛,防火墙一词的含义则基本上与技术无关。

方式或隧穿方式使SSL/TLS协议通过代理服务器。

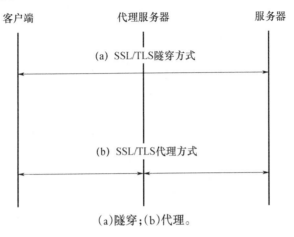

(a)隧穿；(b)代理。

图5.1 SSL/TLS通过代理服务器的两种方式

这两种情况之间有一个重要区别：采用隧穿方式时，客户端与(原始)服务器端只有一个SSL/TLS连接；而采用代理方式时则有两个，一个是从客户端到代理服务器，另一个是从代理服务器到源服务器。在隧穿方式下，代理服务器是被动的，只提供连接不干扰数据传输。在代理方式下则相反，代理服务器是主动的，能够完全控制数据传输。很显然，这可能引发严重的安全和隐私问题。

过去，公司和机构通常对出站SSL/TLS连接使用隧穿方式，而对入站SSL/TLS连接采用代理方式。然而随着部署环境越来越复杂，这种做法即将发生改变。下面将对SSL/TLS的隧穿和代理进行更加深入的探讨。

5.2 SSL/TLS隧穿

对于SSL或HTTPS流量穿越代理防火墙的问题，网景通信公司的Ari Luotonen很早就提出过一种简单的机制，即允许HTTP代理服务器为基于SSL的协议提供穿越机制。(可参见文献[7]了解早期例子)这一机制命名为SSL隧穿，并且在一系列互联网草案中进行了有效的规定。如今这一机制(更确切地说，穿越HTTP代理服务器建立端到端隧道的HTTP CONNECT方法)已成为HTTP规范的一部分，并记录在RFC2817[8]中，因此不需要额外进行规范。

简而言之，SSL/TLS隧穿允许客户端在防火墙中的HTTP代理服务器上打开一个安全的隧道。HTTP代理服务器不能访问通过的任何SSL/TLS数据，而只能获得源IP地址、目标IP地址和端口号，以建立作为隧道的SSL/TLS连接。因此，为了通过中间代理服务器建立客户端和源服务器之间的连接，客户端和HTTP代理服务器需要进行握手。为使SSL/TLS隧穿后向兼容，握手的格式必须与常规HTTP请求相同,以便当不支持隧穿的代理服务器收到请求时可以判断出无法提供服务,并提供相应的错误通知。这样一来,SSL/TLS隧穿并不局限于SSL/TLS,而是提供了一种通过第三方在两个端点间建立连接的通用机制,连接建立后第三方在传输路径上进行执行数据复制操作。

对于HTTP,SSL/TLS隧穿使用HTTP CONNECT方法使HTTP代理服务器连接到源服务器。要调用这一方法,客户端必须指定源服务器的主机名和端口号(用冒号分隔),接着是空格、指定HTTP版本号的字符串(如HTTP/1.0)和行终止符。之后,可能会紧跟一串0,或其他HTTP请求消息头和一个空行。因此,HTTP CONNECT请求消息的第1行可能如下所示:

CONNECTwww.esecurity.ch:443HTTP/1.0

上述请求消息的请求对象是运行在443端口(默认值)的支持SSL/TLS的web服务器www.esesecurity.ch。这个服务器地址是虚构的,仅用于进行说明。

上述消息由客户端发出,由HTTP代理服务器接收。代理服务器收到消息后尝试与www.esesecurity.ch相应的服务器433端口建立TCP连接。如果服务器端接受了该TCP连接,则HTTP代理服务器开始充当客户端和服务器之间的中继,即复制通过连接来往发送的数据,客户端和服务器则负责执行SSL/TLS握手以建立安全的连接。这种握手对HTTP代理服务器是不透明的,即代理服务器不需要知道客户端和服务器正在执行的是SSL/TLS握手过程。

SSL/TLS隧穿还可以与HTTP代理服务器的"常规"认证和授权机制结合使用。例如,如果客户端调用HTTP CONNECT方法,但代理服务器配置为需要用户认证和授权,则代理服务器不会立即建立到源服务器的隧道,而是使用407状态代码和代理认证(Proxy-Authenticate)消息头来请求用户凭据。其使用的HTTP响应消息前两行如下所示

HTTP/1.0407Proxyauthenticationrequired

Proxy-Authenticate:...

在第一行中,代理服务器通知客户端无法提供其请求的服务,因为要求客户端(或用户)进行认证。在第二行中,代理服务器向客户端发出代理认证(Proxy-Authenticate)消息头和一个建议,以给出适用于该请求的认证方案和参数(未示出)。随后由客户端向代理服务器发送所需的认证信息,即客户端发送到代理服务器的下一条HTTP请求必须提供凭据(包含认证信息)。该HTTP请求消息的前两行为

CONNECTwww.esecurity.ch:443HTTP/1.0

Proxy-Authorization:...

在第一行中,客户端重复了连接到端口443(即www.esesecurity.ch)的请求消息头。在第二行中,客户端提供了一个Proxy-authorization请求消息头,包括代理服务器请求的凭据。如果凭据正确,代理服务器将连接到源服务器,同时将客户端连

接到该服务器。

请注意，CONNECT方法提供的功能在层级上低于许多其他HTTP方法。可以将其视为某种"逃逸机制"，要求代理服务器不干扰事务过程，而只作为电路层级的网关对数据流进行转发。事实上，代理服务器不需要知道被请求的完整URL，只需要知道响应请求所需的信息，如原始Web服务器的主机名和端口号等。因此，HTTP代理服务器无法验证数据流使用的协议是否真的是SSL/TLS，因此，在代理服务器配置中应做出明确限制，仅允许（通过隧穿方式）连接到已知的SSL/TLS端口，如用于HTTPS的443（或由IANA分配的其他端口号）等。

几乎所有商用或免费HTTP客户端和代理服务器都默认支持HTTP和相应的CONNECT方法，因此其也都支持SSL/TLS隧穿。而SSL/TLS隧穿的端到端特性也有一些缺点。首先，如果HTTP代理服务器支持SSL/TLS隧穿，那么SSL/TLS隧穿的端到端特性就会禁止代理服务器进行内容筛选和缓存。同样，HTTP代理服务器甚至不能确定是否在SSL/TLS之上使用的应用程序协议类型（如是否为HTTP）。HTTP代理服务器可以验证正在使用的端口号，但是端口号并不能代表客户端和源服务器使用的应用程序协议类型（尤其是在使用加密的情况下）。例如，如果客户端和源服务器将端口443用于某些专用协议，则客户端可以让代理服务器在该端口建立SSL/TLS隧道，并使用该隧道来传输任何应用程序数据，这些应用数据可能是基于HTTPS，但也可能是基于任何其他协议。也就是说，HTTP代理服务器既不能控制正在使用的协议类型，也不能控制实际传输的数据内容。

在这种情况下，大多数公司和机构只支持对出站连接使用SSL/TLS隧穿，而对入站连接强制使用SSL/TLS代理。如果将SSL/TLS隧穿用于入站连接，那么代理服务器必须将连接转发给内部的源服务器，然后该服务器必须支持SSL/TLS协议，但目前许多内部Web服务器并不支持SSL/TLS协议（因此不是HTTPS服务器）。在这种情况下，可以考虑使用一个特殊的软件来进行SSL/TLS包装，为源服务器提供SSL/TLS处理功能。stunnel[①]就是这类软件中的典型例子，已经得到了广泛的应用。

5.3　SSL/TLS代理

服务器在SSL/TLS代理方式中的作用是进行代理（而不是建立隧道）。这意味着代理服务器必须理解SSL/TLS协议，并且终止经过代理服务器的每个连接。因此，如果用户使用的不是SSL/TLS隧穿方式而是SSL/TLS代理方式的话，则需要执行以下4个步骤。

第一步，用户使用客户端建立一个到代理服务器的SSL/TLS连接。

---

① http://stunnel.mirt.net.

第二步，代理服务器可能对客户端进行认证和授权（如果需要）。

第三步，代理服务器新建一个到源服务器的SSL/TLS连接。请注意，这里不要求必须使用SSL/TLS，可以仅建立用于传输数据的TCP连接。

第四步，代理服务器进行两个SSL/TLS连接之间的数据代理，可以进行内容筛选和缓存。可以实现这一点的原因是，代理服务器对数据进行解密，并可以选择对其进行重新加密。

SSL/TLS代理服务器最显著特征在于其会终止所有SSL/TLS连接，因此不会出现SSL/TLS隧穿的情况。这使得代理服务器和防火墙可以获知所有数据内容，但也意味着由于代理服务器作为一个中间人，无法确保端到端的安全性。由于能够拦截数据流量，SSL/TLS代理服务器有时也称为拦截代理(iterceptionproxy)，因此，SSL/TLS代理服务器实际发挥的作用取决于其运维方意图的好坏。不言而喻，拦截代理很有可能用于实施攻击，所以，使用拦截代理时最重要的是其运维方是否可信。

如前文所述，SSL/TLS隧穿主要用于出站连接，而SSL/TLS代理主要用于入站连接。因此代理服务器主要作为SSL/TLS连接的入站代理①。

就目前所知，第一个SSL/TLS代理服务器或网关是由DEC系统研究中心的一组研究人员于1998年开发的，主要结合SSL客户端认证（在入站代理中）和URL重写提出了一种名为安全网络隧穿②的技术[9]。AT&T实验室的一组研究人员也研发了一种用于访问内网服务器的类似技术，并辅以一次性密码系统[10]。在SSL/TLS代理开发的早期，许多公司和机构就开发出了各种SSL/TLS代理服务器和拦截代理，有的还带有附加功能。其中，一个名为Squid③的代理服务器得到了广泛的应用。

在内容分发网络(CDN)领域出现了一个有意思的现象。对于Akamai、CloudFlare等由公司提供的内容分发网络，如果源服务器在CDN内运行，则有必要在CDN的边缘服务器上执行SSL/TLS代理。这意味着任何入站的HTTPS请求都必须在边缘上终止，而边缘服务器必须作为SSL/TLS代理。如果边缘服务器支持SSL/TLS隧穿，那么运行在CDN内的所有源服务器都容易受到攻击。这就破坏了CDN的最初目的之一，即保护所有内部服务器免受外部攻击（即不受来自互联网的攻击）。因此，CDN必须强制使用SSL/TLS代理，所以其边缘服务器必须终止所有入站SSL/TLS连接，这又意味着边缘服务器必须能够获得源服务器的私钥，而当CDN和源服务器的运维方不同时就会引发问题。

要解决这个问题有两种可行的方式：要么将源服务器的私钥安全地存放在边

---

① 在参考文献中，入站代理通常称为反向代理。而本书则使用了入站代理一词，因为"反向"代理并不是在功能上与普通代理服务器"相反"，而是指其主要用于入站连接（而不是出站连接）。

② 无论使用何种称谓，这项技术所指的都是SSL/TLS代理，而不是隧穿。

③ http://www.squid-cache.org。

缘服务器上，要么提供其他的密钥获取方式。显然第一种方式更简单易行，但会使源服务器的私钥面临更大的风险。这就是为什么大多数内容分发网络已经开始提供一种特性，利用该特性运维方可以对其源服务器的私钥进行存储和管理。具体来说，使用由源服务器的所有方运维的密钥服务器进行密钥的存储和管理。使用源服务器私钥进行的所有加密操作都在密钥服务器中执行，而不需要将其发送至边缘服务器。最重要的是，如果边缘服务器要解密 ClientKeyExchange 消息以提取预主秘钥，则需将相应的 ClientKeyExchange 消息发送到密钥服务器，由密钥服务器代为提取预主秘钥，这样边缘服务器就不会看到或获知私钥。在 CloudFlare 中这一特性称为 Keyless SSL，其他内容分发网络提供商也使用了相应的术语来指代类似的设想和架构。

5.4 小　　结

本章讨论了关于 SSL/TLS 协议（安全）穿越防火墙的实际问题。穿越防火墙的方式主要有两种，即 SSL/TLS 隧穿和 SSL/TLS 代理。从安全角度来看，SSL/TLS 代理是首选，因为防火墙可以完全控制来回发送的数据。SSL/TLS 代理服务器中最具代表性的是各类 Web 应用防火墙（WAF），同时提供许多附加的功能和特性。如何设计和实现能够抵御当前攻击的 WAF，是一个实时且快速发展的研究领域。

如今，大多数公司和机构将 SSL/TLS 隧穿用于出站连接，将 SSL/TLS 代理用于入站连接。然而，随着大量内容驱动攻击（如恶意软件攻击）的出现，这一方式即将发生变化。事实上，许多安全专家也选择将 SSL/TLS 代理用于出站连接。需要注意的是：如果对所有 SSL/TLS 连接都使用代理方式，那么其中也包括了网上银行等隐私要求很高的应用程序。但这类应用程序通常要求客户端以端到端的方式连接可靠的服务器，而不允许插入任何代理服务器。对于这种情况，由于这类应用程序和服务器数量很少，所以可以将其列入白名单并仅对其使用 SSL/TLS 隧穿。

由于 UDP 无连接和尽力而为的特性，使 DTLS 协议穿越防火墙的过程在概念上比 SSL/TLS 更具挑战性。尤其是基于代理的防火墙本身不适用于 UDP，因此如何有效地实现 DTLS 代理服务器并没有显而易见的答案。动态包过滤和状态检测都可以作为 DTLS 代理服务器的替代方案。如果 DTLS 协议是成功的（这是可以预料的），那么相关的防火墙穿越技术在未来将变得愈发重要。

参 考 文 献

[1] Johnston,A.B.,andD.M.Piscitello, *UnderstandingVoiceover IPSecurity*.ArtechHousePublishers,Norwood,MA,2006.
[2] Shirey,R.,"InternetSecurityGlossary,Version2"InformationalRFC4949(FYI 36),August2007.

[3] Cheswick, W. R., and S. M. Bellovin, "Network Firewalls," *IEEE Communications Magazine*, September 1994, pp. 50–57.

[4] Zwicky, E. D., S. Cooper, and D. B. Chapman, *Building Internet Firewalls*, 2nd edition. O'Reilly, Sebastopol, CA, 2000.

[5] Oppliger, R., *Internet and Intranet Security*, 2nd edition. Artech House Publishers, Norwood, MA, 2002.

[6] Cheswick, W. R., S. M. Bellovin, and A. D. Rubin, *Firewalls and Internet Security: Repelling the Wily Hacker*, 2nd edition. Addison-Wesley, Reading, MA, 2003.

[7] Luotonen, A., and K. Altis, "World-Wide Web Proxies," *Computer Networks and ISDN Systems*, Vol 27, No. 2, 1994, pp. 147–154.

[8] Khare, R., and S. Lawrence, "Upgrading to TLS Within HTTP/1.1," Standards Track RFC 2817, May 2000.

[9] Abadi, M., et al., "Secure Web Tunneling," *Proceedings of 7th International World Wide Web Conference*, Elsevier Science Publishers B.V., Amsterdam, the Netherlands, 1998, pp. 531–539.

[10] Gilmore, C., D. Kormann, and A. D. Rubin, "Secure Remote Access to an Internal Web Server," *Proceedings of ISOC Symposium on Network and Distributed System Security*, February 1999.

第6章 公钥证书和互联网PKI

前面的章节已经强调SSL/TLS协议仍需要公钥证书,但是在这些协议规范中并没有提及证书管理问题。本章旨在SSL/TLS范围之外处理这些证书管理,并为此需要一个用于互联网PKI。本章首先在6.1节中介绍了该主题,其次在6.2节中介绍了X.509证书,在6.3和6.4节中介绍了地址服务器和客户端证书,在6.5节中概述了一些存在的问题和陷阱,在6.6节中讨论了几种新方法,6.7节给出小结。主题的重要性已经在序言中阐述了,随后各章节对相关内容给出详尽的描述。此外,更多资料可参考文献[1-3]或曾经撰写的多篇论文和文章。

6.1 引 言

根据RFC 4949[4],术语"证书"是指"证明某物真实性或某物所有权的文件"。纵观历史,"证书"一词是由Loren M. Kohnfelder首创并使用的,指的是带有名称和公钥的数字签名记录[5]。因此,证书证明了公钥的合法所有权,并将公钥归属于委托人,例如人、硬件设备或任何其他实体。由此产生的证书称为公钥证书,被许多包括SSL/TLS和DTLS等加密安全协议所使用。参考RFC 4949,公钥证书是一种特殊类型,即"将系统实体的标识符绑定到公钥值,并可能绑定到附加的次要数据项"。因此,公钥证书是一种数字签名的数据结构,可证明公钥的所有权(即公钥属于特定实体)。

一般而言(与RFC 4949保持一致),证书可以在基于公钥证书情形下证明公钥的合法所有权,并可证明证书所有者任意属性的真实性。另一种更通用的证书类别称为属性证书(AC)。在SSL/TLS领域,我们在3.4.1节中讨论TLS的授权扩展时提到过属性证书。这里,我们要添加一些独立于SSL/TLS并与属性证书相关的内容。根据RFC 4949,属性证书是"将一组描述性数据项(而不是公钥)直接绑定到使用者名称或作为另一证书(即公钥证书)的标识符的数字证书"。因此,公钥证书和属性证书之间的主要区别在于,前者包括公钥(即,已认证的公钥),而后者包括属性列表(即,已认证的属性)。在这两种情况下,证书都是由用户社区认可和信任的机构颁发的(并可能被吊销了)。这些权限描述如下:

(1) 对于公钥证书,这些机构称为证书颁发机构(CA[①]),或者——与数字签名

[①] 过去,CAs有时称为TTPs。对于由政府机构人员操作的CA尤其如此。

立法更相关——认证服务提供商(CSP)。CA(或CSP)的治理和操作程序必须被指定,并将其记录在一对文档中,即证书策略(CP)和证书实践声明(CPS)。CP和CPS文件是评估CA或CSP的关键。

(2) 对于属性证书,这些机构称为属性授权机构(AA)。

CA和AA实际上可能是同一组织。一旦AC准备离开,CA很可能尝试将自己建立为AA。CA可以具有一个或多个注册机构(RA),有时也称为本地注册机构或本地注册代理(LRA)。RA执行的功能因情况而异,但通常包括注册成为证书所有者和相应的身份验证。此外,RA也可能参与令牌分发、证书吊销报告、密钥生成以及密钥存储等任务。实际上,一个CA能代理他的一部分授权给RA(除了证书签名)。因此,RA是对用户透明的可选组件。此外,CA生成的证书可在在线目录和证书存储库中使用。

简而言之,PKI由一个(或多个)CA组成。根据RFC 4949,PKI是"由CA(以及可选的RA和其他可支持的服务器和代理)组成的系统,它们在非对称密码应用中为社区用户执行一组证书管理、存储管理、密钥管理和令牌管理功能"。此外,PKI也可被看作可用于颁发,验证和吊销公钥和公钥证书的基础设施。因此,PKI包括一组商定的标准、CA、多个CA之间的结构、发现和验证证书路径的方法、操作和管理协议,可互操作的工具以及支持性法规。因此,PKI及其运作相当复杂。

过去,PKI经历了大肆宣传,许多公司和组织表明希望以商业方式提供认证服务。正如本章末所讨论的那样,这些服务提供商中的大多数在商业上还未取得成功,或已经倒闭。那些幸存下来的均以其他业务为生,并补贴其PKI的运作。

许多标准化机构正在公钥证书和PKI领域中工作。最重要的是,国际电联电信标准化部门已经发布并定期更新称为ITU-T X.509[6](X.509)的建议。(相应的证书将在6.2节中进一步讨论。)ITU-T X.509也已被许多其他标准化机构所采用,包括例如ISO/IEC JTC1[7]。此外,其他一些标准化机构也在针对特定应用环境"剖析"ITU-T X.509领域的开展工作①。

1995年,IETF认识到了公钥证书的重要性,并成立了现已结束的IETF PKIX工作组②,其目的是开发支持互联网的基于X.509的PKI所需的互联网标准。(此PKI有时也称为互联网PKI。)PKIX工作组在IETF内发起并刺激了许多标准化和剖析活动。(实际上,该工作组产量巨大)它已与ITU-T的各项活动紧密结合。尽管IETF PKIX工作组规范(尤其是关于CP/CPS)具有实际性的重要意义,但我们在本书中没有详细介绍。这项工作记录在一系列相应的RFC文档中。

---

① 要"剖析"ITU-TX.509或任何通用标准或建议,基本上是指针对特定应用环境确定细节。最后详细说明了如何在环境中使用和部署ITU-TX.509。

② http://datatracker.ietf.org/wg/pkix/charter/.

如图6.1所示,公钥证书至少包括以下三部分信息：
（1）一个公钥；
（2）标识符信息；
（3）一个或多个数字签名。

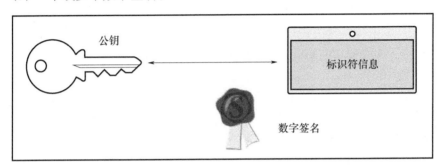

图6.1　包含三部分信息的公钥证书

公钥是公钥证书的存在理由,这意味着该证书的存在首先只是为了证明公钥。其次公钥又可以来自任何公钥密码系统,例如RSA、Elgamal、Diffie-Hellman、DSA、ECDSA或其他任何公钥密码系统。公钥的格式(以及大小)也取决于使用的密码系统。

标识符信息用于标识公钥和公钥证书的所有者。如果所有者是用户,则标识符信息通常至少包含用户的名字和姓氏(也称为姓氏)。已经有一些关于可在此处使用的名称空间的讨论。例如,ITU-T X.500建议书引入了可分辨名称(DN)的概念,该概念可用于识别全球唯一名称空间中的实体,例如公钥证书所有者。但是,X.500 DN并没有真正普及,至少在名称人员的领域还没有。在这个领域,全球唯一名称空间的可用性和适当性在研究界受到了挑战[8]。实际上,简单的分布式安全性基础设施(SDSI)倡议和体系结构[9]源自以下论点:全球唯一的名称空间不适用于全球互联网,逻辑链接的本地名称空间更简单,从而更可能被部署(这一点在文献[10]中得到了进一步探讨)。因此,SDSI的工作启发了在IETF安全领域内建立简单的公钥基础设施(SPKI)工作组。该工作组于1997年1月29日获得特许,以尽可能简单和可扩展的方式指定一套公钥证书基础设施和操作程序,以满足互联网社区对信任管理的需求。这与IETF PKIX工作组形成了对比(并在竞争中)。IETF SPKI工作组在2001年①放弃其活动之前发布了一对实验性的RFC文献[11、12]。因此,SDSI和SPKI计划对于整个互联网来说都是死胡同。本书不对其进行进一步的讨论。在今天有关公钥证书管理的讨论中,它们几乎没有作用。但是,全球唯一名称空间不易获取的基本论点仍然有效。

---

① 工作组在实施四年后于2001年2月10日正式结束。

同样重要的是,数字签名用于证明以下事实:其他两个信息(即公钥和标识符信息)属于同一信息。在图6.1中,将两部分绑定在一起的两个箭头说明了这一点。数字签名将公钥证书转换为在实践中有用的数据结构,主要是因为知道签名者(即CA)公钥的任何人都可以对其进行验证。无论是操作系统级别还是应用软件级别,这些密钥通常随特定软件一起分发。

现今实际上相关的公钥证书有两种:OpenPGP证书和X.509证书。如文献[13]中所阐述的,这两种类型使用证书格式和信任模型略有不同的,具体如下:

(1)关于证书格式,X.509证书显著特征是只有一条名称信息,并且只有一个签名来担保该绑定。而OpenPGP证书则完全不同。在OpenPGP证书中,可以有多个名称信息绑定到一个公钥,甚至可以有多个签名证明该绑定。OpenPGP公钥证书的这种格式更通用的,如图6.2所示(不做进一步说明)。

(2)关于信任模型,首先提到这种模型是指系统或应用程序用来决定证书是否有效的一组规则。例如,在直接信任模型中,用户信任公共密钥证书,因为他(她)知晓证书的来源,并认为该实体是可信的。除了直接信任模型之外,OpenPGP还使用累积信任模型,而ITU-T X.509使用分层信任模型。

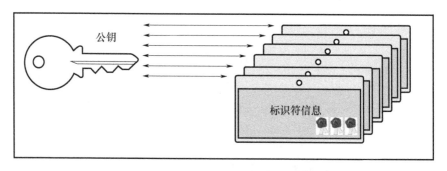

图6.2　OpenPGP公钥证书通用模型

实际上,X.509证书在该领域占据主导地位,尤其是在SSL/TLS领域。但是请记住,有一个特定的TLS扩展(即cert_type扩展),它允许客户端和服务器协商OpenPGP证书的使用(参阅第3.4.1.9节)。但由于它们在该领域的主导地位,我们在这里重点介绍X.509证书。

6.2　X.509证书

如上文所述,X.509证书符合ITU-T推荐标准X.509[6],它是1988年发布的X.500目录推荐系列的一部分。X.509证书指定了证书格式和证书分发方案,使用的规范语言是抽象语法标记(ASN.1)(有关ASN.1的简要概述,请参见文献[13]的附录)。

原始的X.509证书格式经过了两次主要修订:

(1) 在1993年,X.509证书第一版(X.509v1)格式扩展成两部分,形成了X.509证书第二版(X.509v2)格式。

(2) 在1996年,X.509v2格式添加了额外的领域,试图将证书部署在全球互联网上。从那时起,更改的X.509证书第三版(X.509v3)规范每隔几年需要重新确认。

现在人们说的X.509证书通常是指X.509证书第三版(并且缩写词中通常省略了版本符号)。下面详细讨论X.509证书格式和它所基于的分层信任模型。

6.2.1 证书格式

关于X.509证书在互联网上的使用,IETF PKIX工作组内的配置活动特别重要。在该工作组发布的众多RFC文档中,RFC 5280[14]是最相关的。在不深入研究X.509证书的各个ASN.1规范细节的情况下,注意到,X.509证书是一种数据结构,基本上由以下字段组成(请记住,任何其他扩展字段都是有可能的)①。

版本:此字段用于指定使用的X.509版本(即第1、2或3版)。

序列号:此字段用于指定证书的序列号。序列号是(证书)颁发者分配的唯一整数值。颁发者和序列号组成的对一定是唯一的(否则无法唯一地标识X.509证书)。

算法ID:此字段用于指定用于对证书进行数字签名的算法的对象标识符(OID)。例如,OID 1.2.840.113549.1.1.5指的是sha1RSA,代表SHA-1和RSA的组合使用。

颁发者:此字段用于名称颁发者。因此包含颁发(和数字签名)证书的CA的DN。

有效期:此字段用于指定证书的有效期。该有效期由两个日期定义,即开始日期(即不早于)和到期日期(即不晚于)。

主体:此字段用于名称主体(即证书的所有者,通常使用DN)。

主体公钥信息:此字段用于指定已认证的公钥(连同算法)。

颁发者唯一标识符:此字段可用于指定一些与证书颁发者相关的可选信息(仅在X.509第2和3版中)。

主体唯一标识符:此字段可用于指定一些与主题相关的可选信息(仅在X.509版本2和3中)。该字段通常包含一些替代的名称信息,例如电子邮件、地址或DNS条目。

扩展:自X.509第3版起,此字段可用于指定一些可选的扩展,这些扩展可能是

---

① 从教育的角度来看,最好将字段说明与真实证书的内容进行比较。如果运行Windows操作系统,则可以通过运行管理控制台的证书管理单元来查看某些证书(只需在命令行解释器中输入"certmgr"),弹出的窗口汇总了在操作系统级别可用的所有证书。

关键的,也可能不是。尽管使用证书的所有应用程序都需要考虑关键的扩展,但非关键的扩展是真正可选的,可以随意选择。其中最重要的扩展是"关键用法"和"基本约束"。

密钥使用扩展使用位掩码来定义证书的用途。即(0)是否将其用于"一般"数字签名;(1)提供不可否认性的具有法律约束力的签名;(2)密钥加密;(3)数据加密;(4)密钥协议;(5)证书的数字签名;(6)或下面提到的证书吊销列表(CRL);(7)仅加密;(8)或仅解密。括号中的数字是指掩码中各个位的位置。

基本约束扩展标识证书的主体是否为CA,以及包括该证书的有效证书路径的最大深度。对于一个根CA来说,证书中不需要此扩展,并且不会出现在叶(或终端实体)证书中。但在所有其他情况下,都需要识别中间CA的证书①。

此外,除了或代替"密钥使用扩展"字段中指示的基本用途之外还存在用于指示一个或多个目的,可使用已认证的公钥的"扩展密钥使用"。

后三个字段使X.509v3证书非常灵活,但也很难以可互操作的方式进行部署。无论如何,证书必须带有符合"算法ID"字段中指定的数字签名算法的数字签名。

6.2.2 分层信任模型

X.509证书基于分层信任模型(该模型建立在共同信任的CA分层结构上)。如图6.3所示,这种分层结构称为树结构,意味着在该分层结构的顶层有一个或多个根CA。根CA是自签名的,也就是说颁发者和主体字段相同,默认情况下必须信任它们。从理论上讲,自签名证书并不是特别有用。任何人都可以声明某些东西,并为此声明签发(自签名)证书。在公钥证书情形下,它基本上表示:"这是我的公钥,请相信我。"没有任何论点支持这一主张。但是,要引导分层结构信任,不可避免的是要使用一个或多个具有自签名证书的根CA(因为分层结构必须有一个可以扩展信任关系的起点)。

图6.3所示为颁发叶子证书的根CA和中间CA分层结构,其中根CA的集合由三个CA组成(即,顶部显示的三个阴影CA)。实际上,首先,在特定软件(可能是操作系统或某些应用程序软件)中预先配置的数十个甚至数百个CA。例如,操作系统的所有主要供应商都提供一些能将CA正式包括在软件附带的受信任的根CA列表中的程序(这一点将在第6.3节中进一步讨论)。许多应用软件供应商(如Adobe)也是如此。然后,可以将各个软件配置为使用操作系统的根CA列表、自己的列表,或同时使用两者。因此,存在较大的灵活性,但这些灵活性有时超出了软

---

① 为了完整起见,我们注意到2015年7月世界盛行的#OprahSSL漏洞指的是OpenSSL中基本约束扩展的错误导致的,这个错误记录在CVE-2015-1793中。简而言之,该漏洞允许绕过基本约束扩展的验证,可以像使用中间CA的证书一样使用叶子证书。因此,证书持有者可以为他选择的任何Web服务器颁发证书。反过来,这可以用来装载中间人攻击。幸运的是,利用#OprahSSL漏洞并没有像看上去那么简单。

件用户的能力范围。

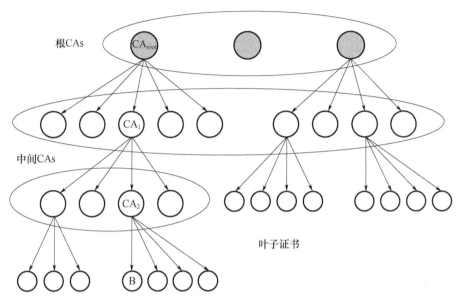

图 6.3　颁发叶子证书的根 CA 和中间 CA 分层结构

在受信任的 CA 的分层结构中,每个根 CA 可以为其他 CA 颁发证书,然后将其称为中间 CA。中间 CA 可以在分层结构中形成多层(这就是为什么我们首先将整个结构称为分层结构的原因)。在分层结构的底部,中间 CA 向最终用户或其他实体(如 Web 服务器)颁发证书。这些证书有时称为叶子证书。它们有一些参数设置(关于基本约束扩展),用来确保它们不能用于颁发其他证书。

在典型情况中,商用 CSP 会操作根 CA 并代表中间 CA 的几个次要 CA。但是,并非所有客户端软件都可以在根 CA 和中间 CA 之间做出清晰的区分。例如,在 Web 浏览器中,微软的 Explorer 和所有其他依赖 Windows 操作系统(如 Google Chrome)的证书管理功能的浏览器都明确区分了根 CA 和中间 CA,这种区别也反映在用户界面中。其他一些浏览器,例如 Mozilla Firefox,则没有区别,仅接受根 CA 来引导信任。

配备了一个或多个根 CA 以及相应的根证书的用户,在接收了叶子证书后,该用户可能会尝试从其中一个根证书(或从中间 CA 证书(如果存在这样的 CA))到叶子证书中查找证书路径(或证书链)。一般而言,一个证书路径或证书链是指从一个可信证书(一个根 CA 或中间 CA)到一个叶子证书的一系列证书。每个证书认证其后继者的公钥。最后,叶子证书通常为人或终端系统颁发的。假设 CA_{root} 是根证书,而 B 是必须对其进行验证的实体。在这种情况下,具有 n 个中间 CAs(即 CA_1, CA_2, $\cdots$, CA_n)的证书路径或链可以表示如下:

$$CA_{root} \ll CA_1 \gg$$
$$CA_1 \ll CA_2 \gg$$
$$CA_2 \ll CA_3 \gg$$
$$\cdots\cdots\cdots\cdots$$
$$CA_{n-1} \ll CA_n \gg$$
$$CA_n \ll B \gg$$

在此表示法中,$X \ll Y \gg$是X颁发针对Y的公钥证书。这里省略了许多细微之处,重点完全放在链上。图6.3说明了具有两个中间CA的证书路径。该路径由$CA_{root} \ll CA_1 \gg$,$CA_1 \ll CA_2 \gg$和$CA_2 \ll B \gg$组成。如果客户端支持中间CA,那么找到从受信任的中间CA证书到叶子证书的证书序列就足够了。这可能会大大缩短证书链。在我们的示例中,CA_2可能是已经受信任的中间CA。在这种情况下,叶子证书$CA_2 \ll B \gg$将足以验证B的公钥的合法性。

一个最简单的模型是表示具有单个根CA的树证书分层结构。然而实际上,使用多个根CA、中间CA和甚至可以颁发交叉证书(即由CA为其他CA颁发证书)的其他CA更通用的结构也是有可能的[①]。在这种常规结构中(或网格),认证路径可能不是唯一的,并且可能会共存多个证书路径。在这种情况下,要求具有适当的身份验证指标,以允许其处理多个证书路径。此类指标的设计和分析是一个有趣的研究主题,这里不再赘述。

如前文所述,每个X.509证书都有一个有效期,这意味着它在证书假设的有效期之前已经定义好了。尽管有这些信息,证书仍有可能提前吊销。例如,可能会出现用户的私钥泄露或CA停业的情况。对于这种情况,有必要以某种方式解决证书吊销问题。最简单的方法是让CA定期发布证书吊销列表(CRL)。从实质上讲,CRL是一个黑名单,它枚举了所有已吊销的证书(按其序列号)。已过期的证书不再出现在CRL中。CRL仅枚举尚未过期但已吊销的证书。由于CRL可能会变得非常大,因此人们提出了增量CRL的概念。增量CRL将自身限制为新吊销的证书(即自最新CRL发布以来已被吊销的证书)。在这两种情况下,CRL往往都很大且不切实际,因此,趋向于检索有关证书有效性的在线状态信息。选择的协议是RFC 2560[15]中指定的OCSP。OCSP在概念上非常简单:使用证书的实体向证书颁发实体(或其OCSP响应方)发出请求,以确认证书是否仍然有效。在肯定的情况下,响应者会发回一个"是"的响应。但在消极的情况下,事情会更加复杂,然后会出现一些安全问题(如第6.5节中所述)。因此,OCSP在理论上运行良好,但在实践中存在一些问题和细微之处需要考虑。第3.4.1节中简要介绍可以通过OCSP装订来解决这些问题和细微之

---

① 尽管我们称ITU-TX.509采用的信任模型是分层的,但严格意义上并非如此。定义交叉证书的可能性允许构建网格(而不是分层结构)。也就是说可以使用X.509建立类似于信任网络的内容。产生误解的部分原因是X.509信任模型映射到目录信息树(DIT),该树本质上是分层的(每个DN代表DIT中的一个叶子)。因此,分层结构是名称方案的结果,而不是证书格式的结果。在讨论信任模型时应该牢记这一点。同时考虑到这一点,讨论集中式信任模型(而不是分层信任模型)可能更合适。

处。请记住,甚至还有专门用于OCSP装订的显式TLS扩展。

IETF还标准化了基于服务器的证书验证协议(SCVP),该协议可由想要将证书路径构造和验证委托给专用服务器的客户端使用[16]。如果客户端手头只有几个计算资源来处理这些任务,这可能是有意义的。尽管该标准已经存在了近十年,但它并没有在该领域得到广泛采用和使用。部分原因是在这些情况下可以使用OCSP装订。因此,本书不再进一步讨论SCVP。

6.3 服务器证书

所有SSL/TLS非匿名密钥交换方法都要求服务器在证书消息中提供公钥证书,或者更确切地说,从SSL 3.0开始提供证书链。证书类型必须与正在使用的密钥交换方法一致。通常,这是符合IETF PKIX工作组指定的配置文件的X.509证书。如果服务器提供这样的链,则必须由客户端进行验证。这意味着客户端必须验证链中的每个证书是否有效,以及该链是否从受信任的根(或中间CA)证书指向已颁发给服务器的叶子证书。如果验证成功,客户端直接接收服务器证书。否则(即验证失败),客户端无法直接接收服务器证书。在这种情况下,客户端必须要么拒绝连接,要么通知用户并询问他是否希望接受证书(永久或单次连接)。此对话框的GUI是特定于浏览器的,但总体思路始终相同。然而所有的经验调查都揭示了一个令人尴尬的事实,即大多数用户只是简单地单击这样的对话框,也就是说当要求他们确认接收有问题的证书时,他们几乎肯定会单击"确认"。

为了避免用户对话和相应的不便,启用SSL/TLS的Web服务器通常配备并配置证书,该证书由共同信任的根CA或从属CA颁发。从属CA不是根CA,因此其证书不是自签名。相反,它们是证书分层结构的一部分,直接从根CA或从另一个从属CA(也称中间CA)获取其证书。因此,当从属CA颁发CA时,意味着它们向终端实体颁发证书,而中间CA仅向其他(从属)CA颁发证书。

如前文所述,大多数浏览器制造商都有一个用于根CA(有时也用于中间CA)的程序,以将其证书包括在其浏览器的受信任CA列表中(有时称为"证书存储"或"信任存储")。相应的程序称为根证书程序或类似的程序。所有大型软件供应商都有根证书程序,例如Microsoft[1]、Mozilla[2]和Apple[3]。虽然Apple的证书存储库相对封闭,但Microsoft和Mozilla的证书存储库向其他供应商开放。因此,这些供应商有时会依赖这些证书存储库。例如,Adobe提供的软件通常可以配置为使用Microsoft或Mozilla的证书存储库(取决于使用平台),或者使用完全不同的(单独的)证书存储库。不用说,对于普通用户来说,很难做出这样的选择。

---

[1] https://technet.microsoft.com/en-us/library/cc751157.aspx.

[2] https://www.mozilla.org/en-US/about/governance/policies/security-group/certs/policy.

[3] https://www.apple.com/certificateauthority/ca_program.html.

可用的根证书程序在本质上是相似的,但在细节上不同。它们都要求CA接受专门为CA设计的独立审核。这些审核通常会考虑欧洲电信标准协会(ETSI)[17, 18]和ISO[19]提供的标准和最佳实践。有一个专门针对高端市场的审核程序WebTrust①。通常,一个根证书程序接受的CA也会被其他根证书程序接受。

尽管现在的证书存储库由几十个或数百个可信任的CA组成,但服务器证书市场仍然只由少数几个国际运营的CSP主导。最重要的是Comodo②、Syman-tec(以前称为VeriSign③)、Thawte④和GeoTrust⑤及其子公司RapidSSL⑥。通常,服务器证书的有效期为几年(例如,1~5年),而每年的费用高达几百美元。服务器证书的成本在很大程度上取决于其验证机制。具体验证机制有以下3种:

(1)域验证(Domain Validation, DV)是指验证请求证书的实体是否也控制了相应的域。这意味着将确认邮件发送到与该域相关的邮件地址之一。如果收件人同意了该请求(例如单击邮件中的链接),则自动颁发DV证书。如果无法通过邮件确认,则可以使用任何其他通信方式和域控制演示,并且同样有效。

(2)组织验证(Organization validation, OV)是指对请求特定证书的实体的身份和真实性进行正确的验证。由于"正确"一词的定义不明确,通常有很多验证方法。因此,OV证书的发行方式以及证书中相关信息编码方式都存在很多不一致的地方。

(3)扩展验证(Extended validation, EV)证书用来解决OV证书缺乏一致性的问题。这意味着验证过程由CA/Browser论坛⑦进行全名定义和记录。CA/Browser论坛由商业CA运营商、浏览器制造商和WebTrust评估者组成。由于EV证书试图获得高级别的安全性和保证,因此有时也称为高保证(HA)证书。EV证书往往比DV和OV证书稍贵一些,除此之外,对于想要向客户展示其高安全标准的服务提供商来说,几乎没有任何不利之处,因此得以广泛部署,并且所有主要浏览器在其GUI中都有特定的指示器,以确保用户知道已安装EV证书。

DV证书的颁发可以完全自动化,因此非常快。事实上,发行过程的持续时间受到回复确认邮件和支付相应费用的速度的限制。另外,颁发EV证书可能需要几天或几周的时间。如果需要尽快建立一个网站,那么这个时间太长了。

除了DV、OV和EV证书外,这里还需要提到另外两种类型的证书。

(1)第2.2.2节介绍了Netscape和Microsoft在20世纪90年代采用的国际Set-

---

① http://www.webtrust.org.

② https://www.comodo.com.

③ https://www.verisign.com.

④ https://www.thawte.com.

⑤ https://www.geotrust.com.

⑥ http://rapidssl.com.

⑦ http://www.cabforum.org.

Up 和 SGC 证书概念。这些证书允许国际浏览器调用并使用强密码技术(否则,它仅限于出口级密码技术)。美国政府仅授权和批准少数几家 CSP 颁发国际 Set-Up 证书和 SGC 证书(特别是后来被赛门铁克收购的 VeriSign)。今天的法律情况完全不同了,浏览器制造商通常被允许将包含强大加密技术的产品运送到海外。在这种情况下,国际 Step-Up 和 SGC 证书不再有意义。对于国际 Set-Up 证书来说尤其如此,因为几乎没有人再使用 Netscape Navigator 了。尽管如此,仍有少数 CA 继续销售 SGC 证书。从而导致这种类型的证书还有一些市场,因此并不是每个人都在使用本地支持强加密的浏览器,特别是在不得不考虑 FREAK 攻击的时候(请参阅第 3.8.5 节)。

(2) 为了能够调用 SSL/TLS 协议,服务器通常配置为针对特定的完全限定的域名(FQDN)颁发的证书。例如,如果已经为 secure.esecurity.ch 颁发了这样的证书,则它不能用于 esecurity.ch 的另一个子域,如 www.esecurity.ch。从理论上讲,这是非常好的,代表了证书打算使用的用例。但在实际中,这是有问题的,并且需要域的所有者购买许多证书(每个 FQDN 对应一个证书)。除了更高的成本外,这还意味着必须同时管理多个证书。为了改善这种情况,一些 CSP 提供通配符证书。这样的证书在其域名中有一个通配符,它可以用来保护多个 FQDN,而代价通常是更高的价格。例如,如果有为 *.esecurity.ch 颁发的通配符证书,则该证书可用于上述所有子域(以及 esecurity.ch 的任何其他子域)。这大大简化了证书管理,特别适合支持负载平衡的服务器系列。但是安全问题也不容忽视,因为对于用户来说是不知道自己连接到哪台服务器上的。

虽然该领域不再使用国际 Step-Up 和 SGC 证书,但通配符证书的使用非常广泛。因为它们的主要优点(即简单性)超过了它们的主要缺点(即较高的价格和用户无法区分域内的服务器)。

为了进一步简化事情并降低 DV 证书的价格,电子前沿基金会(EFF)联合 Mozilla、Cisco、Akamai、IdenTrust 和密歇根大学的一组研究人员组成了互联网安全研究小组(ISRG[①])。2015 年,ISRG 发起了一项名为"让我们加密"的倡议[②]。该计划的目的是实现从 HTTP 到 HTTPS 的更直接的过渡,从而提供一个自动证书管理环境(ACME),允许 Web 服务提供商免费接收和自动安装 DV 证书。在撰写本书时,该计划才刚刚开始,现在判断该计划是否在市场上受到好评并将在长期内取得成功还为时过早。对于许多非营利组织来说,ISRG 颁发的证书为他们需要的服务器证书提供了一个可行的替代方案。

[①] ISRG 是一家加州公益公司,其根据美国国税法第 501(C)(3) 条提出的承认免税地位的申请目前正在等待美国国税局(IRS)的批准。ISRG 的任务是减少财务、技术和教育方面的障碍,从而确保互联网上的通信安全。

[②] https://letsencrypt.org。

6.4 客户端证书

理论上讲,服务器证书和客户端证书没有太大区别。前者颁发给FQDN或域(对于通配符证书),而后者通常颁发给用户。随后,当用户使用SSL/TLS连接到要求基于证书的客户端身份验证的服务器时,他将使用客户端证书(在前面的讨论中,客户端身份验证在SSL/TLS中是可选的)。因此,服务器证书和客户端证书的字段本质上是相同的,只是内容不同。

服务器证书和客户端证书之间的主要区别在于它们的颁发方式:尽管前者通常由国际运营的可信CA颁发(如前文所述),而后者可以由服务器信任的任何本地运营的CA颁发。这使得客户证书的颁发在概念上简单明了。但还需考虑可伸缩性问题:虽然有许多客户端需要配备证书,但通常只有一台或几台服务器需要证书。例如,如果考虑一家互联网银行想要在SSL/TLS中采用基于证书的客户端身份验证,那么实际上该银行的所有客户都需要配备证书。如果银行很大,那么需要推出数十万甚至数百万张证书,这不是一项简单的任务。

有许多出售客户端证书的CSP。上述公司显然都在从事这一业务,但也有其他几家公司试图与之竞争。这些公司大多是地方性的,只在美国的一些州或某些国家/地区提供服务。

6.5 问题及陷阱

在理论上公钥证书和PKI的使用很简单,但在实践中很困难。实际上,有很多问题和陷阱可能会被特定的攻击所利用。例如,在2009年,Moxie Marlinspike发现X.509的ASN.1编码是模棱两可的,它支持多种字符串表示和格式(包括Pascal和C),并且可以利用这种歧义进行攻击以获得由可信CA颁发的任意域的有效证书[1]。2009年晚期,Marlinspike揭示了另一个与OCSP相关的漏洞:当客户端请求特定证书的吊销状态时,OCSP服务器会发回该证书的响应状态值。理想情况下,此值表示证书有效或无效。但是,由于操作原因,OCSP支持许多其他响应状态值,例如,包括本质上表示"稍后再试"的值(值3)。当客户端收到这样的响应时,典型的反应是接受证书,这种反应与人们从安全角度来看所预期的反应是不一致的。因此,OCSP在该领域的大规模使用可能会引起一些安全问题[2]。在类似的研究中,一组研究人员发现人工制作的证书(例如,通过对真实证书的某部分进行随机改变,并包含一些不寻常的扩展和约束组合)能够干扰证书的验证过程[20][3]。事实证

---

① http://www.thoughtcrime.org/papers/null-prefix-attacks.pdf.

② http://www.thoughtcrime.org/papers/ocsp-attack.pdf.

③ The authors of [20] coined the term *frankencerts* to refer to these certificates.

明,这种类型的自动对抗性测试是成功的。

最近(或许是最重要的),许多商业化运营的CA都受到了攻击[21]。实际上,人们已经成功地破解了(受信任的)根CA,并滥用各自的机制为广泛使用的域和服务器欺诈性地颁发证书。有两起震惊社会并在互联网上广泛传播的事件。

(1) 2011年3月,至少有两家意大利Comodo经销商①遭到攻击,并以欺诈方式颁发了9份服务器证书。

(2) 2011年7月,DigiNotar遭到入侵,以欺诈方式颁发了至少513份服务器证书。DigiNotar是一家Vasco公司,还为荷兰政府运营PKI(称为PKIoverheid)。之所以感到意外是因为DigiNotar已经由一家知名公司进行审核和认证,而且它甚至影响了EV和通配符证书。这使得使用相应证书的可行攻击异常强大。就在入侵事件被公布几天后,DigiNotar就被Vasco清算了。

在受到攻击后,两家受害公司都声称它们受到了高级持续威胁(APT)。然而,首字母缩写APT经常用作某种本质上不可避免的东西的同义词。但是,情况并不总是如此,正如临时报告②和独立的最终报告③所表明的那样。

通过对受影响的CA的OCSP服务器的日志文件进行分析,人们发现欺诈性地颁发的证书主要用于中东地区。通常也有传言称,这些证书用来对流行网站和社交媒体的用户实施出于政治动机的中间人攻击。在事件发生之前,学术界曾讨论过此类攻击的可行性[22],但几乎没有证据表明此类攻击确实发生在实际生活中。这种情况发生了根本性的改变,最近,至少有一家数据丢失预防(DLP)系统的解决方案提供商收到了Trustwave颁发的CA证书,该证书允许它为其选择的任何服务器颁发有效证书④。适用于出于中间人攻击的攻击媒介也适用于针对电子商务应用程序(如网上银行或远程互联网投票)的攻击。因此,保护电子商务应用程序免受中间人攻击是需要更加认真考虑的事情。但是,只有少数几种技术可用于保护应用程序免受中间人攻击,例如,相互认证的SSL/TLS会话(使用客户端证书)或SSL/TLS会话感知用户身份认证[23],这需要更多的研究和开发。欺诈性颁发的证书是危险的,可用于许多其他攻击,例如,通过使用看起来有效的代码签名证书将系统内核软件替换为恶意软件,这样的证书在Stuxnet蠕虫[24]的部署中发挥了关键作用,Stuxnet蠕虫已初始化或恢复了对监督控制和数据采集(SCADA)系统安全的关注。通过欺诈性颁发的证书变成可行的攻击几乎是永无止境的。

在后续中,既不讨论这些攻击的细节,也不讨论术语APT的适当性。取而代之的是,使用概率论的观察方法来弄清楚,类似的攻击将一次又一次地发生(除非改变了基本范式),并且必须设计、实现和实施相应的对策。这些对策必须超越浏

---

① GlobalTrust (http://www.globaltrust.it) and InstantSSL (http://www.instantssl.it).

② http://cryptome.org/0005/diginotar-insec.pdf.

③ http://www.rijksoverheid.nl/documenten-en-publicaties/rapporten/2012/08/13/black-tulipupdate.html.

④ Trustwave自那以后吊销了证书,并保证将来不再颁发此类证书。

览器附加组件的范围,以改进SSL/TLS证书审查,如Mozilla Firefox的Certificate Patrol[1]或Certlock[2]。

假设有 n 个共同信任的根CA列表,即,CA_1、CA_2、…、CA_n。实际上,每个软件供应商都有自己的受信任根CA列表,但是,为简单起见,我们假设存在一个通用列表。在给定时间间隔(例如1年)内,每个 CA_i ($1 \leqslant i \leqslant n$) 以概率 $0 \leqslant p_i \leqslant 1$ 遭受攻击,具体形式化如下

$$\Pr[CA_i \text{ is compromised}] = p_i$$

从这本书的目的来看,忽略了确定 p_i 的值的困难,并假设这些值是已知的,或者可以通过某种方式确定。标记 $1-p_i$ 为 CA_i 不被损害的概率为

$$\Pr[CA_i \text{ is not compromised}] = 1-p_i$$

将CA没有被泄露的概率计算为所有 n 个可信根CA未被泄露的概率的乘积

所有,至少有一个CA遭受攻击的概率用以下表达式来表示

$$Pr[\text{at least one CA is compromised}] = 1 - Pr[\text{no CA is compromised}]$$
$$= 1 - \prod_{i=1}^{n}(1-p_i)$$

这个公式可得出在给定的时间间隔内任何 n 和 $p_1, \cdots, p_n$ 所面临类似于Comodo或DigiNotar事件的概率。如果假设所有可信的根CA的概率 p 相等,则有等于 $1-(1-p)^n$。例如,如果假设 $p=0.01$(意味着对手以1%的成功概率攻击CA),则面临 $n=10$ CA的问题的概率大约是0.1%或10%,这似乎是可以容忍的。但是当增加 n 的值时,攻击者成功概率渐近于1。例如,当 $n=100$ 时,概率约为0.64,而当 $n=200$ 时,概率约为0.87。这是当前使用的受信任根CA列表大小的数量级。因为 n 很可能在未来的软件版本中增加,所以几乎可以肯定我们将一次又一次地面临遭受攻击的问题(这适用于所有可能的 p 值,因为较小的 p 值只需要较大的 n 值)。最近发生的一些与荷兰CA KPN[3] 的和马来西亚CA Digicert[4] 有关的事件证明了这一说法。尽管Digicert案件略有不同,因为有人发现密钥长度太短(即512位)的证书。最基本的是,如果互联网PKI的任何受信任的根CA受到危害,则可以为任何域或服务器颁发伪造的证书,但这甚至对下属或中间(受信任)CA也同样适用,因此总体形势是危险且令人担忧的。我们考虑以下一些问题。

首先,所有经过妥善管理的证书吊销机制,如CRL或OCSP请求和响应,都能够解决欺诈性颁发证书的问题。一旦发现欺诈行为,就会出具欺诈证明。通过实施"黑名单"方法,这意味着它们旨在识别首先列入黑名单的证书。但是,以欺诈方式颁发的证书不会自动出现在黑名单上。相反,这种方式有效而且没有任何缺

---

[1] https://addons.mozilla.org/de/firefox/addon/certificate-patrol.

[2] http://code.google.com/p/certlock.

[3] http://www.kpn.com.

[4] http://www.digicert.com.my.

点。因此,任何关于证书是否已吊销的问题都需要否定地回答。除了传统的证书吊销机制外,还需要一种方法来处理以下情况:CA受到危害并且证书被欺诈性颁发。这是到目前为止还没有妥善处理的事情,这一疏漏需要在未来的证书吊销机制中修复。

其次,在互联网PKI中,所有受信任的CA都是同等有价值的攻击目标。从攻击者的角度来看,只要能够损害至少一个,他损害的CA就不重要了。从某种意义上说,所有受信任的根CA和从属CA都位于同一条船上,这意味着单个CA的受害足以损害整个系统的安全性(因为攻击者将利用由他选择的任何受危害的CA进行欺诈性颁发证书)。但当认证服务提供商认为他们比竞争对手具有更好的安全性时,有时会忽略这一点。他们会这样声明,声称攻击不会利用他们的证书,而是利用竞争对手颁发的证书。这并不能显著改善整体情况,也不是一个好的安全设计。最好采用这样一种设计,在这种设计中,被攻破的CA不能自由地为其选择的任何实体颁发证书。因此,根本问题是谁有权颁发证书或声明它们对任何给定的实体有效。这个问题与证书授权有关,与人们通常谈论"信任模型"时所讨论的不同。

因此,必须处理两方面问题:证书吊销和证书授权。这两个问题领域不是独立的,也就是说任何处理证书授权的方法都必须以某种方式解决证书吊销问题。因此,这两个领域都可以归入"证书合法化"一词[21]。证书合法化是关于谁被合法授权为给定实体(例如,网站或域)颁发和吊销证书,或者说,是关于给定证书是否合法。这包括许多其他主题,如证书(路径)验证。以前有一些与证书合法化有关的工作。例如,X.509证书的名称约束扩展可用于限制授权CA颁发证书的身份范围。它从1999年就有了,但从未广泛使用(因为有些操作系统忽略并且不处理扩展,也因为它不符合某些业务模式)。但是,在可信CA可能被攻破、伪造证书可能发生的情况下,证书合法化变得越来越重要,并且对于互联网PKI和依赖它的应用程序的安全性至关重要。有几种新方法可用于证书合法化。这些方法在第6.6节中进行了概述和简要讨论。

6.6 新方法

如3.4.1节所述,采用"白名单"方法来处理证书的合法性更为合适。利用这种方法,任何已正确订购和交付且已支付适合认证费用的证书都包括在白名单中(即合法证书列表)。如果有人试图破坏CA并欺诈性地颁发证书,那么他还必须伪造该证书的记录。这是可行的(特别是对内部人士而言),但它往往涉及更多方面,因此成本更高。

在许多情况下,"白名单"方法比"黑名单"方法工作得更好,提供更高的安全性。例如,在现实生活中,可以用以下任何一种方法(或两种方法的组合):

在"黑名单"方法中,负责边境管制的机构有一份不允许通过边境(及进入该国)的人员身份清单。除此之外其他人都可以通过。

在"白名单"方法中,该机构有一份允许通过边境的人员身份清单。除此之外其他任何人都不允许通过。

毋庸置疑,"黑名单"方法对旅行者来说更舒适,但对国家(或负责边境管制的机构)来说就不那么安全了,而"白名单"方法则相反。在实际生活中,这两种方法通常是结合在一起的:针对已知罪犯的黑名单,以及针对来自特定国家或持有有效签证的人的白名单(或者更准确地说,在美国拥有有效的旅行授权登记电子系统)。当把这个类比应用到PKI领域时,人们必须格外小心,并对此持保留态度。边界管控的主要关注点是授权,而PKI的主要关注点是身份验证。因此,有一些细微的差异需要考虑。例如,许多签证代表它们自己,它们的吊销状态不需要验证和检查。而证书的情况并非如此。

同样,在防火墙设计领域中,"黑名单"方法指的是默认许可立场(即,除非明确禁止,否则一切都被允许),而"白名单"方法指的是默认拒绝立场(即,除非明确允许,否则一切都被禁止)。在这里,默认拒绝立场是毋庸置疑的,而且普遍同意这一点,但这个类比必须持保留态度:拥有一个可以被验证的证书已经在一定程度上保证了身份的确认,而防火墙或数据包过滤器领域中的IP源地址则不会带来任何保证。

尽管有这些类比和白名单在许多设置中存在优点,但PKI社区传统上认为"白名单"方法的弊大于利,因此"黑名单"方法更合适。例如,这种想法在IETF PKIX工作组邮件列表的讨论中很明显。但是,在Comodo和DigiNotar被攻击之后,需要重新考虑这一设计决策,并且当今人们的工作重点有所不同。例如,谷歌在2011年底启动了一个名为"证书透明"的项目①,其缩写为CT[25, 26]②。CT项目的初步成果是一个用于审计和监测公钥证书的框架,该框架在IETF安全领域的公证透明度在工作组内得到了进一步完善。其目的是提出一个可以提交到互联网标准轨道的RFC文档(请注意文献[26]只是一个试验性的RFC)。CT的基本思想是提供可以由每个人验证的合法颁发证书的日志。日志本身是基于二进制Merkle哈希树[27]的追加数据结构。每个合法颁发的证书(或其各自的SHA-256哈希值)都作为叶子附加到哈希树上,并在其中自动进行身份验证。Merkle树日志存储在数量相对较少的服务器上。CA每次颁发新证书时,都会向所有日志服务器发送一份副本,然后所有日志服务器返回证书已添加到日志的加密证明。浏览器可以预先配置日志服务器列表。(这不会使受信任CA的列表过时,而是对其进行补充。)只有在定期检查参与者是否遵守规则的情况下,透明度才有用。这就是CT介入的地方。在项目

---

① http://www.links.org/files/CertificateAuthorityTransparencyandAuditability.pdf.
② http://www.certificate-transparency.org.

的原始大纲中[25],有人建议用一组"监控"服务器定期(可能每小时左右)联系日志服务器,并要求提供它们已为其颁发证明的所有新证书的列表。这些"监控"服务器可以由第三方操作,如公司、非营利组织、个人或服务提供商,他们的工作是发现未经授权的证书。此外,为了确保日志服务器诚实运行,大纲建议使用另一组服务器,即审计服务器(审计员),浏览器偶尔会向其发送到目前为止收到的所有证据。如果恰好出现由日志服务器签名的证据,而该证据没有出现在相应的日志中,则审计员知道发生了不合法的事情,并且出了问题。这样就可以揭示非法CA和日志服务器并将其从浏览器列表中移除。参与CT的参与方越多,阻塞和清理过程就会越快。最初,采用CT的浏览器无法阻止没有证据的连接。但是,经过一段时间后,希望浏览器至少可以在没有证据的情况下建立安全连接之前警告用户。这取决于浏览器制造商定义适当的行为。

CT是实现白名单的一种可能性,目前只有Google Chrome支持EV证书。也有可能会有其他的可能性,或者未来可能会提出一些CT的变体。无论哪种情况,都必须注意,"白名单"方法也有其问题①,吊销证书的黑名单和合法证书的白名单并不是相互排斥的,在实际环境中结合这两种方法非常有意义。

如前文所述,第二个问题领域与证书授权有关,也就是说定义谁有权颁发证书并声明这些证书对任何给定实体有效是非常重要的。这里可能会使用X.509名称约束扩展,但它也有自己的问题和缺点:一些操作系统忽略并不对其进行处理,它也不符合某些业务模式,因此在NET中没有广泛部署。更根本的是,人们可能会首先争论指定证书范围的带内机制是否有意义。如果有人能够伪造证书,那么他也可以随意指定其范围。使用带外机制来指定证书的范围可能更合适。

为了解决证书授权缺乏可行的解决方案这一问题,一些软件供应商承担了责任,并定义了共同信任的CA列表。这些列表要么包含在操作系统中(如Microsoft Windows),要么是应用程序软件的一部分(如Mozilla Firefox或Adobe Acrobat)。甚至可以组合这两种方法并在应用软件中继承操作系统CA。关键是各个CA具有通用性,并且Comodo和DigiNotar事件表明这具有内在的危险。

在这种背景下,有时建议自定义并简化受信任的根CA的列表。这在公司设置中是可行的,在公司设置中,受信任的根CA的列表可能只包括几个CA。但是,与外部合作伙伴交流的用户越多,处理小列表的难度就越大,通常需要的灵活性也就越高。在此背景下,谷歌开发并开创了一项名为公钥锁定的技术,该技术从第13版开始在谷歌浏览器中实现。最初,公钥锁定允许谷歌指定一组授权对谷歌网站进行身份验证的公钥(使用公钥代替证书,使运营商能够生成包含旧公钥的新证书)。欺诈性颁发的证书指的是其他公钥,因此不被这样的浏览器接受——至少不

---

① 例如,攻击者可能会使用已分配给合法证书的序列号来颁发证书,这使CA很难检测到流通中存在欺诈性颁发的证书,并且当需要撤销这些证书时,该过程可能会延迟,因为合法的证书持有者也会受到不利影响。

是用来认证谷歌网站的公钥。由于将公钥固定到其他(非谷歌)站点可能是有意义的,因此谷歌精心制作了一份RFC文档,并将其提交给互联网标准轨道[28]。其产生的技术是HPKP(HTTP公钥锁定)。HPKP的基本思想是,每当浏览器使用SSL/TLS连接到站点时,该站点都可以使用新的HTTP响应头(Public-Key-Pins)将一个或多个公钥固定到该特定站点。公钥使用加密哈希值进行引用,并且可能在有限的时间范围内有效(使用max-age指令以秒为单位指定)。

就其本质而言,公钥锁定是一种首次使用时信任(TOFU)机制。它有优点也有缺点。其优点与简单性和易于部署有关,缺点更多地与可靠性、安全性以及(也许最重要的)可伸缩性有关。例如,如果站点丢失或失去对其私钥的控制,将会发生什么情况目前还不清楚。在这种情况下,站点在执行SSL/TLS握手协议期间无法正确验证自身身份。为了解决此问题,公钥锁定要求站点始终指定备份公钥(除了常规密钥之外)。因此,在紧急情况下,配备备份密钥的浏览器仍然可以继续对站点进行身份验证。但是,公钥锁定也有一个引导问题:如果攻击者设法将错误的公钥固定到给定站点,则该站点的合法所有者将被永久锁定(除非他仍然可以使用备份密钥)。

在公钥锁定的环境中经常出现的另一个术语是证书密钥的信任保证(TACK)。它指的是由Trevor Perrin和Moxie Marlinspike在2012年提出的一种固定变体,作为TLS的扩展。TACK的想法不是固定到CA提供的签名密钥,而是固定到服务器提供的签名密钥。TACK明显的优点是独立于任何CA或互联网PKI(因为服务器自己提供签名密钥)。此外,因为TACK被设想为TLS扩展,所以它被认为独立于HTTP,并且对于任何受SSL/TLS保护的协议都很有用。这与绑定到HTTPS的HPKP形成对比。尽管TACK提案的作者为某些流行的平台提供了一些概念验证实现,但仍然没有任何客户端提供官方支持。因此,这项提议正在默默地被遗忘。我们有理由认为,TACK将会作为一种固定方式消失(它甚至不包括在3.4.1节概述的官方TLS扩展列表中)。如果想要更恰当地将公钥固定到任意域,则以这样或那样的方式链接和使用域名系统(DNS)是合理的。事实上,EFF在2011年发起的主权钥匙项目①就是遵循这一理念的。具体地说,可以使用以某种可公开验证的形式(例如DNS条目)记录的主权密钥来声明域名。一旦名称被认领,其证书只有在由主密钥签名时才有效。尽管主权钥匙项目早在2011年就宣布了,但它还没有超过构思阶段。事实上,许多问题仍然没有解决,例如,如果主权钥匙丢失会发生什么情况。由于缺乏恢复机制,这一提议风险很大。IETF DANE(基于DNS的名称实体的身份认证)工作组指定了一种概念上类似但更成熟的方法②,该方法也称为DANE,并且在两个相关的RFC[29, 30]③中被指出。其基本思想是使用特殊类型的

---

① https://www.eff.org/sovereign-keys.

② http://datatracker.ietf.org/wg/dane/.

③ 请注意,第一个RFC仅供参考,而第二个RFC已提交到Internet标准轨道。

DNS资源记录(RR),即TLSA记录,来指定哪些公钥或相应证书可用于证书验证。这在本质上类似于公钥锁定,但它克服了其缺点(特别是引导问题)。此外,DANE在概念上与X.509名称约束扩展相关。唯一的区别是DANE(与X.509名称约束扩展相反)在DNS环境中操作,而X.509名称约束扩展不在DNS环境中操作。因此,DANE也同意上面提到的观点,即指定证书范围的带外机制可能更合适。DANE的主要缺点是它引入了一个新的依赖,即对DNS安全(DNSSEC)的依赖。虽然DANE原则上可以在没有DNSSEC的情况下运行,但从安全的角度来看,将这两种技术结合起来并仅在已经实现了DNSSEC的环境中部署DANE是非常有意义的。随着DNSSEC的实施和部署,这种依赖性在未来将不再是个严重的问题。但是,由于DNSSEC对DANE至关重要,DNS(包括DNSSEC)也有可能成为未来更具吸引力的攻击目标。无论如何,诸如主权密钥(甚至更重要的是DANE)这样的技术可以提高安全性,并增强对中间人攻击的抵抗力。可以合理预计DANE的支持率在未来会有所增长。

如果可以更进一步改变正在使用的信任模型,那么就可以设计并提出全新的方法和解决方案。例如,"透视"项目[31]①就提出了这样一种方法。在这种方法中,依赖方可以通过询问几个公证服务器(称为公证人)来验证它打算用于特定服务器的公钥或证书的合法性。如果公证人担保使用相同的公钥或证书,则似乎该公钥或证书是正确的。这是因为欺骗攻击通常发生在本地,因此不太可能同时危害多个公证人。该方法最初是在可用于验证SSH密钥的Firefox附加组件中建立原型的。从那时起,该附加组件已经扩展到也可以处理SSL/TLS证书。"透视"项目最初是在2008年启动的,尽管它的生命周期相对较长,但它仍然能正常运行。

根据透视项目中已经完成的工作,Moxie Marlinspike实现了另一个Firefox插件,名为Conversion,这是在2011年的Black Hat大会上公开宣布的。最好将收敛视为观点的概念分叉,并改善实现的某些方面。例如,为了提高私密性,对公证人的请求通常通过几个服务器进行代理,以便知道客户端身份的公证人不知道请求的内容。此外,收敛会在较长时间内缓存站点证书,以提高性能。收敛在2011年最初推出时具有一定的发展势头,但此后并没有看到太多活动。

在特定证书的可信性做出集体决策时,诸如透视或收敛这样的分布式方法很有用。如果只有少数几个CA(或公证机构)受到威胁,它们就会起作用。如果多个CA(或公证机构)同时受到威胁,则不起作用。这种情况很少发生,因此分布式方法似乎很有用,并且有助于改善这种情况。但是这些方法也存在一些警告,由于依赖于多个外部系统进行信任,它们使决策变得更加困难。它们还会带来与性能、可用性以及(或许是最重要的)运行成本相关的问题。同样,大型网站通常部署许多证书(所有证书都具有相同的名称)。如果这些证书是由不同的公证人验证的,则

---

① http://perspectives-project.org.

很可能会产生许多误报。这是因为来自一个公证人的观点可能不是唯一正确的观点。由于所有这些缺点,分布式方法仍然是一个模糊的存在。

为了克服这种情况并使客户端更方便地使用分布式方法,人们提出了相互认可的 CA 基础设施(MECAI)①的概念。这基本上是公证系统的变体,参与其中 CA 运行基础设施,这意味着他们进行工作并获得交付给客户端的新鲜凭证。这意味着大部分过程都在后台进行,这提高了隐私和性能(至少从客户端的角度来看是这样)。与这里提到的许多其他想法类似,MECAI 于 2011 年首次发布,并于 2012 年更新,但此后似乎没有取得进展。

6.7 小 结

本章介绍了与 SSL/TLS 和 DTLS 协议相关的公钥证书和互联网 PKI。这一领域的首选标准是 ITU-T X.509,意味着目前使用的大多数(服务器和客户端)证书都是 X.509 证书。因此,有许多 CSP 向公众提供商业认证服务。他们中的大多数人以向网站运营商出售服务器证书为生。事实证明,客户证书的营销比最初预期的要复杂得多。实际上,大多数最初专注于客户端证书的 CSP 已经停业(文献[32]中讨论的原因),或者从根本上改变了他们的业务模式。最重要的是,我们还远没有成熟的 PKI 可用于客户端的 SSL/TLS 支持,因此,Web 应用程序提供商必须使用其他客户端或用户身份验证技术。理想情况下,这些技术是 TLS 协议规范的一部分,并相应地实现。但实际情况还不是这样,并且客户端或用户身份验证仍然在应用层进行(即在 SSL/TLS 之上)。这种做法是行之有效的,但不可避免存在中间人攻击的问题(见文献[23])。

因此,当使用公钥证书时,信任是一个需要考虑的重要问题。每个浏览器都附带一组预配置的可信 CA(即根 CA 和中间 CA)。如果 Web 服务器提供由此类 CA 颁发的证书,则浏览器在没有用户交互的情况下接受证书(在正确验证之后)。从可用性的角度来看,这很方便,当然也是首选。但是,从安全的角度来看,首选的选择是清空受信任的 CA 集合,并有选择地仅包括被认为值得信任的 CA。但是很少这样做,只有几家公司和组织使用自定义的受信任可信 CA 集合来分发浏览器软件。

互联网 PKI 是高度分布式的,由许多在某种程度上需要信任的物理上、地理上和/或组织上分离的 CA 组成。一些 CA 可能被敌对组织或极权政权控制,从而使他们有能力发动大规模的中间人攻击。同样,最近针对可信 CA 的攻击已将互联网 PKI 的安全性和有用性置于危险境地。

由于类似的攻击有可能而且很可能会一次又一次地发生,因此设计、实施和采取适当的对策是很有意义的。证书合法化在未来将是非常重要的,像 DANE 或主

---

① http://kuix.de/mecai.

权密钥(最好与 DNSSEC 结合使用)以及"透视和收敛"等方法看起来很有前途。它们要么将 CA 的合法性与 DNS 绑定在一起,要么遵循分布式方法来确定特定的公钥或证书是否与一组(随机 CHO-SEN)公证人提供的公钥或证书相同。这两种方法都不能解决所有的安全问题,但它们会使最终的系统对特定攻击更具弹性。这两种方法并不是相互排斥的,可以以这样或那样的方式组合在一起,在将来还会开发并发布更多的提案(以及有关如何将它们结合在一起的提案)。例如,使用比特币技术提出一份共同商定的有效证书白名单(类似于有效交易的比特币账簿)是可能的。无论如何,仍然有相当多的研究挑战,我们在未来使用的互联网 PKI 看起来可能与我们今天所知道的根本不同。

参 考 文 献

[1] NIST SP 800-32, *Introduction to Public Key Technology and the Federal PKI Infrastructure*, National Institute of Standards and Technology (NIST), 2001, http://csrc.nist.gov/publications/nistpubs/800-32/sp800-32.pdf.

[2] Adams, C., and S. Lloyd, *Understanding PKI: Concepts, Standards, and Deployment Considerations*, 2nd edition. Addison-Wesley, Reading, MA, 2002.

[3] Buchmann, J.A., E. Karatsiolis, and A. Wiesmaier, *Introduction to Public Key Infrastructures*, Springer-Verlag, Berlin, 2014.

[4] Shirey, R., "Internet Security Glossary, Version 2," Informational RFC 4949, August 2007.

[5] Kohnfelder, L.M., "Towards a Practical Public-Key Cryptosystem," Bachelor's thesis, Massachusetts Institute of Technology (MIT), Cambridge, MA, May 1978, http://groups.csail.mit.edu/cis/theses/kohnfelder-bs.pdf.

[6] ITU-T, *Recommendation X.509: Information technology—Open Systems Interconnection—The Directory: Public-key and attribute certificate frameworks*, 2012.

[7] ISO/IEC 9594-8, *Information technology—Open Systems Interconnection—The Directory: Public- key and attribute certificate frameworks*, 2014.

[8] Ellison, C., "Establishing Identity Without Certification Authorities," Proceedings of the 6th USENIX Security Symposium, 1996, pp. 67–76.

[9] Rivest, R.L., and B. Lampson, "SDSI—A Simple Distributed Security Infrastructure," September 1996, http://people.csail.mit.edu/rivest/sdsi10.html.

[10] Abadi, M., "On SDSI's Linked Local Name Spaces," Journal of Computer Security, Vol. 6, No. 1–2, September 1998, pp. 3–21.

[11] Ellison, C., "SPKI Requirements," Experimental RFC 2692, September 1999.

[12] Ellison, C., et al., "SPKI Certificate Theory," Experimental RFC 2693, September 1999.

[13] Oppliger, R., *Secure Messaging on the Internet*. Artech House Publishers, Norwood, MA, 2014.

[14] Cooper, D., et al., "Internet X.509 Public Key Infrastructure Certificate and Certificate Revocation List (CRL) Profile," Standards Track RFC 5280, May 2008.

[15] Myers, M., et al., "X.509 Internet Public Key Infrastructure Online Certificate Status Protocol— OCSP," Standards Track RFC 2560, June 1999.

[16] Freeman, T., et al., "Server-Based Certificate Validation Protocol (SCVP)," Standards Track RFC 5055, De-

cember 2007.

[17] ETSI TS 101 456, *Electronic Signatures and Infrastructures (ESI); Policy Requirements for Certification Authorities Issuing Qualified Certificates*, 2007.

[18] ETSI TS 102 042, *Policy Requirements for Certification Authorities Issuing Public Key Certificates*, 2004.

[19] ISO 21188, *Public Key Infrastructure for Financial Services—Practices and Policy Framework*, 2006.

[20] Brubaker, C., et al., "Using Frankencerts for Automated Adversarial Testing of Certificate Validation in SSL/TLS Implementations," *Proceedings of the 2014 IEEE Symposium on Security and Privacy*, IEEE Computer Society, 2014, pp. 114–129.

[21] Oppliger, R., "Certification Authorities Under Attack: A Plea for Certificate Legitimation," *IEEE Internet Computing*, Vol. 18, No. 1, January/February 2014, pp. 40–47.

[22] Soghoian, C., and S. Stamm, "Certified Lies: Detecting and Defeating Government Interception Attacks Against SSL (Short Paper)," *Proceedings of the 15th International Conference on Financial Cryptography and Data Security*, Springer-Verlag, 2011, pp. 250–259.

[23] Oppliger, R., R. Hauser, and D. Basin, "SSL/TLS Session-Aware User Authentication," *IEEE Computer*, Vol. 41, No. 3, March 2008, pp. 59–65.

[24] Langner, R., "Stuxnet: Dissecting a Cyberwarfare Weapon," *IEEE Security & Privacy*, Vol. 9, No. 3, 2011, pp. 49–51.

[25] Laurie, B., and C. Doctorow, "Secure the Internet," *Nature*, Vol. 491, November 2012, pp. 325–326.

[26] Laurie, B., A. Langley, and E. Kasper, "Certificate Transparency," Experimental RFC 6962, June 2013.

[27] Merkle, R., "Secrecy, Authentication, and Public Key Systems," Ph.D. Dissertation, Stanford University, 1979.

[28] Evans, C., C. Palmer, and R. Sleevi, "Public Key Pinning Extension for HTTP," Standards Track RFC 7469, April 2015.

[29] Barnes, R., "Use Cases and Requirements for DNS-Based Authentication of Named Entities (DANE)," Informational RFC 6394, October 2011.

[30] Hoffman, P., and J. Schlyter, "The DNS-Based Authentication of Named Entities (DANE) Transport Layer Security (TLS) Protocol: TLSA," Standards Track RFC 6698, August 2012.

[31] Wendtandt, D., D.G. Andersen, and A. Perrig, "Perspectives: Improving SSH-style Host Authentication with Multi-Path Probing," *Proceedings of the USENIX 2008 Annual Technical Conference (ATC 2008)*, USENIX Association, Berkeley, CA, 2008.

[32] Lopez, J., R. Oppliger, and G. Pernul, "Why Have Public Key Infrastructures Failed So Far?" *Internet Research*, Vol. 15, No. 5, 2005, pp. 544–556.

第7章 结束语

在深入讨论了SSL/TLS和DTLS协议(以及一些补充主题)之后,我们准备用以下4点总结来结束本书。

首先,本书没有提供该协议在该领域使用情况的任何统计信息,这种明显的缺失主要原因有二:一是统计信息只在相对较短的时间内有效,因此一些提供相关信息的书籍似乎是错误的媒介(在此在线资源和交易出版社更合适);二是有许多网站提供这类信息,尤其是Qualys的SSL Lab①。现有的大多数统计数据显示,SSL/TLS协议的使用正在稳步增加,并且SSL/TLS很可能成为未来互联网的主要安全技术。如今,该协议甚至被用于几年前人们曾认为现有硬件的计算能力不够的领域。例如,适用于整个移动计算领域。当今,即使是一般的应用程序也具有用于使用的内置SSL/TLS实现。考虑到HSTS,这一发展很可能会继续下去,最终也会扩展到DTLS协议。最重要的是,我们可以在将来对协议的部署和使用持乐观态度。

第二,SSL/TLS取得巨大进步的直接后果是其安全性受到许多公众监督。许多研究人员已经并将继续研究SSL/TLS和DTLS协议安全性及其实现,并在协议和实现层面都发现了许多问题。在这本书中,我们遇到了许多漏洞和攻击,其中一些漏洞和攻击并不特别令人担忧,可以很容易地处理(通过修补相应的实现或在现场使用时重新配置它们)。但某些漏洞和攻击是毁灭性的。这里最重要的例子还是Heartbleed,它对开源软件社区产生(并将继续产生)深远的影响。它再次清楚地表明,安全性是一个棘手且过于复杂的话题,如果只简单地实现一个很小的细节,整个系统的安全性就会崩溃。在这种情况下,任何旨在提出已正式验证安全性实现的倡议都将受到高度赞赏。典型的例子就是用F#②编写并在F7③中进行验证的miTLS,并且更多类似的项目应该被部署实现。

第三,有些文献详细说明了如何配置以安全方式实现SSL/TLS和DTLS协议的系统——无论是客户端还是服务器。正如前言所述,文献[2]可以达到此目的(有关SSL/TLS部署最佳实践的摘要可从互联网[3]上免费获取)。此外,还有几个政府和标准化机构也发布了(或将继续发布)安全使用这些协议的倡议。最重要的是,德国联邦信息安全局(BSI)和IETF已经公布了此类文件[4,5]。IETF文档[5]不仅从理

---

① https://www.ssllabs.com.

② http://fsharp.org.

③ http://research.microsoft.com/en-us/projects/f7.

论和以安全为中心的观点提出建议,而且还考虑了切合实际且可以实际部署的内容①。推荐的密码套件将DHE或ECDHE与基于RSA的身份验证(以提供PFS)、在GCM中操作的128位或256位AES(以提供经过身份验证的加密)以及来自SHA-2系列的两个哈希函数(即SHA-256和SHA-384)相结合。实际上,该文档主张以下4种密码套件:

(1) TLS_DHE_RSA_WITH_AES_128_GCM_SHA256;

(2) TLS_ECDHE_RSA_WITH_AES_128_GCM_SHA256;

(3) TLS_DHE_RSA_WITH_AES_256_GCM_SHA384;

(4) TLS_ECDHE_RSA_WITH_AES_256_GCM_SHA384。

这些密码套件在密码方面是可靠的,并且可以高效地实现。需要注意的是,这些密码套件相似,但使用的签名算法(RSA而不是ECDSA)不同于符合套件B密码术的签名算法(参见第3.9条)。

第四,必须强调的是,TLS1.3是SSL/TLS协议发展过程中真正的安全里程碑。虽然SSL3.0、TLS1.0、TLS1.1和TLS1.2已经逐步增加了它们的功能和特征丰富性,但TLS1.3是第一个被严格限制为仅使用强加密(例如,提供PFS的AEAD密码和密钥交换方法)的协议版本,在某种程度上打破了标准化委员会协议设计的传统,将对未来TLS的安全性产生深远的影响。所有针对以前版本的SSL/TLS协议的已知攻击都不再适用于TLS1.3。但在实践中,部署的系统只有在没有以向后兼容的方式进行配置的情况下才能从这种高级安全级别中获益,但在许多情况下这是不太可能的,因此,SSL/TLS和DTLS协议的安全性在可预见的将来仍将困扰我们。所以,本书并没有过时。

通过以上总结,我们完成了关于SSL/TLS和DTLS协议的说明。希望我们已经为您提供了足够的背景信息,不会让您陷入困境,并祝您在此领域的未来事业顺利。

参 考 文 献

[1] Sheffer, Y., R. Holz, and P. Saint-Andre, "Summarizing Known Attacks on Transport Layer Security (TLS) and Datagram TLS (DTLS)," Informational RFC 7457, February 2015.

[2] Ristic', I., *Bulletproof SSL and TLS: Understanding and Deploying SSL/TLS and PKI to Secure Servers and Web Applications*, Feisty Duck Limited, London, UK, 2014.

[3] Ristic', I., *SSL/TLS Deployment Best Practices*, Qualsys SSL Labs, 2014, https://www.ssllabs.com/downloads/SSL_TLS_Deployment_Best_Practi- ces.pdf.

[4] German Federal Office for Information Security (BSI), "Mindeststandard des BSI fu ̈r den Einsatz des SSL/TLS-

---

① 与3.8节中引用的参考文献RFC 7457相似,该文献也是BCP文档,由IETFUTA工作组提供(参见https://datatracker.ietf.org/wg/uta/)。

Protokolls durch Bundesbehörden," 2014.

[5] Sheffer, Y., R. Holz, and P. Saint-Andre, "Recommendations for Secure Use of Transport Layer Security (TLS) and Datagram Transport Layer Security (DTLS)," RFC 7525 (BCP 195), May 2015.

附录A 注册的TLS密码套件

本附录详细列出了撰写本文时IANA已注册的TLS密码套件。下面介绍TLS密码套件，可以从相应的IANA存储库下载当前有效的列表[①]。对于每个密码套件，第一列提供两字节的参考代码(以十六进制表示)，在第二列中提供正式名称，在第三列中指示(X)表示是否可用于DTLS，以及第四列中的一些参考RFC编号(其中数字表示为相对应的RFC编号)。其中，RFC里的提及的官方规范1.0(RFC2246)、TLS1.1(RFC4346)、TLS1.2(RFC5246)、DTLS1.0(RFC4347)和DTLS1.2(RFC6347)被省略。

00	00	TLS_NULL_WITH_NULL_NULL	X	
00	01	TLS_RSA_WITH_NULL_MD5	X	
00	02	TLS_RSA_WITH_NULL_SHA	X	
00	03	TLS_RSA_EXPORT_WITH_RC4_40_MD5		
00	04	TLS_RSA_WITH_RC4_128_MD5		
00	05	TLS_RSA_WITH_RC4_128_SHA		
00	06	TLS_RSA_EXPORT_WITH_RC2_CBC_40_MD5	X	
00	07	TLS_RSA_WITH_IDEA_CBC_SHA	X	5469
00	08	TLS_RSA_EXPORT_WITH_DES40_CBC_SHA	X	
00	09	TLS_RSA_WITH_DES_CBC_SHA	X	5469
00	0A	TLS_RSA_WITH_3DES_EDE_CBC_SHA	X	
00	0B	TLS_DH_DSS_EXPORT_WITH_DES40_CBC_SHA	X	
00	0C	TLS_DH_DSS_EXPORT_WITH_DES40_CBC_SHA	X	5469
00	0D	TLS_DH_DSS_WITH_3DES_EDE_CBC_SHA	X	
00	0E	TLS_DH_RSA_EXPORT_WITH_DES40_CBC_SHA	X	
00	0F	TLS_DH_RSA_WITH_DES_CBC_SHA	X	5469
00	10	TLS_DH_RSA_WITH_3DES_EDE_CBC_SHA	X	
00	11	TLS_DHE_DSS_EXPORT_WITH_DES40_CBC_SHA	X	
00	12	TLS_DHE_DSS_WITH_DES_CBC_SHA	X	5469
00	13	TLS_DHE_DSS_WITH_3DES_EDE_CBC_SHA	X	
00	14	TLS_DHE_RSA_EXPORT_WITH_DES40_CBC_SHA	X	
00	15	TLS_DHE_RSA_WITH_DES_CBC_SHA	X	5469
00	16	TLS_DHE_RSA_WITH_3DES_EDE_CBC_SHA	X	
00	17	TLS_DH_anon_EXPORT_WITH_RC4_40_MD5		
00	18	TLS_DH_anon_WITH_RC4_128_MD5		
00	19	TLS_DH_anon_EXPORT_WITH_DES40_CBC_SHA	X	
00	1A	TLS_DH_anon_WITH_DES_CBC_SHA	X	5469

[①] http://www.iana.org/assignments/tls-parameters/tls-parameters.xhtml.

00	1B	TLS_DH_anon_WITH_3DES_EDE_CBC_SHA	X	
00	1E	TLS_KRB5_WITH_DES_CBC_SHA	X	2712
00	1F	TLS_KRB5_WITH_3DES_EDE_CBC_SHA	X	2712
00	20	TLS_KRB5_WITH_RC4_128_SHA	X	2712
00	21	TLS_KRB5_WITH_IDEA_CBC_SHA	X	2712
00	22	TLS_KRB5_WITH_DES_CBC_MD5	X	2712
00	23	TLS_KRB5_WITH_3DES_EDE_CBC_MD5	X	2712
00	24	TLS_KRB5_WITH_RC4_128_MD5		2712
00	25	TLS_KRB5_WITH_IDEA_CBC_MD5	X	2712
00	26	TLS_KRB5_EXPORT_WITH_DES_CBC_40_SHA	X	2712
00	27	TLS_KRB5_EXPORT_WITH_RC2_CBC_40_SHA	X	2712
00	28	TLS_KRB5_EXPORT_WITH_RC4_40_SHA		2712
00	29	TLS_KRB5_EXPORT_WITH_DES_CBC_40_MD5	X	2712
00	2A	TLS_KRB5_EXPORT_WITH_RC2_CBC_40_MD5	X	2712
00	2B	TLS_KRB5_EXPORT_WITH_RC4_40_MD5		2712
00	2C	TLS_PSK_WITH_NULL_SHA	X	4785
00	2D	TLS_DHE_PSK_WITH_NULL_SHA	X	4785
00	2E	TLS_RSA_PSK_WITH_NULL_SHA	X	4785
00	2F	TLS_RSA_WITH_AES_128_CBC_SHA	X	
00	30	TLS_DH_DSS_WITH_AES_128_CBC_SHA	X	
00	31	TLS_DH_RSA_WITH_AES_128_CBC_SHA	X	
00	32	TLS_DHE_DSS_WITH_AES_128_CBC_SHA	X	
00	33	TLS_DHE_RSA_WITH_AES_128_CBC_SHA	X	
00	34	TLS_DH_anon_WITH_AES_128_CBC_SHA	X	
00	35	TLS_RSA_WITH_AES_256_CBC_SHA	X	
00	36	TLS_DH_DSS_WITH_AES_256_CBC_SHA	X	
00	37	TLS_DH_RSA_WITH_AES_256_CBC_SHA	X	
00	38	TLS_DHE_DSS_WITH_AES_256_CBC_SHA	X	
00	39	TLS_DHE_RSA_WITH_AES_256_CBC_SHA	X	
00	3A	TLS_DH_anon_WITH_AES_256_CBC_SHA	X	
00	3B	TLS_RSA_WITH_NULL_SHA256	X	
00	3C	TLS_RSA_WITH_AES_128_CBC_SHA256	X	
00	3D	TLS_RSA_WITH_AES_256_CBC_SHA256	X	
00	3E	TLS_DH_DSS_WITH_AES_128_CBC_SHA256	X	
00	3F	TLS_DH_RSA_WITH_AES_128_CBC_SHA256	X	
00	40	TLS_DHE_DSS_WITH_AES_128_CBC_SHA256	X	
00	41	TLS_RSA_WITH_CAMELLIA_128_CBC_SHA	X	5932
00	42	TLS_DH_DSS_WITH_CAMELLIA_128_CBC_SHA	X	5932

00	43	TLS_DH_RSA_WITH_CAMELLIA_128_CBC_SHA	X	5932
00	44	TLS_DHE_DSS_WITH_CAMELLIA_128_CBC_SHA	X	5932
00	45	TLS_DHE_RSA_WITH_CAMELLIA_128_CBC_SHA	X	5932
00	46	TLS_DH_anon_WITH_CAMELLIA_128_CBC_SHA	X	5932
00	67	TLS_DHE_RSA_WITH_AES_128_CBC_SHA256	X	
00	68	TLS_DH_DSS_WITH_AES_256_CBC_SHA256	X	
00	69	TLS_DH_RSA_WITH_AES_256_CBC_SHA256	X	
00	6A	TLS_DHE_DSS_WITH_AES_256_CBC_SHA256	X	
00	6B	TLS_DHE_RSA_WITH_AES_256_CBC_SHA256	X	
00	6C	TLS_DH_anon_WITH_AES_128_CBC_SHA256	X	
00	6D	TLS_DH_anon_WITH_AES_256_CBC_SHA256	X	
00	84	TLS_RSA_WITH_CAMELLIA_256_CBC_SHA	X	5932
00	85	TLS_DH_DSS_WITH_CAMELLIA_256_CBC_SHA	X	5932
00	86	TLS_DH_RSA_WITH_CAMELLIA_256_CBC_SHA	X	5932
00	87	TLS_DHE_DSS_WITH_CAMELLIA_256_CBC_SHA	X	5932
00	88	TLS_DHE_RSA_WITH_CAMELLIA_256_CBC_SHA	X	5932
00	89	TLS_DH_anon_WITH_CAMELLIA_256_CBC_SHA	X	5932
00	8A	TLS_PSK_WITH_RC4_128_SHA		
00	8B	TLS_PSK_WITH_3DES_EDE_CBC_SHA	X	4279
00	8C	TLS_PSK_WITH_AES_128_CBC_SHA	X	4279
00	8D	TLS_PSK_WITH_AES_256_CBC_SHA	X	4279
00	8E	TLS_DHE_PSK_WITH_RC4_128_SHA		4279
00	8F	TLS_DHE_PSK_WITH_3DES_EDE_CBC_SHA	X	4279
00	90	TLS_DHE_PSK_WITH_AES_128_CBC_SHA	X	4279
00	91	TLS_DHE_PSK_WITH_AES_256_CBC_SHA	X	4279
00	92	TLS_RSA_PSK_WITH_RC4_128_SHA		4279
00	93	TLS_RSA_PSK_WITH_3DES_EDE_CBC_SHA	X	4279
00	94	TLS_RSA_PSK_WITH_AES_128_CBC_SHA	X	4279
00	95	TLS_RSA_PSK_WITH_AES_256_CBC_SHA	X	4279
00	96	TLS_RSA_WITH_SEED_CBC_SHA	X	4162
00	97	TLS_DH_DSS_WITH_SEED_CBC_SHA	X	4162
00	98	TLS_DH_RSA_WITH_SEED_CBC_SHA	X	4162
00	99	TLS_DHE_DSS_WITH_SEED_CBC_SHA	X	4162
00	9A	TLS_DHE_RSA_WITH_SEED_CBC_SHA	X	4162
00	9B	TLS_DH_anon_WITH_SEED_CBC_SHA	X	4162
00	9C	TLS_RSA_WITH_AES_128_GCM_SHA256	X	5288
00	9D	TLS_RSA_WITH_AES_256_GCM_SHA384	X	5288
00	9E	TLS_DHE_RSA_WITH_AES_128_GCM_SHA256	X	5288

00	9F	TLS_DHE_RSA_WITH_AES_256_GCM_SHA384	X	5288
00	A0	TLS_DH_RSA_WITH_AES_128_GCM_SHA256	X	5288
00	A1	TLS_DH_RSA_WITH_AES_256_GCM_SHA384	X	5288
00	A2	TLS_DHE_DSS_WITH_AES_128_GCM_SHA256	X	5288
00	A3	TLS_DHE_DSS_WITH_AES_256_GCM_SHA384	X	5288
00	A4	TLS_DH_DSS_WITH_AES_128_GCM_SHA256	X	5288
00	A5	TLS_DH_DSS_WITH_AES_256_GCM_SHA384	X	5288
00	A6	TLS_DH_anon_WITH_AES_128_GCM_SHA256	X	5288
00	A7	TLS_DH_anon_WITH_AES_256_GCM_SHA384	X	5288
00	A8	TLS_PSK_WITH_AES_128_GCM_SHA256	X	5487
00	A9	TLS_PSK_WITH_AES_256_GCM_SHA384	X	5487
00	AA	TLS_DHE_PSK_WITH_AES_128_GCM_SHA256	X	5487
00	AB	TLS_DHE_PSK_WITH_AES_256_GCM_SHA384	X	5487
00	AC	TLS_RSA_PSK_WITH_AES_128_GCM_SHA256	X	5487
00	AD	TLS_RSA_PSK_WITH_AES_256_GCM_SHA384	X	5487
00	AE	TLS_PSK_WITH_AES_128_CBC_SHA256	X	5487
00	AF	TLS_PSK_WITH_AES_256_CBC_SHA384	X	5487
00	B0	TLS_PSK_WITH_NULL_SHA256	X	5487
00	B1	TLS_PSK_WITH_NULL_SHA384	X	5487
00	B2	TLS_DHE_PSK_WITH_AES_128_CBC_SHA256	X	5487
00	B3	TLS_DHE_PSK_WITH_AES_256_CBC_SHA384	X	5487
00	B4	TLS_DHE_PSK_WITH_NULL_SHA256	X	5487
00	B5	TLS_DHE_PSK_WITH_NULL_SHA384	X	5487
00	B6	TLS_RSA_PSK_WITH_AES_128_CBC_SHA256	X	5487
00	B7	TLS_RSA_PSK_WITH_AES_256_CBC_SHA384	X	5487
00	B8	TLS_RSA_PSK_WITH_NULL_SHA256	X	5487
00	B9	TLS_RSA_PSK_WITH_NULL_SHA384	X	5487
00	BA	TLS_RSA_WITH_CAMELLIA_128_CBC_SHA256	X	5932
00	BB	TLS_DH_DSS_WITH_CAMELLIA_128_CBC_SHA256	X	5932
00	BC	TLS_DH_RSA_WITH_CAMELLIA_128_CBC_SHA256	X	5932
00	BD	TLS_DHE_DSS_WITH_CAMELLIA_128_CBC_SHA256	X	5932
00	BE	TLS_DHE_RSA_WITH_CAMELLIA_128_CBC_SHA256	X	5932
00	BF	TLS_DH_anon_WITH_CAMELLIA_128_CBC_SHA256	X	5932
00	C0	TLS_RSA_WITH_CAMELLIA_256_CBC_SHA256	X	5932
00	C1	TLS_DH_DSS_WITH_CAMELLIA_256_CBC_SHA256	X	5932
00	C2	TLS_DH_RSA_WITH_CAMELLIA_256_CBC_SHA256	X	5932
00	C3	TLS_DHE_DSS_WITH_CAMELLIA_256_CBC_SHA256	X	5932
00	C4	TLS_DHE_RSA_WITH_CAMELLIA_256_CBC_SHA256	X	5932

00	C5	TLS_DH_anon_WITH_CAMELLIA_256_CBC_SHA256	X	5932
00	FF	TLS_EMPTY_RENEGOTIATION_INFO_SCSV	X	5746
56	00	TLS_FALLBACK_SCSV	X	
C0	01	TLS_ECDH_ECDSA_WITH_NULL_SHA	X	4492
C0	02	TLS_ECDH_ECDSA_WITH_RC4_128_SHA		4492
C0	03	TLS_ECDH_ECDSA_WITH_3DES_EDE_CBC_SHA	X	4492
C0	04	TLS_ECDH_ECDSA_WITH_AES_128_CBC_SHA	X	4492
C0	05	TLS_ECDH_ECDSA_WITH_AES_256_CBC_SHA	X	4492
C0	06	TLS_ECDHE_ECDSA_WITH_NULL_SHA	X	4492
C0	07	TLS_ECDHE_ECDSA_WITH_RC4_128_SHA		4492
C0	08	TLS_ECDHE_ECDSA_WITH_3DES_EDE_CBC_SHA	X	4492
C0	09	TLS_ECDHE_ECDSA_WITH_AES_128_CBC_SHA	X	4492
C0	0A	TLS_ECDHE_ECDSA_WITH_AES_256_CBC_SHA	X	4492
C0	0B	TLS_ECDH_RSA_WITH_NULL_SHA	X	4492
C0	0C	TLS_ECDH_RSA_WITH_RC4_128_SHA		4492
C0	0D	TLS_ECDH_RSA_WITH_3DES_EDE_CBC_SHA	X	4492
C0	0E	TLS_ECDH_RSA_WITH_AES_128_CBC_SHA	X	4492
C0	0F	TLS_ECDH_RSA_WITH_AES_256_CBC_SHA	X	4492
C0	10	TLS_ECDHE_RSA_WITH_NULL_SHA	X	4492
C0	11	TLS_ECDHE_RSA_WITH_RC4_128_SHA		4492
C0	12	TLS_ECDHE_RSA_WITH_3DES_EDE_CBC_SHA	X	4492
C0	13	TLS_ECDHE_RSA_WITH_AES_128_CBC_SHA	X	4492
C0	14	TLS_ECDHE_RSA_WITH_AES_256_CBC_SHA	X	4492
C0	15	TLS_ECDH_anon_WITH_NULL_SHA	X	4492
C0	16	TLS_ECDH_anon_WITH_RC4_128_SHA		4492
C0	17	TLS_ECDH_anon_WITH_3DES_EDE_CBC_SHA	X	4492
C0	18	TLS_ECDH_anon_WITH_AES_128_CBC_SHA	X	4492
C0	19	TLS_ECDH_anon_WITH_AES_256_CBC_SHA	X	4492
C0	1A	TLS_SRP_SHA_WITH_3DES_EDE_CBC_SHA	X	5054
C0	1B	TLS_SRP_SHA_RSA_WITH_3DES_EDE_CBC_SHA	X	5054
C0	1C	TLS_SRP_SHA_DSS_WITH_3DES_EDE_CBC_SHA	X	5054
C0	1D	TLS_SRP_SHA_WITH_AES_128_CBC_SHA	X	5054
C0	1E	TLS_SRP_SHA_RSA_WITH_AES_128_CBC_SHA	X	5054
C0	1F	TLS_SRP_SHA_DSS_WITH_AES_128_CBC_SHA	X	5054
C0	20	TLS_SRP_SHA_WITH_AES_256_CBC_SHA	X	5054
C0	21	TLS_SRP_SHA_RSA_WITH_AES_256_CBC_SHA	X	5054
C0	22	TLS_SRP_SHA_DSS_WITH_AES_256_CBC_SHA	X	5054
C0	23	TLS_ECDHE_ECDSA_WITH_AES_128_CBC_SHA256	X	5289

C0	24	TLS_ECDHE_ECDSA_WITH_AES_256_CBC_SHA384	X	5289
C0	25	TLS_ECDH_ECDSA_WITH_AES_128_CBC_SHA256	X	5289
C0	26	TLS_ECDH_ECDSA_WITH_AES_256_CBC_SHA384	X	5289
C0	27	TLS_ECDHE_RSA_WITH_AES_128_CBC_SHA256	X	5289
C0	28	TLS_ECDHE_RSA_WITH_AES_256_CBC_SHA384	X	5289
C0	29	TLS_ECDH_RSA_WITH_AES_128_CBC_SHA256	X	5289
C0	2A	TLS_ECDH_RSA_WITH_AES_256_CBC_SHA384	X	5289
C0	2B	TLS_ECDHE_ECDSA_WITH_AES_128_GCM_SHA256	X	5289
C0	2C	TLS_ECDHE_ECDSA_WITH_AES_256_GCM_SHA384	X	5289
C0	2D	TLS_ECDH_ECDSA_WITH_AES_128_GCM_SHA256	X	5289
C0	2E	TLS_ECDH_ECDSA_WITH_AES_256_GCM_SHA384	X	5289
C0	2F	TLS_ECDHE_RSA_WITH_AES_128_GCM_SHA256	X	5289
C0	30	TLS_ECDHE_RSA_WITH_AES_256_GCM_SHA384	X	5289
C0	31	TLS_ECDH_RSA_WITH_AES_128_GCM_SHA256	X	5289
C0	32	TLS_ECDH_RSA_WITH_AES_256_GCM_SHA384	X	5289
C0	33	TLS_ECDHE_PSK_WITH_RC4_128_SHA		5489
C0	34	TLS_ECDHE_PSK_WITH_3DES_EDE_CBC_SHA	X	5489
C0	35	TLS_ECDHE_PSK_WITH_AES_128_CBC_SHA	X	5489
C0	36	TLS_ECDHE_PSK_WITH_AES_256_CBC_SHA	X	5489
C0	37	TLS_ECDHE_PSK_WITH_AES_128_CBC_SHA256	X	5489
C0	38	TLS_ECDHE_PSK_WITH_AES_256_CBC_SHA384	X	5489
C0	39	TLS_ECDHE_PSK_WITH_NULL_SHA	X	5489
C0	3A	TLS_ECDHE_PSK_WITH_NULL_SHA256	X	5489
C0	3B	TLS_ECDHE_PSK_WITH_NULL_SHA384	X	5489
C0	3C	TLS_RSA_WITH_ARIA_128_CBC_SHA256	X	6209
C0	3D	TLS_RSA_WITH_ARIA_256_CBC_SHA384	X	6209
C0	3E	TLS_DH_DSS_WITH_ARIA_128_CBC_SHA256	X	6209
C0	3F	TLS_DH_DSS_WITH_ARIA_256_CBC_SHA384	X	6209
C0	40	TLS_DH_RSA_WITH_ARIA_128_CBC_SHA256	X	6209
C0	41	TLS_DH_RSA_WITH_ARIA_256_CBC_SHA384	X	6209
C0	42	TLS_DHE_DSS_WITH_ARIA_128_CBC_SHA256	X	6209
C0	43	TLS_DHE_DSS_WITH_ARIA_256_CBC_SHA384	X	6209
C0	44	TLS_DHE_RSA_WITH_ARIA_128_CBC_SHA256	X	6209
C0	45	TLS_DHE_RSA_WITH_ARIA_256_CBC_SHA384	X	6209
C0	46	TLS_DH_anon_WITH_ARIA_128_CBC_SHA256	X	6209
C0	47	TLS_DH_anon_WITH_ARIA_256_CBC_SHA384	X	6209
C0	48	TLS_ECDHE_ECDSA_WITH_ARIA_128_CBC_SHA256	X	6209
C0	49	TLS_ECDHE_ECDSA_WITH_ARIA_256_CBC_SHA384	X	6209

C0	4A	TLS_ECDH_ECDSA_WITH_ARIA_128_CBC_SHA256	X	6209
C0	4B	TLS_ECDH_ECDSA_WITH_ARIA_256_CBC_SHA384	X	6209
C0	4C	TLS_ECDHE_RSA_WITH_ARIA_128_CBC_SHA256	X	6209
C0	4D	TLS_ECDHE_RSA_WITH_ARIA_256_CBC_SHA384	X	6209
C0	4E	TLS_ECDH_RSA_WITH_ARIA_128_CBC_SHA256	X	6209
C0	4F	TLS_ECDH_RSA_WITH_ARIA_256_CBC_SHA384	X	6209
C0	50	TLS_RSA_WITH_ARIA_128_GCM_SHA256	X	6209
C0	51	TLS_RSA_WITH_ARIA_256_GCM_SHA384	X	6209
C0	52	TLS_DHE_RSA_WITH_ARIA_128_GCM_SHA256	X	6209
C0	53	TLS_DHE_RSA_WITH_ARIA_256_GCM_SHA384	X	6209
C0	54	TLS_DH_RSA_WITH_ARIA_128_GCM_SHA256	X	6209
C0	55	TLS_DH_RSA_WITH_ARIA_256_GCM_SHA384	X	6209
C0	56	TLS_DHE_DSS_WITH_ARIA_128_GCM_SHA256	X	6209
C0	57	TLS_DHE_DSS_WITH_ARIA_256_GCM_SHA384	X	6209
C0	58	TLS_DH_DSS_WITH_ARIA_128_GCM_SHA256	X	6209
C0	59	TLS_DH_DSS_WITH_ARIA_256_GCM_SHA384	X	6209
C0	5A	TLS_DH_anon_WITH_ARIA_128_GCM_SHA256	X	6209
C0	5B	TLS_DH_anon_WITH_ARIA_256_GCM_SHA384	X	6209
C0	5C	TLS_ECDHE_ECDSA_WITH_ARIA_128_GCM_SHA256	X	6209
C0	5D	TLS_ECDHE_ECDSA_WITH_ARIA_256_GCM_SHA384	X	6209
C0	5E	TLS_ECDH_ECDSA_WITH_ARIA_128_GCM_SHA256	X	6209
C0	5F	TLS_ECDH_ECDSA_WITH_ARIA_256_GCM_SHA384	X	6209
C0	60	TLS_ECDHE_RSA_WITH_ARIA_128_GCM_SHA256	X	6209
C0	61	TLS_ECDHE_RSA_WITH_ARIA_256_GCM_SHA384	X	6209
C0	62	TLS_ECDH_RSA_WITH_ARIA_128_GCM_SHA256	X	6209
C0	63	TLS_ECDH_RSA_WITH_ARIA_256_GCM_SHA384	X	6209
C0	64	TLS_PSK_WITH_ARIA_128_CBC_SHA256	X	6209
C0	65	TLS_PSK_WITH_ARIA_256_CBC_SHA384	X	6209
C0	66	TLS_DHE_PSK_WITH_ARIA_128_CBC_SHA256	X	6209
C0	67	TLS_DHE_PSK_WITH_ARIA_256_CBC_SHA384	X	6209
C0	68	TLS_RSA_PSK_WITH_ARIA_128_CBC_SHA256	X	6209
C0	69	TLS_RSA_PSK_WITH_ARIA_256_CBC_SHA384	X	6209
C0	6A	TLS_PSK_WITH_ARIA_128_GCM_SHA256	X	6209
C0	6B	TLS_PSK_WITH_ARIA_256_GCM_SHA384	X	6209
C0	6C	TLS_DHE_PSK_WITH_ARIA_128_GCM_SHA256	X	6209
C0	6D	TLS_DHE_PSK_WITH_ARIA_256_GCM_SHA384	X	6209
C0	6E	TLS_RSA_PSK_WITH_ARIA_128_GCM_SHA256	X	6209
C0	6F	TLS_RSA_PSK_WITH_ARIA_256_GCM_SHA384	X	6209

C0	70	TLS_ECDHE_PSK_WITH_ARIA_128_CBC_SHA256	X	6209
C0	71	TLS_ECDHE_PSK_WITH_ARIA_256_CBC_SHA384	X	6209
C0	72	TLS_ECDHE_ECDSA_WITH_CAMELLIA_128_CBC_SHA256	X	6367
C0	73	TLS_ECDHE_ECDSA_WITH_CAMELLIA_256_CBC_SHA384	X	6367
C0	74	TLS_ECDH_ECDSA_WITH_CAMELLIA_128_CBC_SHA256	X	6367
C0	75	TLS_ECDH_ECDSA_WITH_CAMELLIA_256_CBC_SHA384	X	6367
C0	76	TLS_ECDHE_RSA_WITH_CAMELLIA_128_CBC_SHA256	X	6367
C0	77	TLS_ECDHE_RSA_WITH_CAMELLIA_256_CBC_SHA384	X	6367
C0	78	TLS_ECDH_RSA_WITH_CAMELLIA_128_CBC_SHA256	X	6367
C0	79	TLS_ECDH_RSA_WITH_CAMELLIA_256_CBC_SHA384	X	6367
C0	7A	TLS_RSA_WITH_CAMELLIA_128_GCM_SHA256	X	6367
C0	7B	TLS_RSA_WITH_CAMELLIA_256_GCM_SHA384	X	6367
C0	7C	TLS_DHE_RSA_WITH_CAMELLIA_128_GCM_SHA256	X	6367
C0	7D	TLS_DHE_RSA_WITH_CAMELLIA_256_GCM_SHA384	X	6367
C0	7E	TLS_DH_RSA_WITH_CAMELLIA_128_GCM_SHA256	X	6367
C0	7F	TLS_DH_RSA_WITH_CAMELLIA_256_GCM_SHA384	X	6367
C0	80	TLS_DHE_DSS_WITH_CAMELLIA_128_GCM_SHA256	X	6367
C0	81	TLS_DHE_DSS_WITH_CAMELLIA_256_GCM_SHA384	X	6367
C0	82	TLS_DH_DSS_WITH_CAMELLIA_128_GCM_SHA256	X	6367
C0	83	TLS_DH_DSS_WITH_CAMELLIA_256_GCM_SHA384	X	6367
C0	84	TLS_DH_anon_WITH_CAMELLIA_128_GCM_SHA256	X	6367
C0	85	TLS_DH_anon_WITH_CAMELLIA_256_GCM_SHA384	X	6367
C0	86	TLS_ECDHE_ECDSA_WITH_CAMELLIA_128_GCM_SHA256	X	6367
C0	87	TLS_ECDHE_ECDSA_WITH_CAMELLIA_256_GCM_SHA384	X	6367
C0	88	TLS_ECDH_ECDSA_WITH_CAMELLIA_128_GCM_SHA256	X	6367
C0	89	TLS_ECDH_ECDSA_WITH_CAMELLIA_256_GCM_SHA384	X	6367
C0	8A	TLS_ECDHE_RSA_WITH_CAMELLIA_128_GCM_SHA256	X	6367
C0	8B	TLS_ECDHE_RSA_WITH_CAMELLIA_256_GCM_SHA384	X	6367
C0	8C	TLS_ECDH_RSA_WITH_CAMELLIA_128_GCM_SHA256	X	6367
C0	8D	TLS_ECDH_RSA_WITH_CAMELLIA_256_GCM_SHA384	X	6367
C0	8E	TLS_PSK_WITH_CAMELLIA_128_GCM_SHA256	X	6367
C0	8F	TLS_PSK_WITH_CAMELLIA_256_GCM_SHA384	X	6367
C0	90	TLS_DHE_PSK_WITH_CAMELLIA_128_GCM_SHA256	X	6367
C0	91	TLS_DHE_PSK_WITH_CAMELLIA_256_GCM_SHA384	X	6367
C0	92	TLS_RSA_PSK_WITH_CAMELLIA_128_GCM_SHA256	X	6367
C0	93	TLS_RSA_PSK_WITH_CAMELLIA_256_GCM_SHA384	X	6367
C0	94	TLS_PSK_WITH_CAMELLIA_128_CBC_SHA256	X	6367
C0	95	TLS_PSK_WITH_CAMELLIA_256_CBC_SHA384	X	6367

C0	96	TLS_DHE_PSK_WITH_CAMELLIA_128_CBC_SHA256	X	6367
C0	97	TLS_DHE_PSK_WITH_CAMELLIA_256_CBC_SHA384	X	6367
C0	98	TLS_RSA_PSK_WITH_CAMELLIA_128_CBC_SHA256	X	6367
C0	99	TLS_RSA_PSK_WITH_CAMELLIA_256_CBC_SHA384	X	6367
C0	9A	TLS_ECDHE_PSK_WITH_CAMELLIA_128_CBC_SHA256	X	6367
C0	9B	TLS_ECDHE_PSK_WITH_CAMELLIA_256_CBC_SHA384	X	6367
C0	9C	TLS_RSA_WITH_AES_128_CCM	X	6655
C0	9D	TLS_RSA_WITH_AES_256_CCM	X	6655
C0	9E	TLS_DHE_RSA_WITH_AES_128_CCM	X	6655
C0	9F	TLS_DHE_RSA_WITH_AES_256_CCM	X	6655
C0	A0	TLS_RSA_WITH_AES_128_CCM_8	X	6655
C0	A1	TLS_RSA_WITH_AES_256_CCM_8	X	6655
C0	A2	TLS_DHE_RSA_WITH_AES_128_CCM_8	X	6655
C0	A3	TLS_DHE_RSA_WITH_AES_256_CCM_8	X	6655
C0	A4	TLS_PSK_WITH_AES_128_CCM	X	6655
C0	A5	TLS_PSK_WITH_AES_256_CCM	X	6655
C0	A6	TLS_DHE_PSK_WITH_AES_128_CCM	X	6655
C0	A7	TLS_DHE_PSK_WITH_AES_256_CCM	X	6655
C0	A8	TLS_PSK_WITH_AES_128_CCM_8	X	6655
C0	A9	TLS_PSK_WITH_AES_256_CCM_8	X	6655
C0	AA	TLS_PSK_DHE_WITH_AES_128_CCM_8	X	6655
C0	AB	TLS_PSK_DHE_WITH_AES_256_CCM_8	X	6655
C0	Ac	TLS_ECDHE_ECDSA_WITH_AES_128_CCM	X	7251
C0	AD	TLS_ECDHE_ECDSA_WITH_AES_256_CCM	X	7251
C0	AE	TLS_ECDHE_ECDSA_WITH_AES_128_CCM_8	X	7251
C0	AF	TLS_ECDHE_ECDSA_WITH_AES_256_CCM_8	X	7251

附录B 填充提示攻击

如图B.1所示,填充提示攻击是指攻击者(左侧)可以访问填充提示系统(右侧)的攻击。最好将填充提示系统看作是具有特定输入/输出行为的黑匣子。具体解释为:它将密文作为输入,并产生表示"是"或"否"的一位信息作为输出。为了产生输出,填充提示系统使用适当的(解密)密钥在内部进行密文解密,然后回答是否正确填充底层明文消息的问题。值得注意的是,明文消息本身仅保留在内部,不会返回给攻击者。显然,只有在使用的加密采用某些填充时(例如,在CBC模式操作的分组密码的情况下),填充提示系统的概念才有意义。但有许多(其他)情况也需要填充——无论是在对称加密的情况下还是在非对称加密的情况下。如果填充成功的话,则通常可以任意多次调用它①。

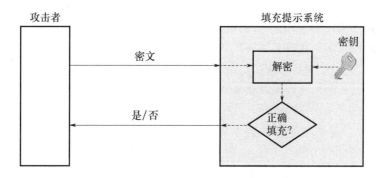

图B.1 填充提示攻击

由于攻击者可以用他自己选择的密文进行填充,因此填充提示攻击表示选择密文攻击(CCA),或者,如果攻击者可以在攻击进行时动态调整他的选择,即适应性CCA(CCA2)。CCA或CCA2的特点是攻击者可以自由选择他想要通过填充提示系统解密的任何密文。通常情况下会返回结果明文。但在填充提示攻击中只返回一位信息,即结果明文填充是否正确。因此,填充提示攻击也可以视为CCA(2)的一种非常有限的形式。

一般情况下,如何实际部署CCA(2)并不明显。如果攻击者有权访问解密填充提示系统,则他可以使用此填充提示系统来解密其选择的任何密文。因此,CCA(2)是某种人为的构造:攻击者可以使用解密填充提示系统,但不允许他直接输入其想要了解其底层明文消息的密文。直到DanielBleichenbacher和SergeVaudenay于1998年和2002年发表他们的研究结果之前,社区中一直对CCA(2)的可行性持有争议。他们的攻击尚未称为填充提示攻击,但他们仍然代表了这类攻击的原型。从那时起,人们开始想当然地认为CCA(2)在许多情况下都是可行的,从而也构成了

---

① 出于技术原因,有时要求填充提示系统可以被调用的次数在多项式上受输入长度的限制。

真正的威胁。因此,研究工作者开始更认真地研究保护加密系统免受填充提示攻击的可能性。本附录介绍、讨论并概述了上述提到的两种填充提示攻击:影响RSA加密系统的Bleichenbacher(布莱汀巴克尔)攻击和影响以CBC模式操作的任何分组密码(例如,在许多SSL/TLS密码套件中使用)的Vaudenay(沃德奈)攻击。不过,这两种攻击都已经出现十多年了,与此同时有许多其他的填充式提示攻击被提出。事实上,许多针对SSL/TLS的攻击也是(有时非常复杂的)填充提示攻击。本附录唯一目的是介绍并提供有关两个最重要的填充提示攻击的技术背景信息。因此,它应该有助于读者理解和正确看待书中提到的任何最近出版的填充提示攻击。

B.1 布莱汀巴克尔攻击

正如在第2.4节和提到的,布莱汀巴克尔在1998年发布了一个抵御PKCS#1版本1.5的CCA2[1],该版本在SSL3.0中用于在消息被RSA加密之前填充[2]。从历史上看,布莱汀巴克尔攻击是有史以来发布的第一个填充提示攻击①。它基于以下两个关于RSA用于加密的事实:

(1) 从20世纪80年代初起,RSA加密(至少以其原本形式)容易受到非常简单、直接的CCA攻击[3]:如果攻击者可以访问解密填充提示系统并被要求解密密文 c(即,计算 $m \equiv c^d \pmod{n}$ 而不将 c 直接返回到填充提示系统中),他能选择一个随机整数 r 和一个看起来毫无关联的密文 $c' \equiv r^e c \pmod{n}$ 返回到填充提示系统中。如果填充提示系统计算 $m' \equiv (c')^d \pmod{n}$ 并将该值返回给攻击者,那么他可以进行简单地计算 $m \equiv m' r^{-1} \pmod{n}$ 来恢复原始明文消息 m。这种CCA是可行的,因为RSA是乘法同态的。

(2) 同样,从20世纪80年代末开始就已经知道RSA加密的最低有效位(LSB)与整个消息一样安全[4],也就是说能够非法解密LSB的人也能够解密整个消息。这一事实在2004年得到验证。与此同时,RSA每一位(包括如最高有效位(MSB)在内)的安全都与整个消息的安全是一样的。因此,RSA加密保护明文消息的所有位,此属性称为RSA的位安全属性。从安全的角度来看,位安全属性是一把双刃剑:一方面,它是好的,因为它确保明文消息的所有位都得到同样好的保护;另一方面,也意味着可以通过泄漏单个位来解密整个消息。

布莱汀巴克尔攻击使用填充提示系统,意味着攻击者可以将任意密文输入到填充提示系统中。填充提示系统会对每一个密文返回一个信息,即是否根据PKCS#1(分组类型2)形成了解密密文所得到的明文。在肯定的情况下,密文称为符合PKCS#1,或者简称为符合PKCS。PKCS#1分组格式如图B.2所示。相应的数

---

① 在布莱汀巴克尔发布攻击之前,假设CCA只在理论上相关,且不能在实践中使用(因为并不存在解密填充提示系统)。当布莱汀巴克尔发布结果时,这种情况发生了根本性的变化。人们突然意识到解密填充提示系统至少以某种有限的形式存在,并且对许多安全实现构成了真正的威胁。因此,布莱汀巴克尔攻击确实改变了人们对CCA的看法,并改变了加密系统抵抗它们的要求。

据分组必须包括零字节(0x00)、引用分组类型2的字节(0x02)、可变长度①填充字符串、零字节(0x00)和加密的实际数据分组。填充字符串不能包含零字符串,否则无法明确解码 PKCS#1 编码。

图 B.2　FKCS#1 加密分组格式(分组类型2)

布莱汀巴克尔攻击利用了一个符合 PKCS 的数据分组必须始终以两字节 0x00 和 0x02 开头的事实。攻击者可以选择任意密文 c 并将其提交给填充提示系统。然后,填充提示系统解密 c,即计算 $m \equiv c^d \pmod{n}$,并检查所得到的明文消息 m 是否符合 PKCS。随后将检查的结果发送给攻击者,但除了这个消息之外,攻击者不会了解关于明文消息的任何其他信息。详细地说,攻击者看不到解密的明文消息。

布莱汀巴克尔表明,如果攻击者能够足够多次地调用填充提示系统,那么他能够用私钥 d 执行一次操作,而实际上并不知道 d。这意味着攻击者可以解密(已经用 d 加密的)密文,或者对他所选择的消息进行数字签名(使用相同的密钥 d),这意味着敌手可以解密(已经用 d 加密的)密文,或者(使用相同的密钥 d)对他或她选择的消息进行数字签名。可能最重要的是,攻击者可以根据他之前记录的基于 RSA 的密钥交换解密 SSL/TLSClientKeyExchange 消息。此消息包括用收件人公钥加密的预主密钥。如果攻击者能够使用接收者作为填充提示系统对此消息发起布莱汀巴克尔攻击,他就能解密 ClientKeyExchange 消息并相应地检索预主密钥。有了这个密钥,攻击者能够解密整个会话(如果会话的记录一开始就可用的话)。这种可能性令人担忧,因此,布莱汀巴克尔攻击与 SSL/TLS 协议与其他许多使用 PKCS#1 进行消息编码的协议的安全性高度相关。从理论上讲,布莱汀巴克尔攻击的存在并不令人惊讶,因为攻击者也可以使用文献[5]中的规约证明中给出的算法来解密密文。但该算法效率较低,不能在实际应用中使用。取而代之的是,布莱汀巴克尔提出了另一种算法,将选择的密文数量减少到可以管理的数量。该算法首先观察以下事件:如果攻击者想要为任何给定密文 c 计算 $m \equiv c^d \pmod{n}$,他可以选择一个整数 s,并计算 $c' \equiv s^e c \pmod{n}$,并将 c' 发送给填充提示系统。如果返回的是肯定的答案,则攻击者知道 c' 符合 PKCS。这又意味着 $ms \pmod{n}$ 的前两个字节是 00 和 02,因此,有

$$2B \leqslant ms \pmod{n} < 3B$$

其中,$B = 2^{8(k-2)}$,k 表示 n 字节长度。攻击者现在的区间为 $ms \pmod{n}$,他可以尝试通过将选定的密文发送给填充提示系统并分析各自的结果来迭代地减小区间大小,

---

① 填充字符串至少是8字节长。

从而找到一个嵌套区间序列。如果该间隔包含单个值,则该序列终止。在这种情况下,可以计算 m(通过将单个值除以 s)。通常(根据文献[2]中的分析),需要 220 个(略多于 100 万个)选择密文。这就是布莱汀巴克尔攻击称为百万消息攻击的原因。由于该数量随一些实现细节而变化,并且可能会进行优化,因此本书中不使用此(替代)攻击名称。

在概述了布莱汀巴克尔攻击的一般概念之后,指定一种实现该攻击的算法非常重要。其中算法 B.1 就给出了这样的算法。该算法将公钥 RSA 密钥 (e, n) 和要解密的密文 c 作为输入,生成明文消息 m 作为输出(这是对 c 的解密操作的结果)。该算法需要在各个位置访问填充提示系统,该填充提示系统可以确定给定的密文是否符合 PKCS。该算法基本上包括 4 个步骤(部分迭代):

步骤 1:首先对 c 进行盲化,得到符合 PKCS 的密文 c_0。通过将 c 与模 n 的 $(s_0)^e$ 相乘执行盲化操作,其中 s_0 是随机选择的盲因子。如果 c 已经符合 PKCS,则跳过此步骤。从技术上讲,可以通过将 s_0 设置为 1 来实现。综上所述,我们知道如果 c_0 符合 FKCS,则 $m_0 s_0$ 处于区间 $[2B, 3B-1]$ 内。该区间作为 M_0 的区间。在此步骤结束时,将索引 i 置为 1。后续步骤中,算法尝试寻找 M_0 的嵌套区间序列,直到最后一个区间包含单个值前重复执行以上步骤。

步骤 2:该算法搜索更多符合 PKCS 的消息。分 3 种情况进行讨论(步骤 2.a~2.c):

(1) 如果 $i = 1$(表示算法第一次迭代),则该算法搜索最小正整数 $s_1 \geq n/(3B)$,使得 $c_0(s_1)^e \pmod{n}$ 符合 FKCS。这里阈值 $n/(3B)$ 合适的,因为没有更小的整数可以满足该要求。在算法 B.1 中,这种情况请参照步骤 2.a。

(2) 如果 $i>1$ 且 $|M_{i-1}|>1$,则该算法搜索最小正整数 $s_i > s_{i-1}$,使得 $c_0(s_i)^e \pmod{n}$ 符合 FKCS。在算法 B.1 中,这种情况参照步骤 2.b。

(3) 如果 $i>1$ 且 $|M_{i-1}|=1$,则该算法选择小整数 r_i 和 s_i,使得

$$r_i \geq 2\frac{bs_{i-1} - 2B}{n}$$

$$\frac{2B + r_i n}{b} \leq s_i \leq \frac{3B + r_i n}{a}$$

直到使得 $c_0(s_i)^e \pmod{n}$ 符合 FKCS。第一个条件(关于 r_i)是确保在每次迭代中将剩余区间大致一分为二。第二个条件(关于 s_i)是从 $2B \leq m_0 s_i - r_i n < 3B$ 和 $m_0 \in [a, b]$ 得出的。在算法 B.1 中,这种情况参考步骤 2.c。

步骤 3:解 M_i 是由步骤 2 中 s_i 计算得到的。具体如下,对于所有 $[a, b] \in M_{i-1}$ 和 $\frac{as_i - 3B + 1}{n} \leq r \leq \frac{bs_i - 2B}{n}$ 有

$$M_i = \bigcup_{(a,b,r)} \left\{ \left[\max\left(a, \left\lceil \frac{2B + rn}{s_i} \right\rceil \right), \min\left(b, \left\lfloor \frac{3B - 1 + rn}{s_i} \right\rfloor \right) \right] \right\}$$

步骤 4:检查 M_i 是否只包含一个长度为 1 的区间,即 $M_i = \{[a,a]\}$。如果是这样的,解 $m \equiv c^d \pmod{n}$ 可由 $m \equiv a(s_0)^{-1} \pmod{n}$ 计算出。否则,i 逐次增加 1,并且回到步骤 2。

算法 B.1 布莱汀巴克尔攻击算法实现

输入:$(e,n),c$
输出:m
步骤 1:盲化 c
搜索整数 s_0,使得 $c_0(s_0)^e \pmod{n}$ 符合 FKCS
$c_0 \leftarrow c_0(s_0)^e \pmod{n}$
$M_0 \leftarrow \{[2B, 3B-1]\}$
$i \leftarrow 1$
步骤 2:搜索更多符合 PKCS 的消息
情形($i=1$):搜索最小正整数 $s_1 \geq n/(3B)$,使得 $c_0(s_1)^e \pmod{n}$ 符合 FKCS(**步骤 2.a**)
$(i>1) \wedge (|M_{i-1}|>1)$:搜索最小正整数 $s_i > s_{i-1}$,使得 $c_0(s_i)^e \pmod{n}$ 符合 FKCS(**步骤 2.b**)
$(i>1) \wedge (|M_{i-1}|=1)$:选择小整数 r_i 和 s_i,使得 $r_i \geq 2\dfrac{b s_{i-1} - 2B}{n}$, $\dfrac{2B+r_i n}{b} \leq s_i \leq \dfrac{3B+r_i n}{a}$ 到使得 $c_0(s_i)^e \pmod{n}$ 符合 FKCS(**步骤 2.c**)
步骤 3:缩小解的范围,$M_i \leftarrow \bigcup_{(a,b,r)} \left\{ \left[\max\left(a, \left\lceil \dfrac{2B+rn}{s_i} \right\rceil \right), \min\left(b, \left\lfloor \dfrac{3B-1+rn}{s_i} \right\rfloor \right) \right] \right\}$
对于所有 $[a,b] \in M_{i-1}$, $\dfrac{as_i - 3B + 1}{n} \leq r \leq \dfrac{bs_i - 2B}{n}$
步骤 4:计算解
如果 M_i 只包含一个长度为 1 的区间,即 $M_i = \{[a,a]\}$,则有 $m \equiv a(s_0)^{-1} \pmod{n}$
否则,$i \leftarrow i+1$,并且回到步骤 2。

第 2.4 节讨论了布莱汀巴克尔攻击的后果和影响。在这里,只提到 PKCS#1 首先更新使用于 OAEP[7] 的 2.0 版本[6],而 PKCS#1 2.0 版本的几种实现仍然容易受到布莱汀巴克尔攻击的修改版本[8,9] 的攻击,因此,PKCS#1 于 2003 年再次更新到 2.1 版本[10],且最新版本是 2.2。任何使用 RSA 进行加密的人都应该使用符合 PKCS#1 版本 2.1 或版本 2.2 的填充。

B.2 沃德奈攻击

布莱汀巴克尔攻击会影响非对称加密中使用的 PKCS#1。为此,它仅与非对称加密相关,而不直接适应用于对称加密。但如第 3.3.1 节和本附录开头所提到的,沃德奈在布莱汀巴克尔发表他的结果后的第四年,于 2002 年发表了一篇关于针对 CBC 填充的填充提示攻击的论文[11],由此产生的沃德奈攻击被视为布莱汀巴克尔攻击的类似漏洞,但直到一年后才显示出可使用SSL/TLS挂载到实际应用程序中[12]。此后,沃德奈攻击及其许多变体的可行性已经在几个应用环境中得到了证明(例如,文献[13,14])。归根结底,这些攻击是具有威胁的,并且部署实现可以抵抗类似攻击。

如果分组密码以CBC模式下运行,则填充需要确保明文长度是分组长度的倍数。例如,在DES和3DES的情况下,分组长度是64位或8字节。在AES情况下,分组长度为128位或16字节。无论哪种情况,都必须使填充明文的最后一个分组包括该数量的字节数。从理论上讲,有许多填充方案可用于此目的。然而,实际上,RFC 5652[15]中指定的PKCS#7提供了部署最广泛的填充方案。PKCS#5使用相同的填充方案,但是被限制为8字节的分组长度(而PKCS#7支持可变的分组长度)。TLS协议使用PKCS#7填充,但稍作修改,要求将至少一个字节的填充操作附加到明文中。因此,如果最后一个明文分组的长度与分组长度相等,则需要附加一个完整的填充分组。根据PKCS#7,填充由表示重复写入的填充长度的字节组成。更具体地,被重复写入的字节是指填充长度减1(减1是上面提到的修改)。例如,如果填充一个字节,那么附加到明文分组的字节将是0x00(而不是严格意义上的PKCS#7所要求的0x01)。如果填充两个字节,则重复两次的字节将是0x01。这将一直持续到追加整个分组的情况。在我们的示例中(使用分组长度为16字节的AES),重复16次的字节将是0x0F。如果分组长度大于16个字节,那么也可能有更大的值。因为一个字节的最大值是256(表示0xFF),所以256字节是当前支持的最大可能的分组长度。对于所有实际目的来说,这已经足够大了。

因此,TLS中的CBC填充要求最后一个明文分组以以下16个可能的字节序列之一结束:

这一事实被沃德奈攻击所利用。请注意,可以针对任何填充方案发起类似的攻击(这使得区分有效填充和无效填充成为可能)。如果一个人随机选择一个密文分组,那么解密操作就不太可能产生正确填充的明文分组。例如,在CBC填充的情况下,"正确填充"表示它必须以上面列出的任何字节序列结束。

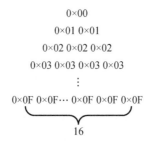

为了完整起见,在这里提到SSL使用的填充格式与TLS略有不同。在TLS填

充中,所有填充字节均指的是填充长度减1,而在SSL填充中,这仅适用于填充的最后一个字节。所有其他填充字节都可以随机选择,并包含任意值(请参见图2.26)。如2.4节所述,这大大简化了填充提示攻击,而POODLE攻击利用了这一点,在这里不区分这两种情况。相反,在本附录中将自己限制为针对PKCS#7的填充提示攻击(有关针对SSL填充的填充提示攻击,请参阅第2.4节)。

Vaudeney在他的工作中显示的是有权访问PKCS#7填充提示系统的攻击者可以使用它来有效地解密CBC加密的消息[11]。填充提示系统提供的信息量很小(即一位),而且,由此产生的攻击纯粹是理论上的,因为需要满足许多要求才能在现场实际利用填充提示系统。但是,Vaudeney和他的同事们展示了至少在某些情况下能构建一个可行的填充提示系统[12]。如前文所述,其他研究人员继续进行了这项工作,这些研究表明填充提示系统在许多情况下都存在,并且有时可以非常简单直接地使用它们(例如文献[13,14])。因此,攻击者是否真的可以使用填充提示系统主要取决于被攻击的实现情况。这没有一个通用有效的答案,必须区别对待。

下面仅介绍沃德奈攻击的基本概念和工作原理,不深入研究细节。我们假设一个攻击者具有他想解密(不知道解密密钥)的k字节CBC加密密文分组C_i,其中k表示分组密码的分组长度(以字节为单位)。也许攻击者知道该分组包含的一些秘密信息,例如用户密码,登录令牌或类似信息。如果攻击者不知道某个特定区分组包含秘密信息,那么仍然有可能多次重复攻击。无论如何,我们既可以表示整个分组C_i,也可以表示该分组中的特定字节。在第二种情况下,我们在方括号中使用$1 \leq j \leq k$的索引j来表示特定的字节。因此$C_i[j]$表示C_i中的字节j,其中j是1到k之间的整数。因此密文分组C_i可以写为:

$$C_i = C_i[1]C_i[2]C_i[3]\cdots C_i[k-1]C_i[k]$$

底层明文可用同样的符号来表示(该明文是攻击的目标):

$$P_i = P_i[1]P_i[2]P_i[3]\cdots P_i[k-1]P_i[k]$$

参考本附录的开头(以及图B.1),填充提示攻击是一种CCA,其中攻击者将任意密文发送到填充提示系统,并且对于这些密文中的每一个,填充提示系统返回一个信息,即底层明文是否正确填充。在沃德奈攻击的情况下,目标密文分组(即攻击者真正想要解密的密文分组)是使用k字节的分组密文进行CBC加密的。如果分组密码以CBC模式运行,则解密密文分组$C_i (i \geq 1)$的递归公式如下所示:

$$P_i = D_k(C_i) \oplus C_{i-1} \quad (B.1)$$

解密以$i=k$开始,以$i=1$结束(使用$C_0=IV$,其中IV是初始化向量)。等式(B.1)表示首先通过解密(使用解密函数$D(\cdot)$和密钥K)的C_i,然后将结果按位模2加到先前的密文分组C_{i-1}中来解密。如图B.3所示,在进行逐步攻击分析时应牢记该图。

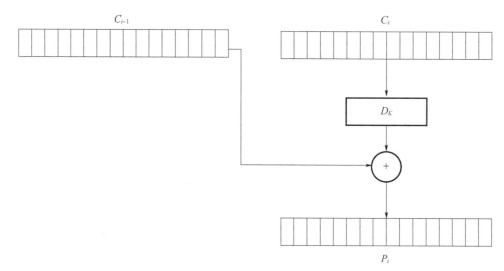

图 B.3　CBC 模式下 C_i 和 C_{i-1} 的解密

为了发动沃德奈攻击并解密密文分组 C_i，攻击者可以按顺序依次处理 C_i 的每个字节（即 $C_i[1], C_i[2], \cdots, C_i[k]$），从而大大简化了攻击，并且将复杂度从 2^{128}（如果需要同时攻击整个分组）降低到 $16 \cdot 2^8 = 2^4 \cdot 2^8 = 2^{12}$（如果可以单独攻击该分组的 16 个字节）。与 2^{128} 相反，2^{12} 是完全可控的复杂性，因此相应的攻击是可行的。

在攻击的每个步骤中，攻击者将要解密的密文分组 C_i 与人为的前身密文分组 C' 组合在一起，形成两分组消息 $C' \| C_i$。该消息被发送到填充提示系统，在这里根据 (B.1) 解密。解密过程的结果是两分组纯明文消息 $P_1' \| P_2'$。就像在填充提示攻击中的一般情况一样，该消息不会向攻击者泄露。取而代之的是填充提示系统仅告知攻击者是否正确填充了 P_2'。此处 P_1' 完全不使用。

攻击者知道两条信息：一方面，他知道

$$P_2' = D_K(C_i) \oplus C'$$

另一方面，他知道

$$C_i = E_K(P_i \oplus C_{i-1})$$

结合这两个信息（即用第二个等式的右边替换第一个等式的 C_i），攻击者能推导出

$$\begin{aligned} P_2' &= D_K(C_i) \oplus C' \\ &= D_K(E_K(P_i \oplus C_{i-1})) \oplus C' \\ &= P_i \oplus C_{i-1} \oplus C' \end{aligned}$$

在这个等式中，攻击者知道 C_{i-1} 并能控制 C'，但他不知道 P_1' 和 P_2'。因此这一个等式中有两个未知数，P_1' 和 P_2' 都不能被确定。现在需要注意的是，必须保持在分组级别，但也必须保持在字节级别（因为使用的唯一运算是模 2 加法）。也就是说

$$P_2'[j]=P_i[j]\oplus C_{i-1}[j]\oplus C'[j] \qquad (B.2)$$

必须满足 $1\leq j\leq k$(其中 j 表示目标密文分组中的字节位置)。在字节级别,攻击者处于有利情况,因为他可能了解有关 $P_2'[j]$ 中使用的填充的一些知识。然后可以将该知识转化为一种有效的算法来找到 $P_i[j]$,从而解密 $C_i[j]$。这适用于 C_i 的所有 k 字节。

现在让我们更深入地研究这种攻击及其功能。假设一个攻击者面对用分组长度为16字节的分组密码CBC加密的密文分组 C_i。参照我们上面所说的,对手从最右边的字节 $C_i[k]$ 开始,在此示例中为 $C_i[16]$。图B.4说明了相应的攻击情况。注意,攻击者也知道 C_{i-1}(因为此密文分组已在同一网络上传输),但是图B.4中没有说明此分组。攻击者现在可以自己创建多种看上去都相似的两密文分组消息 $C'\|C_i$:第二个分组始终是目标密文分组,而每个消息的第一个分组都是不同的。实际上,这些分组仅在它们的最右边字节(即 $C'[16]$)上有所不同。C' 的所有其他字节均为 0x00。因此,C' 如下所示

$$C' = \underbrace{00\ 00\ \cdots\ 00\ 00\ 00}_{15}\ C'[16]$$

攻击者能够按照自己的喜好尽可能多地向填充提示系统发送这样的两组密文消息 $C'\|C_i$。通常,填充提示系统将 $C'\|C_i$ 解密为 $P_1'\|P_2'$,然后判定是否正确填充了明文。如果 $P_2'[16]$ 等于 0x00,则正确填充。这里还有一些其他可能性,但是不太可能发生。也就是说攻击者可以对 $C'[16]$ 进行详细地搜索,直到填充提示系统返回肯定的响应为止。在最坏的情况下,攻击者必须尝试 $C'[16]$ 的所有256个可能值。但在一般情况下,只要进行128次尝试就足够了。

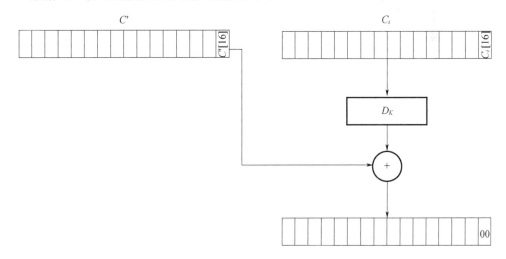

图B.4　CBC模式下抵抗 $C'[16]$ 的填充攻击

参见(B.2),攻击者知道

$$P_2'[16]=00=P_i[16]\oplus C_{i-1}[16]\oplus C'[16]$$

并且有

$$P_i[16]=00\oplus C_{i-1}[16]=P_i'[16]\oplus C'[16]$$
$$=C_{i-1}[16]\oplus C'[16]$$

当攻击者知道$C_{i-1}[16]$,并且刚好找到$C'[16]$(即输出一个有效的填充字节值),他能够在不知道解密密钥的情况下判断$P_i[16]$并解密$C_i[16]$。也就是说他刚好能解密目标密文分组C_i的一个字节,并且该攻击能够继续解密C_i的其他字节。

接下来的步骤里,攻击者继续攻击C_i,相应情况如图B.5所示。攻击者可以自己创建关于C'的最后两个字节的多种不同的两密文分组消息$C'\|C_i$(即$C'[15]$和$C'[16]$),并且发送到填充提示系统。由于倒数第二个字节是该步骤的目标,更有可能出现一个不一样的填充(即0x01,0x01代替0x00)。也就是说$C'[16]$需要稍微调整一下。根据$P_2'[16]=01=P_i[16]\oplus C_{i-1}[16]\oplus C'[16]$,有$C'[16]=01\oplus P_i[16]\oplus C_{i-1}[16]$。图B.4没有显示这一修改。一旦这么做了,攻击者能再次全面搜索密文分组C',在解密之后输出一个有效填充。C'包括14个零字节、一个递增的字节$C'[15]$和当前适配的$C'[16]$的值:

$$C' = \underbrace{00\ 00\ \cdots\ 00\ 00\ 00}_{14}\ C'[15]\ C'[16]$$

重复的,攻击者在最坏的情况下尝试$C'[15]$的所有256个可能值以及一般情况下的128个可能值。在找到一个能在$C'\|C_i$的解密被正确填时的$C'[15]$值后,攻击者知道了

$$P_2'[15] = 01 = P_i[15] \oplus C_{i-1}[15]\oplus C'[15]$$

这反过来表示,$P_i[15]=01\oplus C_{i-1}[15]\oplus C'[15]$。当攻击者知道$C_{i-1}[15]$并找到$C'[15]$时,他能够判断当前的$P_i[15]$,并且在不知道解密密钥的情况下解密$C_i[15]$。也就是说他刚好已经解密了$C_i$的两个字节,称为$C_i[16]$和$C_i[15]$。

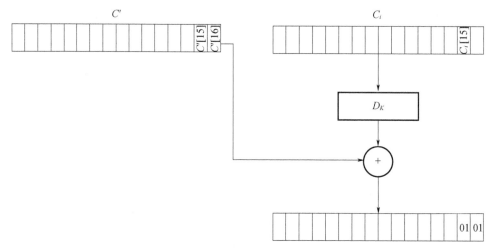

图B.5　CBC模式下抵抗$C'[15]$的填充攻击

为了进一步推动该攻击,攻击者继续寻找$C'[14]$。相应情况如图B.6所示。这

次，如果 P_2' 的最后三个字节（即 $P_2'[14]$，$P_2'[15]$，$P_2'[16]$）都等于 0x02，则填充有效。根据之前所述，攻击者需要调整 $C'[15]$ 和 $C'[16]$ 的值，然后才能全面搜索 $C'[14]$

$$C'[15]=02 \oplus P_i'[15] \oplus C_{i-1}[15]$$
$$C'[16]=02 \oplus P_i'[16] \oplus C_{i-1}[16]$$

所以 C' 包括13个零字节、一个递增的字节 $C'[14]$ 和当前适配的 $C'[15]$ 和 $C'[16]$ 的值

$$C' = \underbrace{00\ 00\ \cdots\ 00\ 00\ 00}_{13}\ C'[14]\ C'[15]\ C'[16]$$

在使用密文分组 C' 时，攻击者能全面搜索 $C'[14]$。如果 $C'\|C_i$ 的解密被正确填，则填充提示系统返回肯定的响应攻击者就会知道

$$P_2'[14]=02=P_i[14] \oplus C_{i-1}[14] \oplus C'[14]$$

反过来表示，$P_i[14]=02 \oplus C_{i-1}[14] \oplus C'[14]$。当攻击者知道 $C_{i-1}[14]$ 并找到 $C'[14]$ 时，他能够判断当前的 $P_i[14]$，并且在不知道正确的解密密钥情况下解密 $C_i[14]$。

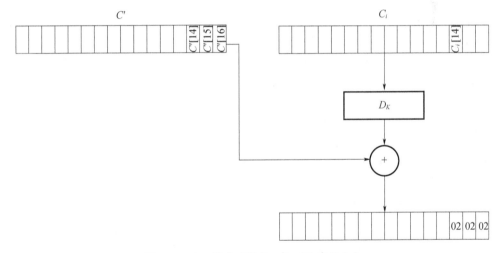

图 B.6　CBC 模式下抵抗 $C'[14]$ 的填充攻击

该攻击能够继续针对 $C_i[13]$，$C_i[12]$，$\cdots$，$C_i[1]$ 实施，直到整个密文分组 C_i 被解密为止。这个持续的攻击在这里不再重复，读者可以自行完成相应的攻击。同时，用一个数字案例来进行攻击也是一种很好的练习。例如，罗恩·布朗（RonBrown）已经做到了这一点，相应的结果可以在他的博客[①]上找到。

最重要的是，攻击者可以在不知道解密密钥的情况下解密整个密文分组 C_i。所有攻击者一定有权访问的只是一个填充提示系统。如果存在这样的填充提示系统，那么填充提示攻击似乎是可行的。实际上，实例化填充提示的可能性有很多，因此填充提示攻击一般是可能的，这一点在第 3.3.1 节和整本书的其他一些地方进

---

① https://blog.skullsecurity.org/2013/a-padding-oracle-example.

一步讨论了,本附录的目的仅是对沃德奈攻击进行原型描述。许多现实世界的攻击仅仅是其变体,如果要了解它们,则必须先完全了解沃德奈攻击。

参 考 文 献

[1] Kaliski, B., "PKCS #1: RSA Encryption Version 1.5," Informational RFC 2313, March 1998.

[2] Bleichenbacher, D., "Chosen Ciphertext Attacks against Protocols Based on the RSA Encryption Standard PKCS #1," *Proceedings of CRYPTO '98*, Springer-Verlag, LNCS 1462, August 1998, pp. 1 - 12.

[3] Davida, G. I., "Chosen Signature Cryptanalysis of the RSA (MIT) Public Key Cryptosystem," TR-CS-82-2, Deptartment of Electrical Engineering and Computer Science, University of Wisconsin, Milwaukee, 1982.

[4] Alexi, W., et al., "RSA and Rabin Functions: Certain Parts are as Hard as the Whole," *SIAM Journal on Computing*, Vol. 17, No. 2, 1988, pp. 194 - 209.

[5] Hastad, J., and M. Na¨slund, "The Security of all RSA and Discrete Log Bits," *Journal of the ACM*, Vol. 51, No. 2, March 2004, pp. 187 - 230.

[6] Kaliski, B., and J. Staddon, "PKCS #1: RSA Cryptography Specifications Version 2.0," Informational RFC 2437, October 1998.

[7] Bellare, M., and P. Rogaway, "Optimal Asymmetric Encryption," *Proceedings of EUROCRYPT '94*, Springer-Verlag, LNCS 950, 1994, pp. 92 - 111.

[8] Manger, J., "A Chosen Ciphertext Attack on RSA Optimal Asymmetric Encryption Padding (OAEP) as Standardized in PKCS#1 v2.0," *Proceedings of CRYPTO '01*, Springer-Verlag, August 2001, pp. 230 - 238.

[9] Kl'ıma, V., O. Pokorny', and T. Rosa, "Attacking RSA-Based Sessions in SSL/TLS," *Proceedings of Cryptographic Hardware and Embedded Systems (CHES)*, Springer-Verlag, September 2003, pp. 426 - 440.

[10] Jonsson, J., and B. Kaliski, "Public-Key Cryptography Standards (PKCS) #1: RSA Cryptography Specifications Version 2.1," Informational RFC 3447, February 2003.

[11] Vaudenay, S., "Security Flaws Induced by CBC Padding - Applications to SSL, IPSEC, WTLS…," *Proceedings of EUROCRYPT '02*, Amsterdam, the Netherlands, Springer-Verlag, LNCS 2332, 2002, pp. 534 - 545.

[12] Canvel, B., et al., "Password Interception in a SSL/TLS Channel," *Proceedings of CRYPTO '03*, Springer-Verlag, LNCS 2729, 2003, pp. 583 - 599.

[13] Rizzo, J., and T. Duong, "Practical Padding Oracle Attacks," *Proceedings of the 4th USENIX Workshop on Offensive Technologies (WOOT 2010)*, held in conjunction with the 19th USENIX Security Symposium, USENIX Association, Berkeley, CA, 2010, Article No. 1 - 8.

[14] Duong, T., and J. Rizzo, "Cryptography in the Web: The Case of Cryptographic Design Flaws in ASP.NET," *Proceedings of the IEEE Symposium on Security and Privacy*, Berkeley, CA, 2011, pp. 481 - 489.

[15] Housley, R., "Cryptographic Message Syntax (CMS)," Standards Track RFC 5652, September 2009.

附录C 缩略语

AA	attribute authority	属性授权机构
AAI	authentication and authorization infrastructure	授权基础设施
ABAC	attribute-based access control	基于属性的访问控制
AC	attribute certificate	属性证书
ACME	automated certificate management environment	自动证书管理环境
AEAD	authenticated encryption with additional data	关联数据的认证加密
AES	advanced encryption standard	高级加密标准
ALPN	application-layer protocol negotiation	应用层协议协商
API	application programming interface	应用程序接口
APT	advanced persistent threat	高级持续威胁
ASCII	american standard code for information interchange	美国信息交换标准代码
ASN.1	abstract syntax notation one	抽象语法标记
AtE	authenticate-then-encrypt	先认证再加密
BCP	best current practice	最佳实践
BEAST	browser exploit against SSL/TLS	针对SSL/TLS浏览器漏洞
BER	basic encoding rules	基本编码规则
BREACH	browser reconnaissance and exfiltration via adaptive compression of hypertext	超文本自适应压缩浏览器勘测与渗透攻击
CA	certification authority	认证机构
CBC	cipherblock chaining	密码块链接
CCA	chosen ciphertext attack	选择密文攻击
CCA2	adaptive CCA	自适应选择密文攻击
CCM	counter with CBC-MAC mode	带CBC-MAC计数器模式
CDN	content delivery network	内容分发网络
CFB	cipher feedback	密码反馈
COMPUSEC	computer security	计算机安全
COMSEC	communication security	通信安全
CP	certificate policy	证书策略
CPA	chosen plaintext attack	选择明文攻击
CPS	certificate practice statement	证书实践声明
CRC	cyclic redundancy check	循环冗余校验

（续表）

CRIME	compression ratio info-leak made easy	压缩比信息泄露一点通
CRL	certificate revocation list	证书撤销列表
CSP	certification service provider	认证服务提供商
CSR	certificate signing request	证书注册请求
CSRF	cross-site request forgery	跨站请求伪造
CT	certificate transparency	证书透明度
CTR	counter mode encryption	计数器模式加密
CVE	common vulnerabilities and exposures	通用漏洞披露
DAC	discretionary access control	自主访问控制
DANE	DNS-based authentication of named entities	基于DNS的域名实体认证
DCCP	datagram congestion control protocol	数据包拥塞控制协议
DER	distinguished encoding rules	可辨别编码规则
DES	data encryption standard	数据加密标准
DH_anon	anonymous Diffie-Hellman key exchange	匿名迪菲-赫尔曼密钥交换协议
DH	fixed Diffie-Hellman key exchange	固定迪菲-赫尔曼密钥交换协议
DHE	ephemeral Diffie-Hellman key exchange	临时迪菲-赫尔曼密钥交换协议
DIT	directory information tree	目录信息树
DLP	data loss prevention	数据丢失预防
DN	distinguished name	甄别名
DNS	domain name system	域名系统
DNSSEC	DNS security	DNS安全
DoC	Department of Commerce	商务部
DoD	Department of Defense	国防部
DoS	denial of service	拒绝服务
DSA	digital signature algorithm	数字签名算法
DSS	digital signature standard	数字签名标准
DTLS	datagram TLS	数据包传输层安全性协议
DV	domain validation	域验证
E&A	encrypt-and-authenticate	同时加密和认证
ECB	electronic code book	电子密码本

（续表）

ECC	elliptic curve cryptography	椭圆曲线加密
ECDH	elliptic curve Diffie-Hellman	椭圆曲线迪菲-赫尔曼密钥交换协议
ECDHE	elliptic curve ephemeral Diffie-Hellman	临时椭圆曲线迪菲-赫尔曼密钥交换协议
ECDSA	elliptic curve digital signature algorithm	椭圆曲线数字签名算法
EKE	encrypted key exchange	加密密钥交换
EKM	exported keying material	导出密钥材料
EtA	encrypt-then-authenticate	先加密再认证
EV	extended validation	扩展验证
FQDN	fully qualified domain name	完全限定的域名
FREAK	factoring attack on RSA export keys	分解RSA出口级密钥攻击
FTP	file transfer protocol	文件传输协议
FYI	for your information	供参考
GCM	galois/counter mode	伽罗瓦/计数器模式
GMT	greenwich mean time	格林威治标准时间
GNU	GNU's not unix	GNU操作系统
GPL	general public license	通用公共许可证
GUI	graphical user interface	图形用户界面
HA	high assurance	高保证
HMAC	hashed MAC	哈希运算消息认证码
HPKP	HTTP public key pinning	HTTP公钥锁定
HSTS	HTTP strict transport security	HTTP严格传输安全
HTTP	hypertext transfer protocol	超文本传输协议
IAM	identity and access management	身份与访问管理
IANA	Internet Assigned Numbers Authority	互联网号码分配局
ID	identity (identifier)	身份标识
IDEA	international data encryption algorithm	国际数据加密算法
IIOP	Internet InterORB protocol	互联网内部对象请求代理协议
IKE	Internet key exchange	互联网密钥交换
IM	identity management	身份管理
IMAP	internet message access protocol	互联网消息访问协议
INFOSEC	information security	信息安全

（续表）

IoT	internet of things	物联网
IP	internet protocol	互联网协议
IPsec	IP security	互联网安全协议
IRC	Internet relay chat	互联网中继聊天
IT	information technology	信息技术
ITU	International Telecommunication Union	国际电信联盟
IV	initialization vector	初始向量
JSSE	Java secure socket extensions	Java安全套接字扩展
KDC	key distribution center	密钥分发中心
KEA	key exchange algorithm	密钥交换算法
LAN	local area network	局域网
LDAP	lightweight directory access protocol	轻型目录访问协议
LRA	local registration authority (or agent)	本地注册代理
LSB	least significant bit	最低有效位
MAC	mandatory access control message authentication code	强制访问控制 消息认证码
MECAI	mutually endorsing CA infrastructure	相互认可的CA基础设施
MIME	multipurpose Internet mail extensions	多功能互联网邮件扩展
MITM	man-in-the-middle	中间人
MPL	mozilla public license	Mozilla公共许可证
MSB	most significant bit	最高有效位
MTU	maximum transmission unit	最大传输单元
NNTP	network news transfer protocol	网络新闻传输协议
NPN	next protocol negotiation	下次协议协商
NSS	network security services	
OAEP	optimal asymmetric encryption padding	最优非对称加密填充
OBC	origin-bound certificate	
OCSP	online certificate status protocol	在线证书状态协议
OFB	output feedback	输出反馈
OID	object identifier	对象标识符
OSI	open systems interconnection	开放式系统互联
OV	organization validation	组织验证
PCT	private communication technology	专用通信技术协议
PGP	pretty good privacy	完美隐私

（续表）

PKCS	public key cryptography standard	公钥密码标准
PKI	public key infrastructure	公钥基础设施
PKIX	Public-Key Infrastructure X.509	基于X.509的公钥基础设施
PL	padding length	填充长度
PMTU	path MTU	路径最大传输单元
POODLE	padding oracle downgraded legacy encryption	在降级的旧加密上填充Oracle
POP3	post office protocol	邮局协议第3版
PRBG	pseudorandom bit generator	伪随机比特生成器
PRF	pseudorandom function	伪随机函数
PSK	preshared key	预共享密钥
PUB	publication	发布
RA	registration authority	注册机构
RB	random byte	随机字节
RBAC	role-based access control	基于角色的访问控制
RC2	rivest cipher 2	Rivest密码-2
RC4	rivest cipher 4	Rivest密码-4
RFC	request for comments	请求评议
RTT	round-trip time	往返时间
s2n	signal to noise	信噪比
SAML	security assertion markup language	安全断言标记语言
SCADA	supervisory control and data acquisition	监督控制和数据采集
SChannel	secure channel	安全信道
SCSV	signaling cipher suite value	信令密码套件值
SCT	signed certificate timestamp	签名证书时间戳
SCTP	stream control transmission protocol	流控制传输协议
SCVP	server-based certificate validation protocol	基于服务器的证书验证协议
SDSI	simple distributed security infrastructure	简单的分布式安全性基础设施
SGC	server gated cryptography	服务器网关加密
SHA	secure hash algorithm	安全哈希算法
SHS	secure hash standard	安全哈希标准
SHTTP	secure HTTP	安全超文本传输协议
SIP	session initiation protocol	会话初始协议
S/MIME	secure MIME	安全多功能互联网邮件扩展
SMTP	simple mail transfer protocol	简单邮件传输协议

（续表）

SNI	server name indication	服务器名称指示
SOA	service-oriented architecture	面向服务架构
SPI	security parameter index	安全参数索引
SPKI	simple public key infrastructure	简单的公钥基础设施
SRP	secure remote password	安全远程口令
SSH	secure shell	安全外壳
SSL	secure sockets layer	安全套接字协议
STLP	secure transport layer protocol	安全传输层协议
S-HTTP	secure HTTP (also known as SHTTP)	安全超文本传输协议
TACK	trust assurances for certificate keys	证书密钥的信任保证
TCP	transmission control protocol	传输控制协议
TIME	timing info-leak made easy	时间信息泄漏一点通攻击
TLS	transport layer security	安全传输层协议
TLS-SA	SSL/TLS session-aware	SSL/TLS会话感知
TOFU	trust-on-first-use	首次使用时信任
TTP	trusted third party	可信第三方
UDP	user datagram protocol	用户数据报协议
URL	uniform resource locator	统一资源定位器
UTA	using TLS in applications	应用程序中启用TLS
UTC	coordinated universal time (in French)	协和标准时间（法国）
VoIP	voice over IP	基于IP的语音传输
VPN	virtual private network	虚拟专用网络
W3C	world wide web consortium	万维网联盟
WAF	web application firewall	Web应用防火墙
WAP	wireless application protocol	无线应用通信协议
WEP	wired equivalent privacy	有线等效保密
WG	working group	工作组
WLAN	wireless local area network	无线局域网
WTLS	wireless TLS	无线安全传输层
WTS	web transaction security	网络交易业务安全
WWW	world wide web	万维网
XML	extensible markup language	可扩展标记语言
XOR	exclusive or	异或